DECODING THE HEART
Managing the Emotion and Conflict in Communication

心的解码
沟通中的情绪与冲突管理

徐显国 博士◎著

北京大学出版社
PEKING UNIVERSITY PRESS

图书在版编目(CIP)数据

心的解码:沟通中的情绪与冲突管理/徐显国著.—北京:北京大学出版社,2012.6
ISBN 978-7-301-20482-5

Ⅰ.①心… Ⅱ.①徐… Ⅲ.①情绪-自我控制-通俗读物 Ⅳ.①B842.6-49

中国版本图书馆CIP数据核字(2012)第066949号

书　　　名:心的解码——沟通中的情绪与冲突管理
著作责任者:徐显国　著
责任编辑:马　霄
标准书号:ISBN 978-7-301-20482-5/F·3151
出版发行:北京大学出版社
地　　　址:北京市海淀区成府路205号　100871
网　　　址:http://www.pup.cn
电　　　话:邮购部 62752015　发行部 62750672　编辑部 62752926　出版部 62754962
电子邮箱:em@pup.cn
印　刷　者:北京鑫海金澳胶印有限公司
经　销　者:新华书店
　　　　　787毫米×1092毫米　16开本　20.5印张　302千字
　　　　　2012年6月第1版　2016年1月第2次印刷
定　　　价:49.00元

未经许可,不得以任何方式复制或抄袭本书之部分或全部内容。
版权所有,侵权必究
举报电话:010-62752024　电子邮箱:fd@pup.pku.edu.cn

谨以此书献给
我的爱妻丽杰

Dedicated to
my dear wife Jessie

专家推荐

徐显国教授六年前开始任教于本人担任主任的北京大学中国经济研究中心。他所教授的"管理沟通与谈判"课程深受学生的喜爱。这可以归因于他的美国律师执业和企业经营的丰富实务经验、教学的热忱、诲人不倦和敬业的精神。

欣闻徐教授近日将于北京大学出版社出版《心的解码——沟通中的情绪与冲突管理》一书,这本书总结了他的理念、心得和经验,教导人如何调整心态,加强沟通、倾听、情绪、性格、冲突的管理能力,进而与自己、亲友及同事在家庭、工作及社会中和谐地相处,我欣然予以推荐。

林毅夫
北京大学中国经济研究中心
2012 年 5 月 10 日

专家推荐

2001年春天，在哈佛大学我的研究室里，零点调查公司董事长袁岳先生介绍显国与我认识。得悉他想申请到哈佛大学公共管理学院攻读学位时，我挺诧异：为何原为美国执业律师，后又成为成功企业家的他还要到哈佛研究所深造？是否像一些成功商人那样，到了名校只是为了镀上一层金，结交一些人脉，之后在商场上再多赚几桶金？后来，显国如愿来到哈佛就读，他强烈的求知欲望和勤奋好学给我留下了极深的印象。他不但终日埋首于图书馆，哈佛校园内经常举办的名师或世界各国政要们的讲座上更是经常看到他的身影。八年前，他从哈佛研究所毕业后，由波士顿正式迁居北京，全心投入教学。至此，仍然不改他勤奋、上进和热诚的个性，专心地读书、写书和教书。他在北京大学国家发展研究院中国经济研究中心教授"管理沟通与谈判"课程，被学生们评选为最受欢迎的教授，同时在清华大学教授全国各地前来学习"冲突管理和协调谈判"课程的政府官员和企业家们，他的授课风格生动活泼且极富启发性，很是叫座。近日他精心写作的《心的解码——沟通中的情绪与冲突管理》一书于北京大学出版社出版。这是他在情绪管理、协调冲突、谈判调处、魅力增长的领导力提升方面的又一本精辟的专著，我谨书此序并郑重推荐。

安东尼·赛奇（Anthony Saich）博士
哈佛大学肯尼迪政府学院艾什民主治理与创新中心
2012年5月7日

自 序

沟通是人与人之间设法相互传达意图的动态过程。沟通是人类的本质,也是个奥妙无穷的字眼,蕴藏着复杂、多元及深度的元素。每个人的沟通风格、方式、意愿与能力迥异,其所发出的建设或破坏力也有很大不同,因而是很值得进一步了解与深层研究的。

本书就是剖析人与人互动与沟通中受到情绪影响的各种现象、层面、源头与对策。其中,原生家庭的影响更是发挥了极其独特的作用。这六十年来,我国经历了各种史无前例的改革及其所带来的巨大的社会转型,包括中国传统社会文化中的婚姻、家庭与价值的改变。五四运动批判了昔日封建家庭的婚姻关系、孩童教育、道德压制、性别观念等,但却没能真正动摇其根本。到了"文革"时期,绝大多数的家庭里,长期维持着不太健康的婚姻关系,过后却未能得到心灵医治。这些深层创伤与惨痛经历,深深影响到个人、家庭,尤其是心态、价值信念与子女教育的层面。"文革"之后,中国进入了经济快速改革的时代。这是一个危机、转机、多元并进与活力并存的时代。

心理学和管理学对于情绪管理与沟通有许多理论,阅读一些坊间的专业书籍就可以知悉这些理论,甚至向别人讲得头头是道。所谓"知行合一"、"行胜于言"、"融会贯通",任何知识、理论只有通过实践才能真正被掌握。我并非心理专业的钻研者,却因志趣与努力,将欧美心理学大师们的著作、理论与实证予以理解、实践、体验、探讨并分享我的心得。写作此书的目的,就是努力站在这些巨人的肩膀上,好好学习与实践他们的学理与实证,将亲身经历与获取的心得,用易懂的语言和生动的案例传达给读者,避免过于专业的枯燥理论讲解,但盼能够帮助人们妥适地调试与疏导不良情绪与心理状态,使其人生可以享受更

心的解码
Decoding the Heart

多的舒畅与安宁,活得更加丰富多彩。

我们现今生活在一个经济迅速发展、生活节奏紧张的转型社会。多数人努力地追求生活最起码的供应与保障,也有很多人汲汲营营地追逐权和钱,甚至色,却少有人花时间想想"我是谁"、"我想成为怎样的人"、"我能成为怎样的人"、"我辛苦努力争取到的,真的能满足我心里最深层的需要吗",如果你反省内心,察觉自己的深层需求,会发现我们除了需要物质和有形的成功之外,更需要感到被尊重、被喜爱、被认为有能力。如何能够保持内心的自在、自如与自信,达到操之在我的心境?这本书将告诉读者意识、心态、情绪、思维、性格和原生家庭等如何影响一个人的人际关系和情绪管理能力,借着了解、警觉、察觉它的存在,一一"解码"、小心因应、疏导排除所有不良情绪,使读者进入享受人际交往与生活的快乐心境。

本书共分十二章。深入剖析人内在的自我,是一个逐步认识自己的过程;从应用的角度,深入探讨与阐明冲突、沟通、角色、性格、形象等五种管理;在认识自我的基础上,深层地重塑一个全新与健全的自我,构建和谐的内心与人际关系。

不同于其他单纯讲解沟通协调或情绪商数、压力管理一类的书,这本书的特色在于,非常重视培养与享受健康的情爱关系对人际沟通与情绪管理的积极作用。在人们的情爱关系中,往往映射着自己的原生家庭中的亲子与依存关系。简单地说,"你的生命就是童年的反射","每个成年人都是一个欲望未曾得到满足的孩童"。几乎没有人能够拥有完美无缺的抚育者或童年。每一个人在童年时期或多或少、有意识或下意识地会遭遇心灵上对于安全感、被珍爱与理解、尊重的需求没有被满足甚或遭受心理创伤的时候。这些童年经验会影响到长大成年后沟通倾听、待人处世、冲突解决、人生抉择的方式。也就是说,人际关系里所反映出来的问题或模式很多是与原生家庭的影响息息相关的。如果能够更加准确地认识自己的心灵世界,和谐地与自己、配偶、亲友相处,进入内心的宁静与安息,便有助于治愈心理缺陷,活出生命的喜悦与动力。

每个人心中都会传承着幼童年的一些际遇和感受,而且这个"往昔幼童"

还活跃于成年后的心灵、思维与情绪当中,本书花了相当的篇幅探索这一问题。原生家庭,尤其是父母与老师们这些"权威人士"对自己从幼童年一直到成年后的情绪管理造成极大的影响。他们的态度不但决定了一个人成长后的自我评估,也影响了其自我期待与感受。本书阐明了每个人都值得投入时间好好学习情绪管理,从而可以享受更加安宁、积极的心境,而针对内心的情绪困扰,首先应察觉、标明自己对自己的要求、不安与不满有哪些是源于父母对自己幼童年时期的批评与责备,进而学习接纳与设限,减少这些负面评价对自己的伤害,学习用恩慈、宽容来善待自己。在这个追求和谐社会的时代,最重要的是个人必须先享有和谐的内在,进而享有和谐的核心家庭与人际关系,才能享有和谐的人生,而这也才是成功的人生。人生最重要的战场其实是在自己的心田。人生最重要的敌人往往是自己,必须好好对付内心的不安、不满、恐惧、怒气。而人生最重要的朋友,反倒也是自己。能够接纳、尊重、喜爱内在的自己,好好与自己相处,是人生最大的幸福。

本书另一个特色是针对沟通中性格类型的分类与分析。这是笔者经过对两万多位包括政府官员、企业人士与大学生在内的被试者进行的测试,不断研究与改进,最终得到的具有中国特色与运用完整系统分析的结果。首先,帮助被试者了解自己在沟通、协调、冲突或矛盾时,大致表现出的言行特征在掌控型、人际型、沉稳型和高标准型四种典型中究竟哪些表现得较为突显、鲜明,哪些表现得较不显著,分别占了多少比重。本书举出具有代表性的27种类型,一一陈述它们的特色,希望帮读者快速识别自己与他人的性格特征及因应策略,进而更加有效地进行人际相处与沟通。所谓的"知己知彼",借着对这些性格特色的理解与实践,可以反观自己在别人眼中的形象,也可以用来研读对方的性格特色与情绪诉求,以利彼此更加正确地理解与解读,增进沟通效率与自己的说服力。其次,由这套问卷的分析,可以探讨自己在职场、家庭中扮演的角色与内心拿掉角色润饰的"真我"间"角色冲突"的矛盾程度,以及这种内在冲突所带来的负面情绪,从而能助益自己的心理调适,更加享受内心的和谐与自在。

目录

第一章　心态管理——心灵松土，调整心态　　1
第一节　脱胎换骨的秃鹰　　3
第二节　人生起伏——自我定位与转折　　4
第三节　人生的后半场　　5
第四节　竭力进入安息　　6
第五节　沟通本质中的情绪要素　　8
第六节　管理力与领导力　　10

第二章　意识管理——喜怒哀乐张弛有度　　13
第一节　理解"情绪"　　15
第二节　内心对话 ABCD　　16
第三节　负面情绪的导火索　　18
第四节　愤怒管理——新观念化解冲突　　24
第五节　不同角度剖析李阳暴打妻子案例　　42

第三章　原生管理——深层发展健全自我　　57
第一节　情绪商数　　59
第二节　原生家庭的影响与因应——探寻情绪源头，发展健全自我　　60
第三节　培养情绪商数　　73
第四节　探索内心往昔幼童（inner child of the past）　　82
第五节　纠正有方　　93

第四章　情感管理——打造幸福亲密关系　99
第一节　爱的艺术与爱的语言　101
第二节　性别管理——男女有别知多少　113
第三节　经营情感账户　117
第四节　克服七年之痒——月晕效应　121

第五章　压力管理——让心灵放轻松　141
第一节　检视压力　144
第二节　调试压力　150
第三节　心理治疗的重要学派　166

第六章　心境管理——寻找快乐之源　173
第一节　解码快乐　176
第二节　击败快乐的"拦路虎"　180
第三节　做情绪的主人　183

第七章　思维管理——六项负面思维扮演心灵隐形杀手　187
第一节　六项负面思维　189
第二节　案例分析　201

第八章　冲突管理——不打不相识，增加软实力　205
第一节　化解冲突的经典案例　207
第二节　语言与备案　211
第三节　双赢心态的十层步骤　212
第四节　心理舒适区　220
第五节　协调谈判中情绪管理的策略与技巧　221

第六节　建设性和破坏性的冲突解决办法　　225

第九章　沟通管理——通往和谐人际关系之门　　227
　　第一节　影响沟通效率的隐形杀手　　229
　　第二节　高效倾听的六个要项　　243
　　第三节　案例探讨　　251

第十章　角色管理——提升影响力度　　257
　　第一节　约哈里窗口理论——公众舞台上的角色　　259
　　第二节　真我与角色　　261

第十一章　性格管理——胜任愉快的人生　　267
　　第一节　探索不同的"我"——不同学派的解说与分类　　269
　　第二节　性格类型　　274
　　第三节　性格特色的鉴定及量测　　283
　　第四节　"四面我"的区分与差距　　290
　　第五节　性格特色的形成　　291

第十二章　形象管理——由内而外塑造魅力，建立个人品牌　　295
　　第一节　第一印象　　297
　　第二节　建立个人品牌——四大给力　　306

参考书目　　312

后记　　313

第一章

心态管理
——心灵松土，调整心态

> 第一章

心态管理——心灵松土，调整心态>

第一节 脱胎换骨的秃鹰

美洲的秃鹰，是美国国鸟，也是飞禽中寿命最长的鸟，平均寿命可以高达七十岁。它们具有尖锐的喙、犀利的双眼，体形硕大，两翼长而宽，体魄强健，经常在空中自由翱翔，寻找并灵活迅速地捕捉猎物。可是，到了四十岁左右，活得好、活得壮的秃鹰却都要面临三大困境：第一，它的喙又弯又勾，几乎碰到胸膛；第二，它的爪子老化，又弯又钝，没法去抓野兔、野鼠、蛇等猎物；更麻烦的是它的第三大困境，那就是羽毛又脏又重，飞起来格外费劲，无法再自由翱翔。

面临这三大困境的秃鹰，只有两个选择：第一，等死；第二，期待一次"重生"。这里不禁令人想起一个古老的传说：古神鸟凤凰在满五百岁后集香木自焚，然后从死灰中重生，重生后它的羽翼更加丰满，声音更加清脆，神采更加飞扬。"凤凰涅槃"不是生命的终结，而是全新的开始。面临三大困境的秃鹰，或许是出于求生的本能，它选择了"浴火重生"——一个漫长而痛苦的更新过程。

它先飞到一个又高、又安全、又隐秘的地方，准备好一百五十天的食物。它要留在那里，进行一场奇特的为期一百五十天的漫长修炼。安顿下来后，它要做什么呢？首先，它会用自己的喙用力敲打岩石，一直到整个喙完全脱落为止。然后安静地等候将近四五十天，长出坚硬笔直的新喙。接着用新喙把自己的爪子血淋淋地拔掉。那是何等痛苦，需要何等坚忍的毅力。接着，它会将自己浓密的羽毛一根根地连根拔起。一转眼历时五个月，它尖锐的喙、犀利的爪子和全新的羽毛都长齐了。一只原本疲惫乏力、毫无生机、苟延残喘的秃鹰，得以再一次"嗖"地一下冲上云霄，再过三十年自由飞翔的岁月。一生当中，在这种关键时刻或是生死关头，能够脱胎换骨、重获新生，是何等幸运与难能可贵。这就是秃鹰的命运，三大困境是它们逃脱不了的"命"，如同有人生于贫困或天生性

格畏缩、谨慎，缺少果决、果敢、果断，但是秃鹰能够血淋淋、果决坚忍地敲掉喙，拔掉爪子和羽毛的努力与行动，则翻转与提升了自己后半生的"运"，从而有了一个更美好的余生，这就如同有人在人生的后半场，得以转化自己的心态、发挥自己的潜能、提升自己的幸福、达到愉悦的状态。

第二节　人生起伏——自我定位与转折

人的一生一路走下来，好比一场长途跋涉。其间难免曲曲折折，跌宕起伏，有时顺境，有时逆境。但每个人在忙碌的一生当中，都在下意识地做两件事：自我定位与自我转折。这两件事会贯穿在人一生为之奋斗努力的三个命题当中——我是谁？我要什么？如何得到？

我是谁？我究竟是谁？我想成为怎样的人？我能成为怎样的人？我给人的印象如何？别人怎么评价我？别人器重我吗？别人喜欢我吗？我的身份、地位、身价如何？我到底要什么？什么才是最能满足我的？我辛苦努力争取到的，真的能满足我心里最深层的需要吗？我要什么时候才能得到我想要的？究竟如何才能得到？得到了固然好，但我究竟必须付出什么代价？道德？良心？健康？事业？家庭？亲情？爱情？友情？我如何才能享有一个更成功、更美满、更幸福的人生？每个人在自我提升、自我转折的卖命努力过程中都经常需要动力、活力，但更盼望将自己的潜能与潜力发挥出来。秃鹰都能做到，身为万物之灵的我能吗？

每个人的内心状态与心灵包袱是通过情绪展现出来的。每个人的心灵包袱状态不同。与人相处时，心灵包袱的状态能透过情绪感染力让对方下意识地感觉到自己的心灵包袱是轻还是重。有些人或许少年得志、一帆风顺，一副志得意满、意气风发的模样。而一旦与之相处，他们的眼神、表情却令人感觉到其心情的繁复、沉重与压力,让人浑身不自在。而有些人,可能事业、能力很平凡,但与其相处或交流时,他心灵里的轻松自然令人觉得很自在、很舒畅,有一种如沐春风的感觉。这个心灵包袱就反射出每个人心中包含的各种压力、责任、任务、目标与欲望。其实,人性的共同点在于,不管是凡夫俗子还是达官贵人都有一个共同的心愿,即人们最深层次的渴求便是自己内心能够不再被责任、压力、苦恼和欲望所束缚,获得内心的自在,这就是心理学所说的"最终极的目标就是心中获取那最终极的自由"(the ultimate goal is to achieve the ultimate freedom in the heart)。

秃鹰有这个潜能,它们为了求生或让自己活得更有质量而发挥出了莫大的潜力。人类其实也具备这种心灵潜能。人生真正的幸福快乐有时是建立在一定的痛苦之上的,需要经历一定的痛苦之后,才会获得一种踏实、宁静的喜悦幸福。喜悦不同于快乐。快乐是"happy",而喜悦则是"joy",两者的区别在于:快乐是由外到内、借着外界的事物获取快感;喜悦则是由内到外的感觉。要追求心灵上的自在、祥和、喜悦,需要经历多重的心态更新,在这一过程中需要精心的学习与费神的反省,精神上付出血淋淋的代价,经历自我否定、自我突破才能自我提升,达到心灵的制高点,享受自由自在的心灵翱翔。

第三节 人生的后半场

生活当中总是需要精力、活力与耐力,可是不论是生理或心理年龄到了四十岁的人,总会面临"中年危机",这是一个很重要的关卡。比起平凡的秃鹰所经历的这段不平凡的挑战,人类是否更应如此?

中年危机源于生理和心理原因。生理上,很多人会肌肉渐松、体能渐衰、体型渐胖、睡眠渐差、容易疲劳。在旁人看,可能事业上的发展如日中天,但是半

辈子奋斗打拼下来,除了持续的疲惫与渐感的虚空,心理上形成了所谓的"三感":失落感、无助感、恐惧感;"三化":心态老化、思维僵化、健康恶化;"三重":负担重、责任重、压力重。人生进入这种失去意义、方向与动力的境地,激情不复存在,生命的意义渐失,如同行尸走肉,称之为危机环伺的中年迷航也不为过。但是危机中总是包含着转机。好好规划、执行、经营好自己人生的下半场,进行观念的改变、心态的提升和转折,便能抓住人生意义、浴火重生,四十岁不但是最盛期,亦将成为人生思维转化的分水岭与最佳时机。

但是这段自我提升、自我修炼的过程并不是一蹴而就的,而是需要付出像秃鹰那样血淋淋的代价,包括放下旧习、舍弃成见、更新观念、自我修正,趁机发展出一套健康的价值观与积极正面的思维,重塑一个新的自我,活出更踏实、更健康、更开心的人生。

如果将人的一生分为前半生和后半生,有的人前半生过得非常好,志得意满,意气风发,后半生却思维顽固僵化,心境困顿、苦楚,陷入死胡同、心生不满。年轻时因为有个希望在心头,吃苦容易,到老时遭遇精神的苦楚则是格外伤痛的。反过来,有的人前半生虽然过得平平凡凡,年老时却学会了调整自己的心态,使心情更加平稳、愉悦、自在。

第四节　竭力进入安息

人在世上奋斗或活下去,最重要的筹码就是时间。但是时间真的是掌控在我们每个人自己的手中吗?很少有人能够知道自己还能在世间存活多久。从这个角度来看,不妨就把今天视为此生的正中间,好好检视过去,正视今天,展望余生。

自己应如何看待自己人生的目的、意义和价值?生理上的生命从父母而来，但是自己在世间时，是否清楚自己该往哪里去？离开世间后，又会往哪里去？这些牵涉到人生观。平常可以忙、茫或盲到不太去思考，但是心灵的最深处能否活得自在、自主、自如，却深受这些思维与信念的影响。

犹太人的《圣经·旧约》提到："人生尽是劳苦愁烦，转眼成空。你们要竭力进入安息。那耐心等候和获取智慧的，必重新得力。他们必如秃鹰得新生命，展翅上腾，奔跑却不困倦，行走却不疲乏。"这其中包含了很多道理。

中国人常说"家家有本难念的经"，与这"劳苦愁烦"异曲同工，非常相似。人只要活在世上，在每个阶段，总会有不同的困难、挑战、烦恼。悲观的人，早已用衰颓、低迷、哀怨来迎接自己的"命运"。但是有智慧、精于情绪管理的人，会在体会与领悟了这些劳苦愁烦的本质后，学会用"竭力进入安息与重新得力"来回应，从而在忙碌奔波的人生道路上，竭力进入安息，重新得力。

"安息"与"休息"从情绪管理的角度来看是必须区分的。休息是讲求生理上的增加体能。例如，睡个好觉，吃点营养品，恢复体力，球员再回球场胜球或员工再回职场拼搏。安息的安，好比心安理得的安，息，则是心理上的安宁、安静、安详、安逸、安全、平和、舒畅，是一种全然幸福、踏实的精神状态。

进入安息的方法是要"竭力"。休息是床上一躺、两腿一伸、疲累不堪、倒头大睡的自然生理反应。安息则不一样，它是一种努力、一种学习、一种探索、一种实践，更是一种取舍的心态、过程与结果。唯有经过付出代价的转折，经过自我突破、努力学习、奋力提升、优质转化的过程，才能进入安息。安息使耐心等候与坚韧不拔的人重新得力。其实，当时的描述用词"安息"，用当今心理学的角度来解码，就是"情绪管理"。基于人类的潜能，借着学习与开发，是可以心态更新并且在精神上脱胎换骨的。

第五节　沟通本质中的情绪要素

人的一生都在与他人沟通,都在聆听别人、解读周遭和表达自己,了解以下三个内容,可以更好地通过情绪感染力去提升自身的影响力。

1. 人在沟通当中,都在展示什么?

沟通的内容可以包罗万象,但是总括来说,都是在展示自己的能力、性格和动机。

展示自己的能力是指专业、知识、常识、信息、分析、表达、口才、倾听的功夫。展示自己的性格是指自己的个性——值得信赖吗?值得喜爱吗?脾气修养如何?猜疑心强吗?城府很深、心机很重吗?谨言慎行、内向低调还是自信满满、举止高调?沉着稳重还是果断强硬?

展示动机是指提出自己的诉求时,多会表明自己的理由与立场。但是,陈述者在忙着说明的同时,也应学会"停、听、看",力求客观体会对方在倾听与观察时的感受,更要设法理解对方对自己真正动机的解读与判别。

但是,真正能够说服人、影响人,除了要懂得检讨与评估自己的能力、性格和动机,更重要的是要了解与评估他人眼中的自己:别人究竟认为自己能力如何?自己在别人心中是什么个性?这种个性值得信赖或喜爱吗?别人喜欢我这种谈话或倾听的风格吗?我自以为很稳重、很怕得罪人,其实,有没有可能别人都认为我是个城府深、懦弱又没担当的人呢?沟通时人的耳朵在听、眼睛在看,心里都在分析对方到底要什么、图什么。有的人口若悬河、滔滔不绝地演讲或高谈阔论自己的立场,"我是如何为公司利益"、"为人民"、"为了你"着想,但是发言时一定要明白,听者可能基于对演讲者的误解、不了解或不信赖,认为其根本就是口是心非、表里不一,是在为自身利益(钱、权、是非对错、面子)着想。

2. 人格面的构成——知识、情感、意志

很多人在试图影响对方时，一直将重点放在自己的信息、材料与道理上，常常觉得自己讲的这么有内涵，怎么对方老是听不进去。其实，要了解人与人相互影响的过程中，真正起作用的是什么，就要先弄清楚人是怎么构成的。

人的构成除了生理的物质面外，还有心理的精神面。心理的"人"，就是所谓的人格，包括了知识、情感与意志力，简称"知、情、意"。其中知识是指沟通时所要传递的信息与材料。情感包括了情绪、情感。意志力是指"当方向确定以后，能努力地排除困难，付诸行动，直到达到目标为止的决心与毅力"。

在企图影响对方的时候，完备的材料、信息、知识固然重要，但真正发挥作用的不仅是观点，还有阐述观点时的方式、语气和表情以及双方在情绪上的感染力。有时听演讲，会突然感觉演讲的内容恐怕连演讲者自己都不信，好像他是不得不讲，所以我们也是不得不听，最后，弄得讲的人白讲，听的人白听。为什么会这样？因为"连他自己都不信"的不够真诚、确信的事实，透过情绪感染力，被别人感觉到了。

情绪、情感的相互起作用，决定了沟通的效率与影响的力度。一定要留意自己所散发出来的情绪，是否感染到对方的情绪以及对方情绪对自己的影响。人们所展示出来的肢体语言、表情等都会散发出情绪感染力，要让别人感觉到被尊重，感觉到安全、舒畅，才会特别有说服力。这也说明了为什么能够保持笃定、冷静、自在与泰然自若的神态的人在协调沟通时常常占上风。

3. 任何沟通都要做到——双向、互动、尊重

用英文来说，sometimes it does not matter what is the message, what matters is how you deliver it. 信息本身是一回事，如何传递信息则决定了影响力。最理想、最影响人的沟通应该都是互动双向的。要给对方表达的机会，更要让对方觉得被聆听、被理解，只有这样，对方才会觉得有安全感、被喜爱、被信赖、被尊重。即便在一个听众没有讲话机会的一言堂式演讲中，站姿、眼神接触与互动也能够对听众的兴趣、专注表示关怀与尊重。

总之,要影响别人,需要展现自己的能力,展示赢得别人信赖与喜爱的性格,还要让别人相信自己的善意或动机,这些靠的不只是材料、信息、逻辑与道理,还需要以意志力与情绪感染力来满足对方情绪需求。沟通时还须尽量做到互动式的倾听、尊重、真诚。这些全是以"情绪管理"为主轴与主要诉求。

第六节　管理力与领导力

了解管理力（managerial）与领导力（leadership）的区别,有助于提升自己的情绪管理能力。它提醒优秀的领导人在协调沟通时,既能够掌控又要懂得激励。这包括:懂得用好的渠道去了解与评估员工的适应性、稳定度、志向和兴趣,能够调动员工的主动性、积极性,也懂得用有效而专业的评估了解员工的性格与潜能,从而激励他们、鼓舞士气。

管理力属于技术层面,力求了解与运用前人留下的先例（protocol）、案例、判例;提升自己专业专精的能力;使用权力地位来施压;力求降低风险或追求零风险;依循规定与交代把任务好好执行正确,也就是做对事情的能力（do thing right）;好好把人们的智慧、才能发掘出来。

领导力几乎是以上各项的相对面,也就是补足一个好的领导者的另一面。领导力属于讲求品位、需要不断修炼、提升功力的艺术层面。新加坡前总理李光耀先生强调领导力是天生的、是无法后天学习或提升的,而笔者还相信区别传统的管理力与先进的领导力,是有其价值的。

从概念上理解培养与评估一个领导的领导力,有以下几个方面:

1. 创意

不但指政策、方向、程序、人事等需要革新与创意,还需懂得识别、任命、提拔与重用富有创意的人才。但有时过分高抬有创意的个人,往往会使其受到同侪的排挤甚至抵制。其实,创意的来源有时可以借助于创意的团队,也就是多在团队或组织里激发创意。以主持会议为例,首先,有无能力带动与会人员讲出真话,这一点至关重要,然而,当组织成员讲出真话时,难以避免的差异可能会引起冲突与矛盾,此时,如果领导人可以避免用厌恶、排斥的眼神或言行去看待,而是以一种自信、冷静、宽容、客观、公正的语气和表情来回应,就能在促进倾听与理解的同时,求同存异,最终实现创意。这种由融合共识而来的创意,有别于突出个人而提出的创意,不但不会因攀比、嫉妒而丧失执行力,反而会产生集体全力配合与支持的执行力。

2. 潜力

领导力还包括能否发掘自己与别人的"潜力"。这个潜力包括几个层面:① 自己不断提升专业能力。② 发掘与培养自己专业以外的技能。③ 生活情趣的培养。④ 疏导与排解自己或别人的不良情绪与压力,也就是情绪管理能力的提升与修炼。⑤ 自己潜力的发挥还可以扩充到自己在事业繁忙之余,是否仍有维持一个和乐家庭、幸福婚姻的能力。⑥ 能否协助与教导身边跟随自己的下属也能提升以上这五种能力,使得他们的专业能力、情绪管理的能力都得以提升,还能避免因为公司或组织卖命到牺牲掉自己家庭的和乐与健康。

3. 激励

好的领导在下属遇到挫折、情绪低落、压力过重时,懂得激励他们,也会带动组织内的积极正面气氛。在纠正下属犯错时不但应避免单纯的泄愤、惩罚,让犯错者知过的同时,更要让犯错者感觉到关怀、激励、能力、器重、肯定,进而获得向上或改善的能量。另外,除了激励别人,还要会激励自己,在自己面临压力、低潮时,懂得用健康有效的方法疏导自己的不良情绪。

4. 风险承担

领导力还包含风险承担的精神,除了敢于尝试新作风与新改革,还要避免一出差错就责备下属或要下属担责任。要能够在推动变革或激发创意时,展示出拍拍胸膛"大家放手去做,出差错由我来扛"的胸襟与气魄。如此一来,方可

改善组织风气与氛围,培养出士气高昂、勇于创新、确实执行的高生产力组织。

5. 选对事来做

领导力是带领团队从定位、选择大方向到决策、决定程序与做法的能力,也就是选对事来做的智慧(do the right thing)。

6. 情绪商数(emotional quotient)

领导力是讲求带领众人的心,鼓舞士气,激发团队精神,传扬共同接受的信念与愿景,做好情绪管理,就是所谓的情商。

总之,以上这些领导力与管理力的差异,主要是针对传统的管理理念过分重视施压与管理技巧,用来提醒组织、机关或公司的领导们,要用以上这些内涵不断提升自己,让自己的管理力与领导力二者在管理员工、协调沟通时能够相辅相成、相得益彰。其中尤其要注意激励人,也就是情绪管理的能力。最后,固然,越是居于高位的领导越需要正确的领导力来治理人群,人生的成长与提升,如果能够尽早开始操练与提升自己的领导力,对内心修炼、人生修养、情绪管理能力的提升都是大有帮助的。

第一章

意识管理
——喜怒哀乐张弛有度

> 第二章
> 意识管理——喜怒哀乐张弛有度 >

第一节 理解"情绪"

"情绪"出自拉丁文"emotum",指的是古时人们看到树上有蜂窝,用树枝去捅蜂窝,蜜蜂哄地一下倾巢飞出来的情景。德国莱比锡大学心理系教授冯特博士是世上第一位用科学实验来研究情绪的专家,他了解情绪的特性后,发现用"emotum"蜂拥而出、倾巢而出的原意来形容人的情绪再恰当不过,就引用"emotum"来指代情绪这个词。这也是英语"emotion"一词的由来。

《新大英百科全书》中把情绪定义为"包含了以语言传达的主观经验、各种生理变化,以及肌肉和躯体的外显行为,包括了表情、手势、姿势等"。

我们生理或精神上受到的外来刺激所引起的种种心理反应就是情绪,它有以下四种具体表现:

1. 生理变化:如心跳、呼吸加快;
2. 主观感觉:如喜欢、厌恶;
3. 面部表情:如蹙眉、撇嘴;
4. 动作行为:如破门而出、拳脚相加。

情绪使人们产生喜、怒、忧、思、悲、恐、惊七种心理状态,它的特性除急促性、爆发性、对立性、短暂性、累积性之外,还包括:

1. 隐蔽性——人们通常不易察觉情绪对自己的想法、心情及沟通模式的影响,日久便习惯成自然。

2. 伪装性——在一些负面经验之后,当类似情况来临时,误以为已经经过理性思考,自以为是、顺理成章地做出反应。

3. 破坏性——情绪对人际关系、健康、行为和沟通的负面影响。

4. 夸大性——不良情绪有时会借着负面思维的不良感受夸张、扩大到与实际情况或逻辑有很大的差距,产生夸大其词、颠倒是非的负面效果。

5. 感染性——沟通时彼此情绪状态的感染性是非常值得留意的。情绪在一定时间和范围内积聚到一定程度时,就会在一定范围内引发传染。比如富士康14名员工相继跳楼自杀身亡的事件,表面上与富士康的工作环境、施与压力、员工管理、公司文化等因素有关系,实际上也与富士康员工个人的情绪状态、耐压性等心理问题有关。当某个员工选择纵身一跳自杀身亡时,其他员工看见后,可能联想到自己活在世上也没啥指望,没啥意思,原来死是如此简单,那干脆自己也纵身一跳,一走了之算了。于是自杀惨剧就一个接一个地发生了。另外,据调查统计的结果,人们惊讶地发现,家庭中若有一人自杀身亡,一年之内居然平均会有将近5位亲友患重度精神病。情绪的这种感染性的特点有时会使不良情绪像瘟疫般迅速传染。

情绪原本带着中性,没有是非对错,人们对它的存在唯有理解或接受。但是,负面思维所带来的负面情绪,有时会干扰人的理性认知,破坏人际关系、影响沟通者相互间的正确解读和生理心理健康。反之如能处理得当,经过有效的疏导,不良情绪也能得以排解消散,甚至转化为积极、正面的意志力和动力。

第二节 内心对话 ABCD

带有刺激性的情境发生时,内心对话与情绪反射交错作用,产生情绪反应或应激行为的机制。这一机制可以用ABCD的过程与模式来说明:

A = 环境因素的刺激(activating)

B = 内心思维与信念(belief)

C = 情绪反射的结果(consequence)

D = 因应行为(doing)

当 A（环境因素）与自己的期待有差异的时候,B（快速进行的内心对话）和 C(情绪反射)便产生交错影响,激化情绪或使之更加负面化,理性思考的空间和冷静查证事实的努力相对减少,接着可能出现偏差或不太适宜的言行 D（被情绪刺激后的行为）。

某公司为适应竞争推出新产品。销售部副经理孙红打算与设计部门好好研究讨论,于是联系设计部主任李刚,可怎么也联系不上。孙红心里怎么想都不对劲儿,觉得李刚肯定是担心自己抢了他的功劳故而躲避。三天后,总经理召开关于新款手机的会议。李刚提出了对于新产品设计的创意。待李刚陈述完毕,孙红立即表示反对:"设计部门的大爷们,整天关在实验室的象牙塔里,压根儿不知道外面消费者的需求和市场的最新趋势,从设计开始至今,都没来过我们部门了解一下最新市场走向,这种做法纯属闭门造车!"与会者一下子都愣住了,现场气氛尴尬到了极点。李刚莫名其妙地望着怒气冲冲的孙红,完全不知道是怎么一回事。

回顾孙红从情绪开始变化直到与李刚结下梁子的过程可以看出,孙红的情绪伴随着内心接连不断的臆测,渐渐被负面思维所掌控,使其最终做出了不正确的判断。

上例说明,当环境或事件不尽如人意或发生不利变化时,内心信念所生的对话会掺杂情绪反射而使情绪瞬间恶化,紧接着影响到肾上腺激素的分泌,影响心情,也使得对于对方企图的解读倾向于负面。一旦负面情绪累积到一定程度,便可能在行为举止间找寻发泄机会,或者进一步内化,成为下一步行为的决定因素。

情绪管理 ABCD 对情绪管理的帮助在于,一旦察觉自己情绪开始起伏,感到不安不满时,可以立即克制源于下意识或本能的情绪反应,力图将当时正在

内心快速进行的对话——列出,加以冷静、客观地省思和查证,判断其真实性和可靠性。尽管内心对话内容庞杂、速度极快,事实上较难逐一周详查证和分析,但只要在情绪转向不满的这一刹那,提醒自己这种情绪判断或感受并不可靠,脑中闪过一个查证的念头,就可以大幅削减情绪瞬间变化的动力和影响,同时也扩大了理性思考的空间。

第三节 负面情绪的导火索

人与人的沟通中,一个不提防,就会有七种常见的行为模式使人一下落入负面情绪的陷阱。了解这七种行为模式,可以正确处理它们在人际与沟通方面所造成的不良影响。

1. 错误推定对方动机

孙军和王浩一起吃饭聊天,话题转到人民币是否应该快速升值时,两人意见有了分歧。孙军口气稍强,也暗示自己在这方面下过工夫研究,懂得较多。只见他把原本跷着的双腿放下来,身体微向前倾,继续大谈他的观点。这时,如果王浩对孙军这个肢体动作做出正面解读,"孙军对我的观点很感兴趣,看他身体趋前靠近我,就表示他想多了解我的观点",他就会开心地继续聊下去。

但是,如果王浩把这些动作解读为"孙军动气了",或因孙军语气变得高亢,王浩因而将之解读为"看法不同就好好说明白嘛,干嘛用这种挑衅的口气和动作呢?未免也太自负、太瞧不起人了吧",便急着思考如何反击对方,则其情绪上不但开始反感,也无法再专心聆听对方正在表达的内容,最后必将演变成一场很不开心的谈话,导致孙军从此对王浩产生反感。

在日常交往中我们经常需要去解读对方遣词造句或某些行为举止的弦外之音,但是在解读对方意图的时候应注意两点:

第一,因为双方了解或信赖不够,加上内心的怀疑和不安,对于对方动机和意图的猜测往往偏向负面。

第二,语言心理学家的实验证明了这些负面假设往往是错误的,与实际并不吻合。

2. 急于辩驳

2011年5月13日,故宫博物院副院长纪天斌等相关负责人来到北京市公安局赠送锦旗,对市公安局迅速破获故宫博物院展品被盗案表示感谢。这本来是一件"例行公事",谁料只有十字感谢语"撼祖国强盛,卫京都泰安"的锦旗上,出现了一个错别字,将"捍"写成了"撼"。

面对质疑,故宫相关负责人站出来表示,锦旗上的"撼"字没错,这样写显得厚重。怨不得著名文史专家赵所生先生在听到这个消息之后怒斥故宫"错别字没水平,死不认错的解释更没水平!"

沟通过程中,当一方予以拒绝、否定或提出异议、批评时,另一方可能会因不满、不服或不同意其观点,立即产生急于辩驳的心理,内心开始忙着思考何时可以插嘴以及该如何反驳,不但不能专心倾听对方讲话,甚至会产生不满情绪,破坏平和气氛或影响双方交流,引起对方反感。

双方应探索是否有因措辞中的定义混淆或语义不清而产生的误会,或是否因不专心误解了彼此的观点,以及是否在指正时,眼神、音量、语速、语调及肢体语言使用不当,引起了负面的情绪。应给对方充分的发言机会,平复对方的情绪后再继续沟通和解释。

自我形象较差或情绪商数较低的人,即便别人委婉或善意地提出建议或批

评,也会因为自信不足,将之视为对自己能力或人品的否定,从而产生抵制或反击等不满情绪,急于辩驳,因此无法专心倾听,影响了正确解读。

3. 印象差

在很短的接触中产生的第一印象往往与事实有些差距,当发觉自己对他人第一印象很不好时,要立即提醒自己,尽量不要因为先入为主的不良印象,影响了自己的情绪和倾听的效率,甚至对对方人格、能力或意图产生误判,以致影响双方关系的进一步发展。更要提防过分情绪化导致的眼神和口气中流露出不满,致使对方感到被鄙视和受排斥,造成更加恶劣的后果。

4. 偏见

某公司出口了一批皮鞋到纽约港,客户以颜色偏差为由拒收,公司便派了刘经理前往交涉。谈判之初气氛相当不错,双方都很有诚意。闲聊时,美方代表无意间提及自己是犹太人,刘经理因对犹太人存有一些偏见,原本的信赖和热忱一扫而光。当对方要求清点有多少货物出现色差时,刘经理就认为对方试图找借口退货,眼神和口气马上表露出不满,接着便断然拒绝了验货要求。

对方也一向不太相信中国的出口商,本以为刘经理例外,这样一来,也认为刘经理肯定有所隐瞒,心中大怒,便说:"请便!今天如不同意验货,我们就全部拒收,还要起诉你们!"

刘经理心想:"果然不出所料,实在欺人太甚,我们真是上了贼船!"只好向总部报告奸商耍诈,接着电请律师准备打一场费时费钱的官司。

一个原本可以顺利解决的问题,却因彼此的偏见作祟,再加上错误的推定,演变为一场冲突,最后闹到了法院,把一个好端端的商机白白断送,对双方当事人都毫无利益可言。

偏见有别于印象,它是针对某些地域、族群、肤色、宗教、国籍、政治倾向、性别、职业、婚姻状态的人持有一种错误看法或负面情绪。偏见多数源于道听途说、文化传统或教育背景，人们用未经查证的信息以偏概全地去猜想，渲染一个并非真实的看法，并据此产生喜欢、厌恶或鄙视的感觉，时间一久，甚至把它当成判断事实的根据。

举几个常见的例子：

（1）"糟了，才坐下来要跟对方敲定合资设厂的计划，现在对方突然带了律师一同出席，那些律师唯恐天下不乱，就爱无事生非，我看这个合作案要被他们给搞砸了！"

（2）"我从小就知道这种珠光宝气、浓妆艳抹的女人肯定不是什么好人，千万不要相信她的人品！"

（3）"她是个离过婚的女人，性格扭曲，怎么能找她做我孩子的保姆？"

（4）"瞧他手腕上的刺青，这人绝非善类！"

5. 强势语气

面对强势言行，可能会产生四种反应：

（1）因不甘示弱而自卫和对抗，"你强，我比你更强！"双方硬碰硬，对着干。

（2）因自卑而产生委屈、自怜、不专心、误解等不良情绪，失去积极参与谈话的兴趣。

（3）因受到强势语气的压制，心生恐惧和不安，甚至逃避、退却。沟通时即使内心并不赞同，也不敢表达真实的想法，而是一味顺从或逢迎。组织中若领导长期保持强势作风，就容易影响上下级之间的沟通效率，而且这种表率作用久而久之会形成组织风气。

（4）理解和包容对方的性格特点，不把对方的强势看成对自己的恶意威胁或伤害，调理好自己的情绪，合理地应对。

6. 压力

谈话的一方因事业、经济状况、婚姻、感情、家庭或健康发生重大变故，会由内心挫败感所产生的压力或颓丧，从而造成其倾听和表达时不专心、没兴趣或

曲解他人的意思。另一方对此能否予以察觉和体谅就很重要了。

7. 扰人的说话习惯

有人讲话夸张,有人讲话含蓄,有人只强调自己,有人老爱挖掘对方隐私,有人说话像连珠炮,有人慢条斯理、字斟句酌,有人说话时老夹杂着各种嗯嗯啊啊的语气词……这固然是个人的特色,但也要提防以下 8 种扰人的说话习惯带给人的不良情绪:

(1) 语速不当

语速太快或太慢,都会使沟通的效率打折扣。有些人,由于性急,或是出于习惯,说话像机关枪,快到每分钟可高达 200 字,再加上句与句中间毫不停顿,也不去细心观察对方是否听懂或想插话,经常弄得对方不知所云、一头雾水。如果是熟悉的朋友还可以请他重复一遍,但双方若是初次见面或对方碍于情面不便打岔请求重述,就只能不懂装懂,有时可能错过重要信息。

反之,有些人讲话语速过慢,甚至可以慢到每分钟才说出 100 字,而人耳的正常倾听和理解能力有时可以达到每分钟 200 字。如果再配以低沉的声音,就很容易使听众走神,表达效果就会因语速过慢而受到严重影响。

有些领导遵循"传统",以为放慢语速可以显示权威感,也可能是谨慎小心,为了增加思考空间而字斟句酌。其实这是不顾听众感受、缺乏交流意识的讲话习惯。这不但使沟通效果大打折扣,甚至形成了说者不得不说,听者不得不听的形式主义,浪费时间精力,滋生了敷衍做作、不求效率的组织文化,更降低了领导者的软实力。

(2) 浮夸口气

别人请求自己办事,明知有难度,却唯恐对方怀疑自己的能力或助人热忱,不愿或不敢坦诚地讲出顾虑或困难,而以"没有问题"、"应该可以"等近似肯定的回答来回应,误导了对方。一段时间后,对方才发现事实是"很有困难"或"很有问题",误了事情。结果不但伤了朋友感情,自己的办事能力和人品道德也遭受质疑。其实,不如早些放下"面子"的包袱,坦诚直述、勇敢面对;作为倾听者,应认清对方是否真的可以依赖,对于这类模棱两可的语气应多加追问,查证究竟是确有把握还是随意敷衍。

(3) 以退为进的假谦虚

有些人,办成一些事后,内心沾沾自喜,表面却强调"这只是运气好而已",期望别人回答"哪是运气,这是靠您的实力啊"使自己不但能力上得到赞赏,还赚得为人谦虚的美名。但是,一旦被人识破,就突显出自己玩弄别人情绪的拙劣技巧,反被认为做作和虚伪。

(4) 只想挖掘对方

人与人沟通时多少都带着怀疑和防御的成分。有些人在谈话时,习惯性地一直询问对方情况,丝毫不愿提及自己的事。这样一味地想了解对方,挖掘信息,容易使人心生防御感或反感。谈话中适度地分享一些个人信息,可以让对方感受到被尊重和信赖,促使双方增进了解,减少防御感,也有助于改善谈话气氛。

组织领导或家长,如能主动且适当表达自己的内心想法,例如自己的童年经历、曾遭遇的挫折,则能展现出促进沟通所需要的亲和力。

(5) 鲁莽插话

插话往往是为了提问,不妥当的插话,再配以不妥当的表情或肢体语言,则很容易引起对方的反感情绪。例如:

"不是吧?我觉得应该是……"(配以不耐烦的表情)

"你这个看法我不能赞同,因为……"(傲慢的神情)

"你这种说法我可不敢苟同……"(冷笑两声)

"根本不是你说的这样!"(手指着对方)

"这怎么可能?"(动怒状)

另一种鲁莽插话更应忌讳:当讲话者在一个主题上侃侃而谈时,有些人只会顺着自己的思路走,不但打断别人说话,而且想到什么说什么,以全新内容代替原话题,丝毫不考虑听众是否有兴趣或跟得上自己的想法。例如,大家正兴致盎然地谈论美国总统访华,他突然插话说自己昨晚骑车差点冲入水沟。

正确的插话,应该选择在讲话者信息已表达清楚、听众的兴趣和专注度已经下降的时候,用自己备妥的开场白切入,例如热门话题、刚出炉的新闻,或鲜为人知的消息等,吸引听众的兴趣和注意力后,再引入新的话题。

（6）语气词频繁

说话时,夹杂着大量的"说实话"、"嗯"、"啊"、"还有呢"、"然后"等无意义,而且乏味又烦人的口头禅或语气词,这些语气词虽然给自己留下了思考的空间,但如果频繁出现,就会让人感觉厌烦,甚至分心。

（7）过分强调自我

谈话的内容老爱强调"我",或者不论大家探讨什么内容,老是一心想把话题转回到自己关心或有兴趣的主题上,这常常会令人气恼,甚至反感。

（8）冗言

有些人讲话内容已表达清楚,但仍反复说明,招致他人厌烦。

对以上八种讲话习惯须多加提防,注意它们可能对自己或别人产生的负面影响,对于已产生的不良后果,应设法补救。

第四节 愤怒管理——新观念化解冲突

有一天,儿子问爸爸:"生气、气愤和愤怒究竟有没有区别?"

爸爸想了想,说:"这很难解释,不过,我可以用一个实验来说明。"

然后,爸爸拿起电话,胡乱拨了一个号码。

爸爸:"喂,你好,请问林国伟在吗?"

线上:"不好意思,你拨错电话了。"

爸爸:"噢,抱歉。"

挂断后,爸爸说:"下面我来告诉你,什么叫'生气'。"然后随手按了重拨键。

爸爸:"喂! 你好,请问林国伟在吗?"

线上:"哎呀! 刚才跟你说过打错了!"

爸爸:"啊! 真对不起。"

线上:"真是的!"

挂上电话后,爸爸满意地对儿子说:"懂了吧? 现在让你看什么叫'气愤'。"然后拿起话筒,又按了重拨键。

爸爸:"你好,请问林国伟在吗?"

线上:"喂,要说几次你才懂啊? 跟你说过我们这里没有这个人!"然后"啪"一声,对方挂掉了电话。

看着儿子若有所悟的表情,爸爸得意地说:"现在仔细看,你就会明白什么叫'愤怒'。也顺便想想,愤怒是怎么产生的。"

然后,又按了一次重拨键。

爸爸说:"你好,我就是林国伟,请问有人找我吗?"

沉默了三秒后,电话里传来尖锐的怒吼声:"你这个浑蛋太过分了,找乐子也不是这种方法! 神经病!"接着重重地挂上了电话。

由此看出,愤怒是一个不满情绪层层递进的过程:不合自己期盼和心意而产生不愉快的感觉,成为"生气",进而演变成"气愤",到了非常气愤,激动到极点时,即为"愤怒"。

我们的日常生活繁忙疲惫,各种不满情绪若未妥善排解,便容易带到家庭或工作中,迁怒于周围的亲友或同事,导致不必要的人际冲突。正如由"奴"和"心"所构成的"怒"字本身所阐释的:一旦内心动怒,到了难以操控的一刹那,人便成了怒火的奴隶,在其教唆下做出伤人害己的行为。

1. 进一步探索愤怒

(1) 欲望受挫

当人们追求的安全、自尊、归属感和被喜爱等权益因外界干扰而受阻时,在思维和记忆的共同作用下,会逐渐积累紧张和挫折,从而产生怒气。一旦人们察觉这些干扰是出自别人的故意或敌意,怒气会更加强烈,理智程度就会降低,容易产生敌视、抵制、反击或报复的行为。

(2) 触怒情景

产生愤怒的原因称为"触怒情景",是指人们一旦遇到这种情景,情绪就容易产生波动,变得暴躁、愤怒。它会因国家、种族、文化、性别、年龄、成长背景、意志等的区别而有所不同。

例如,插队、随地吐痰、在公共场所大声嚷嚷等一些国人习以为常的现象,会被外国人视为低俗和极不文明的行为,从而招致其反感和鄙视。

在欧美一些国家,与人交谈的时候,目光接触是有诚意的表现,但是在中东一些国家,目光接触则表示挑衅和大不敬。

在公交车拥挤的车厢里,有的人被碰撞后会大发雷霆,甚至大打出手,但是同样情景,有的人会认为小事一桩,丝毫不在意。

一个人表达愤怒的习惯,如砸东西、大叫、哭泣、静默不语等,在2—5岁时已初步形成。若父母在愤怒时会尖声叫喊、骂脏话、摔东西,小孩就在不知不觉中学会以此方法发泄愤怒;而有些父母在动气时,习惯隐藏自己的感情,压抑自己的怒气,孩子就会懂得收敛情绪,不会肆意发怒。

青少年时期是一个容易频繁发怒的阶段。幼儿时期所形成的沟通和表达愤怒的模式,会因师长的言行及环境的影响而有所修正;成年以后的沟通模式,包括因何被触怒,以及如何表达愤怒,也在此时定型。

触怒情景虽因人而异,但通常包含以下两个共同因素:

① 权利受侵害

当自己的财产、隐私、安全等权利受到侵害,或者遇到与自己价值观相冲突

的事情时,内心会生出不公的感觉。例如:
- 赶路途中遭遇堵车
- 朋友泄露自己的秘密,并被人广为散布
- 自己说话正起劲儿,对方突然打断或插嘴
- 听说甬温线特大交通事故是一场人祸后,自己心怀不平

② 自己的能力、价值、尊严遭到别人的否定,例如:
- 上司责骂自己毫无工作能力
- 自己的观点被人曲解并横加指责

缺乏自信、内心自卑的人更容易被触怒。他们往往觉得自己差人一等,时运不佳,一旦心中期望不能达成,便心生不满情绪,经常寻找机会发泄内心的怒气。

触怒情景就好像子弹已上膛的手枪的扳机,一旦扣动这个扳机,就会发射出伤人的子弹。

(3) 愤怒的危害

一般性的愤怒会带来交感神经的兴奋,使大脑内部发生化学变化,引起头痛、胃痛;经常性的勃然大怒,由于肌肉绷紧、血压升高、冠状血管变薄、血液变稠、心跳加速、心脏负担加重等,会造成心脏肌肉损伤,影响心肺功能,危害肝脏,甚至会引起中风、胃出血,恶化原有疾病,带来生命危险。心理学家爱尔玛(Elma)甚至发出了"生气等于自杀"的警告。

人在感受到威胁或侵害的不安状态时,会不自觉地寻求保护,并设法找到渠道发泄由此所产生的不满、恐惧或敌视,甚至会出现哭泣、怒吼、打骂、摔门砸物等过激行为。这不但会引起别人的反击,破坏人际关系,也会使自己产生孤寂无助的情绪。

2. 引发冲突的"瘾"

"瘾",是指生理和心理的强烈需求,演变成了极为深厚的嗜好或依赖,发展到一定程度,产生了一股超出本人控制身心能力的力量,掌控了情绪或思维。

心的解码
Decoding the Heart

除了人们熟知的烟瘾、酒瘾、网瘾、毒瘾等,潜伏在当今社会的怒瘾也变得日益严重,对组织和家庭的和谐造成了严重威胁。

频繁动怒的人,在发泄的刹那,会感到一种带有杀伤力和爆发性的刺激,产生一阵令人激动或兴奋的支配快感(dominating empowerment),日久上瘾,便成为"怒瘾"。一旦被"怒瘾"掌控,人就会不自觉地寻找机会肆意发怒。

自卑、自大、无知和顽固是形成怒瘾的四个心理根源,其表现为:① 心中总认为自己不如别人;② 自己才是对的;③ 别人对不起或伤害了自己;④ 怪命运、际遇不佳,不去检讨自己。而当委屈、愤怒充斥心头时,潜意识里萌生出反击或报复的情绪,动辄勃然大怒,内心和人际的和谐也因此每况愈下,如同热带风暴逐渐加强成为威力无比的强烈台风一般,严重地损人害己,形成"怒瘾循环"。

如何判断是否已经发怒成瘾?情况严重到什么程度?回答以下的问卷可以对被测试者有大致的了解。

★ 发怒成瘾测试问卷

观察被测试者过去七天内的言行,以"是"或"否"回答以下问题。

1. 别人没有依循自己的指令或达到自己的要求,就大发雷霆。
2. 事情未按照原计划的时间或内容完成,便对自己生气。
3. 曾与周围的人发生严重争执或对别人大发脾气。
4. 受到别人言语上的伤害,总想找机会以激烈的言辞反击。
5. 不考虑事后是否会懊悔,生气时总容易脱口骂出脏话。
6. 指名道姓,大喊大叫地对别人发脾气。
7. 动怒时虽偶尔能克制不语,但愤怒的眼神、表情和手势让人难受。
8. 怒火中烧时,心里恨不得出手打人。
9. 生气时,会用行为暴力来惩罚那些触怒自己的人。
10. 怒气发作,常常会随手抓起手边的东西扔出去。

11. 心中发火,却不便直言,以嘲讽对方来发泄怒气。
12. 大发雷霆后,几乎无法记起讲过的话或做过的事的细节。
13. 一旦脾气发作,就总有人遭殃。
14. 难以忘却别人对自己的冒犯,经常回想起来。
15. 火暴脾气把周围的人吓怕了。
16. 脑海中老是出现得罪自己的那些人的样子,心中越想越气。
17. 怀疑被自己信赖的人欺骗或出卖,并为此生气。
18. 喜欢以暴饮暴食或酗酒来排解怒气。
19. 大发脾气后,身体感到疲累,甚至头痛、胃痛、心口痛。
20. 大骂了对方后,自己反而更没自信。
21. 一旦因大发脾气而颓丧,就会久久陷入情绪低潮,无法走出。
22. 看到自己发怒带来的伤害,有时甚至有了结束生命的冲动。
23. 尝试用一些方法来努力控制怒火,但似乎毫无效果。
24. 对无法控制自己动辄发怒的情况,有时觉得极端孤寂或无助。
25. 自己动辄发怒伤人害己,心中极想寻求别人帮助。

3. 减轻怒瘾

发怒上瘾的问题部分源于错误的心态,唯有从五项心态的调试着手,方能走出怒瘾的阴影,摆脱其影响。

(1) 深刻意识到危害的程度

戒除怒瘾,必须清楚地意识到怒瘾危害自己身心和伤害别人的程度。只有这样,才能有坚定的决心,一步步戒除,否则难有效果。

有怒瘾的人事实上动怒频繁,而本人却往往一再否认,就好像掉入陷阱的人,因未觉察危险而毫无脱离意愿。有怒瘾的人常常认为真正的问题不在自己,而是别人的触怒或亏欠,他们甚至堂而皇之地认为愤怒是每个人都有的情绪和现象,因此,自己发怒也是理所应当的。

例1 "我可不是那么容易生气,每次都是这些人招惹我!"

评述 不承认自己有动辄发怒的问题,把动怒原因合理化,或是老埋怨别人,推卸责任,不能认识到自己动辄发怒该承担的责任。

例2 "每个人都会发怒,又不是只有我一个人这样。"

评述 "人非圣贤,孰能无过",基于这种心态,淡化了怒瘾的严重性。

这种拒绝承认、推脱责任的观念,正如西方谚语所说:"老看邻居眼中有刺,却未把自己眼中的梁木挪开。"恣意动怒的情况不断继续,就会如同走入死胡同,无出路可寻。

（2）认识到怒瘾因具有无法预测性而带给人压力

一个因殴打六岁小孩而被捕的父亲,懊恼地说道:"我知道自己爱发火,一发火就会动手打人,虽然我尝试着努力克制,可是一看到我那女儿哭闹,我火气就上来,接着一阵吼叫。她就哭得更厉害,又怕我打她,跑到一边想躲我,我快气疯了,非要她当场站住,不站住,我就吼得更大声,最后我逮着了她,出手力度失控,把她打伤了!"

有怒瘾的人,必须先觉悟自己无力克制怒气,随时可能爆发而伤人。也更需要明白,周围的人面对自己时,会因为无法预料自己下次会在何时为何发怒,而常常提心吊胆,甚至会对自己敬而远之。如果不想让自己成为这种令人生畏的人,就应常常告诉自己"频繁发怒会让别人受苦、自己受罪",从而能够较容易地下定决心,逐渐戒除怒瘾。

另外,在有"怒瘾"的人即将发怒的时候,如果对方能够适时表现出压力和恐惧,使发怒的人觉得内疚,或者助其联想到怒气伤人害己的后果,也可能会有助于抑制发怒者发怒的冲动。

（3）了解与怒源有关的心理创伤

人的怒瘾有时源于人生的某些痛苦经历,这些经历使人受到严重的心理创伤,降低其耐受和克制愤怒的能力,造成其发怒的冲动性。

第二章
意识管理——喜怒哀乐张弛有度

一个因丈夫有外遇而被抛弃的单身母亲说:"我觉得我快把我那七岁的儿子毁了,他一点小小的错误,就会把我气得对他怒吼,尤其有时孩子在我正发火时,还敢顶嘴,让我更有出手打他的冲动,我知道我骂那些难听的话非常伤害孩子的自尊,我实在不该,但就是没办法控制……"

表面上看,这位母亲是因为毫无扮演单身母亲角色的经验,看到孩子犯错,会担忧自己是否称职。这种担忧甚至会转化成恐惧或对自己的不满,为了排解这种不舒服的压抑情绪,她就会不由自主地将其以怒气的形式发泄出来。更有甚者,她把孩子一再地不听话,视为对自己身为母亲所具有的权威和尊严的否定或违背,认为自己有权动怒。

其实,这位母亲的动辄发怒还有更深一层的怒源,那就是她被丈夫抛弃后,内心所产生的不平、不满的恨人责己情怀以及严重的自卑感,再加上对未知前途的无力感和恐惧感,以及由生理和心理孤寂导致的不断积累的焦虑等。

这位母亲,必须要经常提醒自己,这些因不满、焦虑和恐惧而生的怒气与孩子无关,要勇敢面对自己内心所受的心理创伤,除了在内心尝试去宽容、饶恕和遗忘,还得辅以运动、音乐等活动,适度排解焦虑和压力,尽量避免触怒情景不断地在心灵的伤口上撒盐。另外,也应尝试加强心理建设,告诉自己"塞翁失马,焉知非福",也如《圣经》所云:"万事互相效益"(everything benefits),也就是"每一件不顺利的事件,必定有其有利的一面",只要换个角度去看,便不难发现其中所隐藏的益处。人世间,种种不幸的事件,往往有其正面和积极的价值,只要学会凡事往好处去想,就容易宽心,变得豁达。

为防止孩子因心灵创伤染上怒瘾,为人父母者在管教孩子时应当注意:语气严厉或情绪激动都是可以理解的,但是如果夹杂着与孩子毫不相关的怒气,便会使孩子产生"父母究竟爱不爱我",甚至"我究竟有无价值"的困惑。眼看

着自己父母大发雷霆的模样,孩子会认为自己不过是父母的"出气筒",对其管教的内容,则会心生排斥。合理的管教方式,应该是让孩子知道自己的心态和行为错在哪里,该朝哪些具体的方向或目标去改善,然后让孩子清楚地感受到虽然犯错的"行为"应被指责但同时父母也表达了关爱和接纳,这样一来,不但家长本身减少了怒火,也可以避免亲子间的冲突。

面对频繁动怒的人,一般人要么敬而远之,要么因被触怒而以牙还牙,使冲突加深。上上之策,便是尽量用换位思考的心态,设法体谅他们遭受的心理创伤和痛苦,以心理医生对待精神病人的理解和心态,不要过分计较或放在心上,多用关怀和理解的言行,让他们感到被了解、被尊重和被接纳,增加彼此的信赖和好感,这样沟通的渠道才会畅通。

(4) 高效的道歉

高效的道歉具体包括四项要点。

第一,真心地知错,明白无论原因为何,自己冲着别人发怒是绝不应该的。

第二,感受到别人因自己随意发怒而受到的伤害。

第三,下定决心避免再次随意发怒。

第四,理解和接受对方有权决定如何面对自己的过错和道歉。对方可以选择马上原谅;或是视情况而定是否予以原谅;甚至也可以选择不予原谅。无论对方作何选择,都要表示出尊重并谦虚地接受对方的决定。

真心道歉除了花费心思留意自己的用词、举止,最重要的还是调整好自己的心态,只有处理得当,才能利己利人。

拥有良好的自我形象、情绪商数较高的人,较容易做到高效道歉,形成良性循环。他们不但有智慧审视自己的过错,更有勇气对别人受到的伤害承担责任,由此而生出的歉意,能够显示出自己的诚意和决心,不但有助于自己今后改过,更易使对方受伤的情绪得到平复,有时在发怒后反而"因祸得福",使别人更加喜爱和信任自己,增加了个人魅力,也增加了自己的社会资本(social capital)。

（5）肯定和鼓励

心理学家发现当易怒者成功遏制几次动怒后,会生出一种自我否定和失去方向的感觉,感到失落或颓丧,接着便会莫名地有一股发怒的强烈需求,觉得如果能再发怒,便可找回自我价值和重要感。这其实是一种错觉,就好像戒毒初期的人,经过几天治疗后,便会渴望再次享受毒品的刺激,这不但是生理上的瘾,也是心理上的一种惯性和依赖感的持续。

例1 "近来我老让着他,可是瞧瞧他对我讲话时那种不屑的眼神,我为什么还要继续受他的气呢?再忍下去,这哪里是我啊?"

评述 忍了几次没发火,也算是小小的突破,但是忍多了,却突然感到失去自我,内心生出戒除怒瘾与实现自我价值的矛盾感。

例2 "我已经尽力容忍他,这样下去太便宜他了!他何时真正尊重过我?我算老几呢?"

评述 容忍了一阵后,触怒情景出现,内心焦点移至自我定位、自我价值、自尊等,影响了自制力。

一般来说,针对同样的触怒情景,如能忍住两三次不予动怒,便是一个成功的开始。如果能够坚持两三个月不随意发怒,便可得到周围人的刮目相看,自己也会因情绪平和,自信倍增,迈入成功戒除怒瘾的阶段。

怒瘾带给自己和周围亲友的伤害有时会远超过自己的想象,戒除怒瘾,并非一蹴而就,唯有:

第一,接受自己发怒成瘾、伤人害己的事实;

第二,了解动辄暴怒如同一颗不定时炸弹,它的不确定性,以及不可预测的后果所带给人的压迫感;

第三,从内心上了解自己受过的创伤和怒源,予以抚平和宽恕;

第四,情绪失控而动怒时,真心知错,诚心改过道歉,请求原谅;

第五,短期内怒火得以克制,却又产生退缩和渴望动怒的念头时,要及时肯定自己小小的突破,并鼓励自己坚持下去。

4. 愤怒管理的新思维

公元1世纪的哲学家塞尼卡(Seneca)说过,"我们如今要面临的最残酷、最危险、最令人讨厌,也最难以驾驭的一种情绪,就是愤怒。若能把这只恶心、粗野、可笑的怪兽制服,对人类和平会有很大贡献"。经过了20个世纪,在科技、文明如此发达的当今时代,人们却仍然在自己内心的怒气面前束手无策。

愤怒一如其他的情绪,本身并无好坏之分;如果管理得当,还可成为一种建设性动力的来源。

美国一位原本默默无闻的母亲,在爱子被酗酒驾车的人撞死后,化悲愤为力量,联合众多受害者共同游行示威,倡导订立《反酗酒驾车法案》,为这项法案的确立做出了极大贡献。

正如鲁迅在《杂感》一文中感叹的,"勇者愤怒,抽刃向更强者;怯者愤怒,却抽刃向更弱者",这位母亲不愧勇者,她将自己的愤怒,转化为勇气和动力,成功地对抗了酒后驾车,罔顾人命的恶习和顽固力量,这项法案在美国推行至今,酗酒驾车的人大减,拯救了无数生命。

反之,如果管理不当,愤怒就会产生破坏力,影响个人健康,破坏人际关系,甚至引发刑事犯罪。很多学者不惜花费大量时间和精力,致力于研究如何有效管理怒气,降低其破坏性,为此也产生了多种理论和建议。

(1) 愤怒管理的沿革

① 压抑论

传统上,人们常把怒气比作压力锅里的蒸汽。压力锅在煮饭时,温度慢慢增加,蒸汽慢慢累积,如果这时突然打开锅盖,高温的蒸汽可能会伤人。如果把压力锅的电源拔掉,待蒸汽冷却成水后,再打开锅盖,就不会产生危害。因此,这一理论强调生气时,要压制愤怒,保持静默,让怒气慢慢转化成祥和之气。

但是,后来科学家证实,过分压抑愤怒情绪的人,如同一座沉默的火山,外表是平静的,而内心却是汹涌的岩浆,长期压抑情绪,可能导致某一天在忍无可忍时总爆发,或者导致抑郁症等各种精神疾病。

② 发泄论——"愤怒管理 ABC"

在 20 世纪 70 年代,美国心理医生强调依发怒(anger)、责怪(blame)和批判(criticize)的 ABC 原则,建议经常动怒的人尽快把愤怒发泄出来,以免长久的压抑对精神健康造成危害。

随着这一理论的兴起,一系列提倡"发泄"、教人减压的课程应运而生。在培训课堂内,老师鼓励学员通过尖声叫喊、怒吼,或踢打假人、骂脏话来泄愤。发泄过后,人们会感到一种无助和伤感,甚至彼此抱头痛哭,在相互的拥抱中,得到一种归属和满足,减轻了因愤怒或仇恨所生的罪恶感,情绪因此变得平和。

这股风潮流行了近十年,后来以费希巴赫(Feshbach)博士为代表的医学家在临床实验中发现,过多的咆哮或怒吼,在生理上会导致心肌受损,加大患心脏病的几率;在心理上,每次愤怒的发泄只会使敌意越发深刻,动怒得越频繁,怒气会越深,动怒的需求也会更加强烈,形成怒瘾。如同有酒瘾的人,每次喝酒都触动了自我刺激的机制,越喝就越想喝,有怒瘾的人,即使在发怒前的一刹那,内心会担心各种不良后果,有一丝回避发怒的愿望,但对于情绪骤变的刺激和发泄快感的需求,则会使他马上失去控制,把怒气瞬间彻底倾泻出来。

流行了几年的"动怒发泄法"因被证明会损害健康、增加敌意和形成怒瘾,而终遭推翻和摒弃。

(2)愤怒管理的新发展

现代的愤怒管理,从新的角度重新审视发怒的现象,发展出一套全新的"愤怒管理 ABC",即通过回避(abstain)、坚信(believe)和沟通(communicate)三个步骤来管理发怒的现象。这不但可以帮助发怒成瘾的人戒除怒瘾,更可从根本上避免怒气,减少冲突,增进内心和人际的和谐。

① 立即停止不当行为

一般地说,由争执、动怒到冲突,只有20%是单纯由谈话内容所引起的,而80%是源于不当的音调、语气、表情或动作。

一天,丈夫拖着疲累的身体,下班回到家里,看到妻子因为刚上小学的孩子功课没做完而大声责骂,便过去关心地问:"你今天好像不太对劲儿嘛!"

没想到妻子却生气地白了丈夫一眼,说:"你怎么搞的,到现在才回来?菜都凉了!"

丈夫叹了口气,说:"我看你的心情不好,好心地问一下。我刚……"

丈夫好意关怀却碰了一鼻子灰,原本已经很是不悦,愣愣地站在原地,正要接着说明晚回的原因,妻子便插了嘴:"看看你儿子,刚上学就不好好做功课,以后怎么办?"

丈夫看了看满脸委屈的孩子,又狠狠地瞪了一眼妻子。

妻子拉高声音说:"你瞪我干什么?回来晚了还有理吗?"

面对妻子的厉声厉色,丈夫忍无可忍,指着妻子说:"李小云!你这种态度怎么管得好孩子?"

妻子大声嚷道:"你态度好,张大朋?你就只会宠孩子,一看见我管就心疼,刚才你进门,劈头就责问我不对劲儿,明显是说我心情不好才把气发在孩子身上。是啊!我是心情不好!你说七点回家,现在都八点多了,菜都凉了,我能高兴吗?现在一回来就骂人,以后再这样就别回来了!"

丈夫大吼一声:"好!我走人!"便抓起外套,砰地一声,把门重重一摔,扬长而去。

双方原本都是出于好意,丈夫关心妻子的心情,妻子担心丈夫的身体,夫妇都操心孩子的学习,却因音调、语气失控,表情、动作不当,招惹了对方的火气,甚至争吵到一发不可收拾的地步。

愤怒管理的第一课,要先了解以下十五种行为会使人产生被轻视、伤害、厌恶的感觉,容易引发激烈争吵:

a. 继续对话

两千多年前犹太人的古籍《箴言》中,对愤怒管理就有了一些精辟且符合现代心理学的教导:

"紧守口的,得保生命;大张嘴的,必致败亡。"

"愚昧人,若静默不言,也可算为智慧,闭口不说,也可算为聪明。"

"不轻易发怒的,胜过勇士;制伏己心的,强如取城。"

这些话提醒我们,在愤怒管理中,真正的敌人是自己的怒气,真正的战场是自己的心田。要获取胜利,必须能够先制伏自己的舌头,检视自己心中经常出现的错误念头。

在对方惹怒自己时,人们脑中通常会闪出以下的念头:

"我怎么可以让他这样对我说话?"

"你才需要闭口,怎么会是我呢!"

如果顺着这些思路发展下去,就很难咬紧舌根,更会引发自己的怒火,所以必须立即否决这些念头,要坚定地告诉自己"我可以忍受"、"这没什么"、"小不忍则乱大谋"、"怒言脱口,还得收场,多累啊"。

b. 怒视对方

尽管能咬紧牙根不讲话,但如果仍怒视对方,对方还是会感到敌意和挑衅,不但看不到自己尽量压抑的努力,还会猜测自己下一步会采取何种攻击性言行,因而会心生恐惧、愤怒,甚至意欲反击,自己也会更觉委屈而提升怒气。

此时,宜把眼神转移,偶尔注视地面或别的地方,这才会有助于马上缓解紧张气氛。

c. 留在原地

争吵刚开始时,应立即离开现场,给对方留下平息怒气的时间和空间,待双

方恢复理性才可能谈对重点。摒弃心中即刻闪出的"这是我的地盘,他犯了错,凭什么我要离开"等想法,改用"惹不起,躲得起"的"战术"。

d. 嘲讽语气

中国的文化强调含蓄,连骂人都讲究学问。有人把嘲讽视为一种委婉的批评,误以为能提醒对方进行自我检讨,借着影射或反语来嘲讽别人,顺便卖弄自己的学识和能力。

殊不知,一旦对方领悟出嘲讽所暗含的轻视、否定和批判,便会觉得受到严重伤害,从而陷入情绪困扰,激发反感和怒气。

e. 威胁恫吓

威胁恫吓是人们在沟通或谈判不顺心的时候很容易使用的武器,而这种方法经常会使用不当,使争执和冲突恶化。例如,事业合伙人纷争,提到散伙;叛逆的青少年要挟父母,再不给钱就永不回家;夫妻争吵,提出离婚等相威胁;心中的目的无非是"我威胁他,只想告诉他不要太过分,我的忍耐是有限度的"。但是实际上,威胁的效果并不如自己所预期的那样强有力,反而会激起对方的反感或伤了对方的自尊,从而带来非常严重的负面效果。因为恐吓本身就带着鄙视和伤害的企图,对方会因安全和自尊受到威胁而产生不安和恐惧,进而有抵抗或反击的想法。

一个女人对自己的好友说道:"我终于找到向我老公要钱的办法了。"

好友问:"什么办法?"

女人答:"每次我们吵架,我就说我要回娘家,他便马上给我一笔旅费。"

威胁后,也许泄了怒气,甚至也逼得对方让步,但是,过后也要想一想自己付出的代价,究竟损失了什么,是否值得?

f. 插嘴

动怒者正在大发雷霆,对方心中很容易产生以下念头而粗暴插话,希望唤醒动怒者的意识:

"他讲的简直离谱,我必须打断他!"

"他常插嘴,我为什么不能?"

"我再不打断他,及时更正,恐怕待会儿他都忘了他自己讲过什么!"

殊不知,这样只会适得其反。被插话的动怒者,不但不会听取插话的内容,反而会因没受到尊重,被剥夺了话语权而平添更多怒气,双方的冲突会更加恶化。

g. 骂脏话

在激烈的争论中,为了表达不满情绪,宣泄怒气,脏话很容易脱口而出。结果虽然获得一时的痛快,却让动怒者的发怒更加合理化,引起更大的争端。

h. 指名道姓

生气地吼出对方的名字,乍看之下可以吸引对方注意力,表现出自己对问题的重视程度,实际上是对对方人格的鄙视和挑衅,只会火上浇油。

i. 手指对方

用手指着别人的确可以吸引对方多注意自己的想法,但是这个动作,会给人一种傲慢、轻视和指责的印象,暗示对方处于人格劣势,使对方产生抵触情绪,增加其怒气。

j. 大声吼叫

"我大声吼叫只是为了让他听清。"

"我要让他知道,我这些看法可是很认真的。"

"他吼,我为什么不能大声?谁怕谁?"

大喊大叫是一种伤害性很强的行为,不但使自己的怒气加深,还会传染给对方,一来二去,双方注定会以大吵大闹收场,不但对于实质问题毫无帮助,要再修复感情也需大费周章了。

k. 指责说教

"他做错事了,我指责他是应该的。"

"他的言行太不近情理,若此时不点醒他,使他清楚明白,那以后还了得?"

这种念头,只会使自己急于指责或说教,其实,双方在气头上时,就应先想

法消气。指责说教,会给人高高在上的傲慢感觉,即使对方错了,也会为了面子而争辩或反抗。

l. 叹息、白眼

夸张性的深深叹息或者白眼看人,充分表达了嘲讽、失望和轻视,会伤害对方的自尊心,使怒气因此提升。

m. 肢体碰撞

对于发怒的对方,本能地做出推、拉、碰、挤等动作,原本打算告诉对方"你别说了",或"我碰碰你胳膊只是要提醒你,收敛一点儿",或"你太离谱了,还敢发这么大脾气",岂不知在对方情绪失控的情况下,这些动作都会使人产生自卫、反击和报复的欲望,甚至可能导致双方从语言的冲突升级到暴力的行为。

n. 摔门砸物

这种破坏性的动作固然可以表达心中的强烈不满,暂时发泄怒气,但对方会因这种暴力性的动作,产生惶恐、轻视和厌烦情绪,从而加重双方的怒气,彼此做出更加情绪化的行为。

o. 四处炫耀

带着胜利的心态,到处炫耀曾经对别人发脾气的经历,例如:

"有几次儿子跟我顶嘴时,我就朝他大吼,吓得他以后再也不敢顶撞我。你就应该这么管你的孩子!"

"我不知你怎么对下属这么容忍,上回我下属在会议上对我的观点提出反对意见,会议结束后我大骂了他一顿,以后他再也不敢公开跟我唱反调了。"

这会带来诸多恶果。

第一,这种四处炫耀的做法,揭露别人隐私,降低了别人对自己的信赖。

第二,不懂得珍惜他人的忍让,反而以轻视的口气到处炫耀,只会给听者一种很没修养的印象。

第三,误以为发泄愤怒是一种有效解决问题的办法,容易渐渐形成"怒瘾"。

愤怒管理,没有其他诀窍,必须首先彻底领悟这十五种不当行为的破坏力,增强克制怒火的决心和能力,尝试使自己尽力回避这十五种行为,才能在戒除怒瘾的道路上,迈出成功的第一步。

② 更新信念(belief)

如能真正做到上述的"立即停止",便可延迟"动怒",降低火气,缓和气氛,避免愤怒恶化成为直接的冲突。但是,若要根除"易怒"的性格和习惯,戒除"怒瘾",还得从信念上彻底改变自己的思维。易怒者往往会认为都是别人或不顺的事情惹了自己生气或是刺激了自己,其实,情绪控制在于自己,想把情绪调整好,别人实在帮不了忙,唯有自己的观念或心态转换,易怒的性格才可能转变。易怒者的信念需参考三个角度来改变。

第一,慢三拍。

《圣经》中有这样的话:"攻克己身,叫身服我。"这其中包含着发人深省的哲理。"攻克己身",就是要人们靠自己的力量把自己的心灵从怒气的奴役中解放出来。也就是说,"唯有将我们身上的各种不良习惯彻底根除,我们心灵中美善的一面才能自由地显现出来"。

"快快地听,慢慢地说,慢慢地动怒。"易怒的人,多是贪快、贪急、没能耐住性子。这里的快慢,并非单指速度,更强调了当发觉自己即将动怒时,要马上提醒自己不要贪"快",要慢三拍!也就是尽量慢三拍"解读",慢三拍"表达",慢三拍"发泄",慢三拍"报复"。

第二,查明真相。

真要宣泄怒气前,不妨先来问问自己这样一些问题:

我究竟有没有明白真相?对方的本意表达完全了吗?自己有没有完全弄懂对方的原意?我把自己的原意表达得很清楚了吗?对方有没有可能解读错了?没讲明白是自己的错,发泄在对方身上公平吗?

动怒增加了自己的怒气与敌意,伤害自己的身心,也容易树敌,值得吗?

自己宣泄了怒气固然一时觉得很爽、很舒畅,但这真是我要的吗?我这次的强烈表达到底要达到什么目的?我真正要的是什么?

Decoding the Heart

只要能做到好好地问自己几个问题,宣泄怒气的冲动就会减少很多,对方也就不会再被激怒,很可能跟着恢复一些理智,双方就能更冷静地沟通了。

第三,换个角度。

愤怒的产生与价值观(最在乎什么?最怕失去什么?非要得到什么?)、负面思维(认定什么是别人绝对应当做的、亏欠自己的)、性格特色(高度高标准型的人较为苛求别人达到一定标准或表现、完美主义,别人一旦达不到,便容易失望或动怒)、情绪按钮(童年开始以来的成长经验中所遭遇的负面经验,尤其是男孩觉得被否定、轻蔑,女孩觉得被轻视或不喜爱,形成触动自己情绪波动的来源)有关。易怒者须想明白或被别人点醒自己负面思维的存在,学会换个角度,才能更加宽心和宽容。

最后,有怒瘾的人,一旦感到自己控制愤怒的努力稍见成效,若能看到别人欣慰的表情,得到别人对自己的肯定和鼓励,便会更生信心和动力,持续戒除怒瘾的努力与效果,形成"良性循环"。反之,怒瘾者刚有些觉悟与努力,下定决心,采取了一些改善行动时,若遇到别人批评自己"本性难移",一味打击、嘲讽或否定,便会失去信心,再遇到触怒情景时,容易勃然大怒,不但印证了别人的"你已无可救药"的指控,自己也失去了戒除怒瘾的自信,稍获改善的成果也因此付诸东流。

第五节 不同角度剖析李阳暴打妻子案例

1. 事实经过

2011年8月31日,网络上一条消息引起震动,"疯狂英语"创始人李阳的美籍妻子Kim在微博中声称遭到家庭暴力,照片上她的头部、耳朵、膝盖处都有红肿和流血,她的微博被大量转发。Kim与李阳育有三个女儿,家暴时,三岁的女儿曾拉着爸爸的手,说:"爸爸,不要,不要!"后来在医院的时候她说妈妈对不起,下一次我用筷子,我用剪刀来(阻止他)。遭遇家暴后 Kim 投诉民警无果,她认为李阳打老婆肯定有心理问题,她要帮助李阳,于是决定发微博求助。在 Kim 发出第一条微博后的四天,她不断地在微博上更新自己受伤的照片。各大媒体开始铺天盖地地报道家暴事件,而这时李阳正要在上海给一百五十名母亲讲家庭教育。李阳公司的朋友欧阳维建曾经建议他暂停演讲,提早回京处理家事。但他不以为然。他觉得这个事件没那么严重,不是人命关天的事情,就算拖三天也无所谓,以后再处理。李阳称绝对不会因为这个小事,停止他的培训。

2. 李阳在事后接受媒体采访时表达了如下观点

- 原来的冲突可能是十天、二十天、一个月一次,随着不断的积累可能变成两三天一次,再到最后可能是三个小时就会有冲突。

- 我当时感觉准备同归于尽了,因为她唠叨了一个上午,一个上午都在这个状态当中。我看她从沙发上站起来,我就认为她要发飙了,要砸东西,要狂哮了,我冲过去就把她按在地上了,我就把她的头撞到地上了,撞了好多下……我当时那个状态肯定是半清醒半失控状态,当然我就说,这件事如果在国外应该算违法事件了(言下之意这种行为并非违法)。

- 她毁了我,我也要毁了她。

- 我跟她在一起是为了做家庭教育的实验,小孩只是一个实验品。

- 就是说既然都在一起了,还爱什么爱,爱该都挂在嘴边?

- 记者:你能不能跟我说一下,这十二年来,你为 Kim 做过的,你认为最让你感动的事情是什么?李阳:我(本来)可以一天都不回家,但我(每年还能)回二十天。

- 我们彼此很善于激怒对方,已经变成一种游戏了。其实一个人最悲惨的就是完全被情绪控制。

- 大街上的女性我没有理由这样对她,夫妻之间是很少控制自己的,人把

最好的一面都留给了别人。

- 我应该是修养方面还很欠缺的人,我很容易被激怒,就是我还不够自信。

- 强硬可能是我以前最痛恨的,所以才会往强硬方面走。因为我受够了懦弱。我自己连个起床的事儿都做不到,我去商店买东西,我连买东西都买不回来。就是自卑。(Kim在接受采访时提到:"每次我们坐飞机,李老师说不要上。为什么?他希望听到他的名字。所有的人(已经)坐好了,还有一个位子在后边,一个在这儿,三岁的小孩不能自己坐,他说你没事没事,等一下,我要听他们说,李阳,李阳,还有一个客人,还有好多人,让他们都知道我在。我可以送你一本书,来签个字。这真是太过分了,我不能接受,不能接受。")

- 我从小的成长经历,还有父母的打击式教育也好,都使我从小对自我的认识很差。所以自卑的另一个极端就是自负。

- 我有轻度抑郁症,我会在早晨起床后半个小时的时候,觉得非常恐怖,非常害怕,觉得特别没意义,活着也没意义。就像我给她发个短信,说我揪你头发的时候,其实我看到有很多白发,就跟我的白发一样。

- 我要做家暴的主持人和代言人。我还要把它出成书,我还要去宣讲。在我丑恶或者说魔鬼的一面出来的时候,把它转化成一种正面的价值力量。

- 我把事业视作生命,我的家庭是第二位,当我的事业受到危害的时候,我肯定是要捍卫它。我可以不要家庭。我不可能说因为家庭牺牲事业,那我就没有价值了。

3. 十个相关议题

(1) 怒瘾

李阳案例可以当成怒瘾最佳案例或教材。首先,他不但已是屡次吵架动粗成习,事实上,他在狂骂或打人之际,有种宣泄的爽快。日久如同上了瘾般,更加强烈依赖于想去满足这种宣泄的需求,已经严重到了不能自已的程度。其次,健康的人伤害了别人会觉得歉意、自惭、羞愧。可是,媒体或评论都一致认为李阳在事后,尤其是面对媒体时,从他的谈话内容、语气、表情,丝毫不见其悔意或歉意。相反,他处处显示自己毫无自省能力,不觉得自己有错,没有诚意道歉或承担任何责任,这正是怒瘾者的典型。他口口声声、大言不惭地称自己将成为家暴案件的反面教材,呼吁政府立定"反家暴法",一来有点挑衅中国目前的法律拿他没辙,二来,进一步了解他的童年背景、极度功利的人格特色与其在整个事件中的言行表现后,令人不禁怀疑他是否庆幸自己的"知名度"因这一事件再度提升,更加有利于扩展他早已家喻户晓的"教育"事业。最后,围绕在严重怒瘾者身旁,尤其是他的爱人与孩子,势必要活在他"一定会暴怒,只是无法得知何时会发作"的恐怖阴影当中。

(2)神经质人格

从李阳的自述与言行举止里的激烈情绪失控和行为不稳定中,不难发现他有不少边缘型人格障碍的表现,即因从小有极度不安全感、缺乏爱与肯定、极度自卑所产生的典型神经质人格,其具有以下五个特色:

① 从原生家庭的角度分析,李阳说自己从小是一个自卑的人,不敢和陌生人说话。他出生在江苏常州,从童年起,他就没有过亲密的家庭关系。父母在生下他以后就到新疆支持边疆建设。他从小跟着外公外婆长大,直到四五岁才开始和父母一起生活。父母因为工作的原因,二十多年,从未在家过春节。他还记得爸爸在西安工作的时候有一次曾经说,今天晚上就跟我睡一起吧,李阳心想:吓死我了,跟他睡一个床上,我宁可去死。李阳说现在就连跟他父亲握一下手、拥抱一下,他都会起鸡皮疙瘩,因为已经没有亲密感了,中间断掉了。从小极端缺乏爱,缺少肯定与安全感,使李阳形成了极度内向、自我形象很差,从小没有自信,很不喜欢自己的偏激人格。

经历太多痛苦的负面体验会形成放大负面因素与负面感受的思维特性,以及对自我很难接纳的性格。因而对李阳来说,当他在外身为教师时,很难对学生有真正的爱心;回到家里,他对妻子、对孩子也不太可能付出真正的爱心。

② 畸形的人我关系——一个从小自我形象很差,一心只想成功、只想出人

头地、只想证明自己价值的人,会认为人生战场上的相互杀戮比平和地享受和煦阳光更诱人或更有价值。因此,他们很容易仅将自己视为争名夺利的工具,从没真正爱惜、接纳与喜欢自己,有时还会对自己产生厌恶、鄙视的念头。一个没有真正爱惜或器重真我的人是很难去尊重或接纳别人的。

③ 具有自卑人格的人总认为自己不够好,为了超过别人,证明自己高人一等,除了具有强烈的攀比、嫉妒、竞争心理,还容易形成非要成功,事事追求完美,对自己、对别人有很高期望与苛求的补偿心理;对妻子或孩子会有很高甚至很不实际的要求,一不如意,极易产生暴怒、伤人、迁怒、情绪宣泄的偏激行为。

④ 适度的自卑

奥地利精神科医师阿德勒博士(Dr. Alfred Adler)是提出"适度的自卑反而成为成功的动力"的心理学大师。著名的"补偿自卑感理论"强调内心有了适度的自卑感会转变为"帮助他人"的具有社会性意志的想法,反而能够成为努力奋进的动机与动力。但是,过于强烈的自卑感则会使人非常沮丧、萎靡,失去向上奋进的欲望。

随着成长,人们会形成自己的价值观和目标,但是人们在多数情况下,价值观和人生目标会在无意识中受到幼儿时期的自卑感的影响。而且里面往往包括了不现实的目标。通过将不现实的目标转变为现实的东西,人的心灵才会被治愈。阿德勒是人本主义心理学的先驱者之一,也是个体心理学的创始人,现代自我心理学之父。"自卑情结"是他最著名的理论之一。自卑感是由一个人感觉生活中任何方面都不完善的心理造成的,但也正因为人们有自卑感,才会努力克服缺陷,完善自我。这种努力,称为"补偿"(compensation)。

在阿德勒的一个很有名的心理实验里,有两个胆小而自卑的小孩,到了动物园面对模样吓人的大狮子时,一个小孩是抱着母亲嚎啕大哭,另一个却故意装出毫不惧怕的样子,对着狮子猛吐口水。这个实验展示了一个心理现象——一个深度自卑的人,为了掩饰内在的害怕、自卑与不如人,表面上会刻意表现得性格夸张、刚强勇敢来赢取众人的肯定与赞赏。即便事业如愿,获得成功,他们的内心也可能呈现非常躁动、很不幸福的极大反差。

阿德勒认为,要实现自己的目标,首先要弄清自己的价值观,例如自己珍惜的是什么,自己很怕失去或缺乏坚持毅力而半途而废的是什么等。第一张纸上写孩童时期,自己很重视的东西,例如糖果、午睡、野外郊游;第二张纸上写现在的目标,例如出人头地、结婚、晋升为经理;第三张纸上写如果人生只剩半年,自己会做什么,例如挥金如土地玩乐、周游世界、好好地与家人相处。写好这三张纸后,再拿一张纸,写上一到三年左右自己的研究,进一步弄清自己的方向,为实现自己与自我实现做好准备,这就是发现缺点并完善自我的心理治疗。

⑤ 事业上一直埋首于卖命地追求一个永无止境、难以达到的成功,体力、心力疲累透支之余,压力极大。可是繁忙紧凑的行程不但使夫妻间很少相互沟通,形同陌路,也使得自己很难养成健康的疏解压力的习惯;身份地位、想要极力保持一个完美的公众形象以及自卑造成的精神自闭症好比高处不胜寒一般,难有知心好友倾诉,更不可能寻找专业的心理咨询师;本应是最亲密的妻子经常被他的怒吼狂打阻断了良好的沟通,更遑论身为丈夫的李阳能够成为妻子的知心或知己。这种压抑与郁闷,加上从小的自卑,使李阳形成了"在公众面前和善、胆小,在家里则成为残暴的暴君"的两面人格。妻子成为他宣泄压力的对象也是可悲但必然的。

(3) 立法上的检讨

挪威针对防范家暴有了"对家暴零容忍"的特别立法。认定家暴施暴者的行为事件,已经不是纯属"清官难断家务事"里的家务事。家暴行为一经旁人或当事人举报,国家的公权力就必须介入。不论被施暴者是否有追究或起诉的意愿,检察官有义务将施暴者提起公诉。法律大多时候只是最低的道德底线。这一立法旨在教导国民何为文明以及家庭必须提供安全环境的责任义务。李阳提到"我这种行为在国外可能是犯法的"固然表示他知悉中国并无这类的特别立法,但是从他这种行为早已触及刑法的"故意伤害罪"也证明了他不但精神与人格出了问题,还是一个自大狂妄的法盲。

他这种严重的家暴言行,在国内可能属于告诉乃论,也就是被害人若是容忍或宽恕,不去追究的话,国家的公权力也无可奈何,施暴者不必承担任何法律责任。防范日渐增加的家暴行为,特别立法来主动追究施暴者的行为,恐怕是当务之急。尤其,国人应当多去重视家暴对于幼童心理的严重影响。就以李阳七岁的大女儿为例,她眼见父亲如疯狂野兽般强压狂打其母,尖叫制止而无果。她所遭受的心灵伤害,恐会像梦魇般长久遗留在心中,影响到其今后的性格、家庭观、婚姻观与心理状态的塑造,进而影响到她将来的健康与幸福,日后也可能成为她自己的家庭与社会的一个长远的潜伏性问题。

家暴从伤害罪来看是告诉乃论,全由被害人决定是否提出诉讼。但是自社会变革与转型以来,邻里间无法如旧日相互瞩目与劝解,日益受到重视的隐私权,有时也成为了"遮羞布",掩盖了施暴行为的第一阶段或使暴力失去了被揭发的可能。除此以外,国民的生活节奏加快,压力日渐加大,很多人如同随时待爆的压力锅,却又无法及时疏导或正当宣泄日渐积压的恶性压力。这几个原因加上以下所述执法层面的问题,造成了家暴现象日渐严重的局面。有关部门应该认真考虑特别立法或修正刑法,将家暴所造成的故意伤害罪改定为公诉,将施暴行为较严重,也就是不单是一时冲动,而是性格或人格已经证明为施暴倾向、累犯或成瘾的人绳之以法,将之隔离社会一段时间,使其反省、悔过,避免其再次伤害家人。

(4) 执法上的检讨

家暴具有隐蔽性,且中国传统观念里认为这是家务事,再加上执法单位较少加强力度制裁施暴者,以及受害方有意无意地不去反映与纵容施暴者,形成了家暴问题越来越严重的恶性循环。细述之:① 无辜、无助以及体力、财力、社会地位弱势的妇女、儿童、老人遭受家暴后,没有恰当渠道检举自身所受的伤害。② 执法的公安局与法院,有时也抱着"清官难断家务事"、"劝合不劝分"的传统观念以及息事宁人的态度。据说针对李阳这种怒瘾严重、动辄拳打脚踢的丈夫,以前李阳的妻子在遭受家暴后,曾经投诉当地公安局派出所数次,但都被劝退。③ 中国社会素有"家丑不可外扬"的传统,很多受害者不便也不愿诉诸于法律,连报案的勇气都没有。甚至很多受害者硬是被公婆或亲友劝阻下来,而被剥夺了报警或起诉的机会。婚姻里的伤害因为牵扯到家庭与心理等情况,复杂程度远高于一般的伤害罪。很多时候,被害人打完"110"求救,公安民警赶来或是闹到了派出所,最后看到了可能锒铛入狱的配偶,反而会反过来求情、拒绝在笔录上签名或坚持撤回起诉的。政府在审慎考虑对家暴严重者是否提起公诉或如何主动干预的做法时,当务之急是要加大执法单位的执行力度,对于严重施暴者,尤其是伤害到幼童或累犯者,该关押或该判刑,决不手软,从而起到对施暴者与社会人士的吓阻作用。同时也应成立一个有效体制或机制,针对李阳这类性格与人格的患者强制实施心理咨询或治疗(mandatory counseling or medical treatment)。

曾获奥斯卡金像奖的电影《心灵捕手》(*Good Will Hunting*)描写青少年威尔年少轻狂,天赋过人,却因幼年被抛弃的创伤经历,对世界充满不信任感。他是一个典型的人格矛盾体:每个人心中都渴望得到关爱,因幼年遭受抛弃、严重缺乏爱,而从此对被抛弃充满恐惧感。他为了防止自己再遭抛弃,就选择了先抛弃他人,甚至表现为过分地先去伤害他人。他屡屡拒绝与咨询师谈话,甚至表现了强烈反抗,最后戏剧性地,心理咨询师开始反复重复一句话——"这不是你的错",接着威尔泣不成声,将心中的压抑完全宣泄出来,心理治疗才宣告成功。

(5)被害者的激化

上面这部电影所描述的心理咨询师就像一位心灵的猎手,擅长捕捉人们内心的变化,能够通过诱导将心灵引向目的地。他们装备的不是猎枪,而是语言——用谈话来捕捉心灵。它叙述了心理失调的威尔必须接受心理治疗(psychotherapy)方得医治。因此,李阳的案例看来也需要借助专业心理咨询师加以治疗,无法再依赖其妻子的再三容忍与无限度的宽容,否则,今后对他家人,尤其是他的妻子和孩子的伤害令人极度担忧。另外,可以从一个新的角度来看这

一事件——先前对于家暴的调研,往往把重心放在分析、防范与制裁施暴者上。但是,从施暴者第一次动手,到暴行一而再、再而三地发生,我们发现家暴被害者的冲突管理能力实际上在家暴的频发与恶化上起到了很关键的作用。

首先,西方的犯罪心理学(criminology)强调许多的刑事犯罪被害人即使不用对犯罪负责,但在形成犯罪事件的过程中,也充当着类似"共同过失"(contributory negligence)概念的关键性促成因素(critical contributory cause)。例如,女方在约会时因拥吻、相互抚摸或醉酒后,遭到男方早已预谋或临时起意的强奸;女士选择了夜黑风高的深夜单独走在夜巷中遭到强暴或抢劫。造成这类犯罪案件的起因,绝非百分之百归因于加害人。受害人的言行,以及其参与制造出的情景,都是共同造成这个事件的起因。在究责加害人时,也要客观上多去认证"因果关系"(causation)当中的"直接因果关系"与"间接因果关系"(direct & indirect cause),才能更加公允地定责。

其次,值得注意的是所谓"拱火"的"激怒"(irritating)现象。也就是在夫妻严重冲突到有人竟欲动手动粗时,被害人往往因嘴碎或越发刺激或激怒对方的概念或行为,例如,夫妇在为子女教育、财务、婆媳、社交等"家务事"激烈争执,只见丈夫眼露凶光、口出恶言,手举高做出即将打人动作时,妻子却瞪着丈夫,怒火中烧地越发将身体靠近对方,甚至还挑衅着"你打,你打呀!我看你敢不敢动手!""你敢打就打死我好了。"男人最受不了的就是别人讥讽或暗示他的无能。妻子这种激怒行为或挑战,很容易促使对方怒火中烧、忍无可忍,进而动手摔东西或打人。如同本书在"愤怒管理"一节所强调的,冲突升级时,总是需要有一方能够"立即避免不当行为",马上按下怒气,闭口静默或迅速离开现场。这样,一场一发不可收拾的家暴也许就可以及时避免,更不会形成经常发生的"怒瘾"了。

这里也必须探讨被害人的性格与心理素质。家暴中施暴者的心理成因,往往是对方触怒了自己,由此触发了童年时那种被严苛责备乃至责打、被否定拒绝的情境,于是自幼累积的不安、不满、愤怒与怨恨冲动地随之浮现,这个深埋在心里的"往昔幼童"(child of the past)跳出来掌控住这个成年人的情绪与脾气,接着怒吼、拳脚相加,最终变得一发不可收拾。但是,这样的问题通常也绝不是单方面促成的。例如,妻子这一方,可能她的父亲在她幼年的家庭里就扮演着"终日在家,勤于家务,对妻子很是体贴"的角色,或是另一个极端"父亲成年累月出差或居住在外,使得当女儿的内心很惶恐自己一旦结婚后,丈夫会否也很少回家来陪伴与守护妻女"。一旦看到现在婚姻里的丈夫终日为了工作到处出差,连续七八年都没回家过年,妻子内在的"往昔幼童"就会跳出来解释称"你的丈夫根本不爱你也不爱这个家",从抱怨到生气,进而到网络上去诉苦,这就触动了丈夫童年愤恨的旧创而动怒。

最后,被害者在被伤害后能否坚定地表现出对家暴的零容忍,断然采取申诉、起诉、求助的因应与对策,也关系着施暴者是否能够彻底反省、知错、改过。

(6) 环境产物——偏差或偏执的价值观

愤怒大多是由期望落空的失望产生的。价值观包括自己的期望、欲望、目标,其实它在每个人身上所显示的思维都是其所处环境的产物(situational product)。以李阳为例,他面对媒体,清楚地表达他深信他妻子发微博的行为影响了他的形象及事业的成功发展,所以产生了愤怒。当事业上的成功与家庭的幸福有所抵触时,李阳想当然地坚信他必须"舍家庭来迁就事业"。这一观念的背后很可能就是当今社会的一个普遍价值观——"重物质而轻幸福"、"事业优先,家庭其次"、"没有了事业的话,那我还剩下什么"、"一切向钱看"——的产物。

看看国内一个普遍的现象所代表的价值观——许多男士因为没有事业或未能拥有一套住房,失去钟爱的女友或娶不到老婆的可能性就大增;很多女性对于没有事业或没有住房的男士嗤之以鼻、不屑下嫁,而且还是大喇喇、想当然地在表达与坚持这些立场。很多男人从小努力求学,接着汲汲营营地埋首于事业与功利,就是深信自己只要有了财富权位,书中自有黄金屋,书中自有颜如玉,坚信自己只要获得"成功",名利、地位、美女、财富不都信手拈来吗?这种

除了生存斗争以外,对一切缺乏兴趣的态度,以及有了事业万事顺畅的社会价值观,可能长期烙在李阳的思维与性格里,加上他缺乏父母亲密的爱与呵护,从小觉得自己不如人,严重缺乏别人或自己对自己的肯定,最终形成了他口口声声"没有事业一切就全完了"的现实功利的价值观及与之呼应的"谁要是影响我的事业我就与谁为敌"的敌视与苦毒(hostile, angry & bitter)的言行举止。如今发展出来的残暴言行、大言不惭、不知悔过的家暴及家庭悲剧就不足为奇了。除了受他的原生家庭与性格的影响外,他身处的这个功利社会所产生的思维与价值观也是"罪魁祸首"。这种种不幸的根源,一部分在于个人的心理素质,也有一部分是源于社会制度与"信仰及道德真空"。前者本身在很大程度上就是后者的产物,令人有更深一层的悲叹与顾虑。

（7）计算人生机会成本的智慧——孰轻孰重,孰先孰后

讲到家庭与事业孰轻孰重,其实很多人观念里或理智上都明白"成家立业"、"齐家治国平天下"、"先安内后攘外"这些代表着家庭的重要性及应该有的先后次序。但在当今社会与实际生活里,大多数人却做不到重视家庭品质生活或懂得如何经营和享受高品质的相处时光。

在如今一子化的家庭,孩子们被大人们培养出唯我独尊、自我本位的心态与习性。夫妻面对自己娇宠的孩子,理智上都很明白自己的人生迟早要走到尽头,万一有一天需要有人在背后推着自己的轮椅,那个人将会是自己配偶的机会大过是自己孩子的千百倍。可惜的是,许多人却不会珍惜或好好经营自己与配偶间的亲情和爱情。反倒是很多人把精力与时间投入到终日拼搏的职场,想当然地自忖"反正不管我再怎么忽视自己的家人,家是永远在那里,我随时可以回家。何况,环顾周遭,大家不都是如此?哪个人不是以事业为主、事业优先?而且,事业讲的是把握时机,及时冲刺。现在不拼,以后就没机会了"。更有甚者,现今有些人中了一种邪,他们认为,"父母孩子是不可以换的,但是,妻子是可以换的。所以一切当以父母与孩子为优先,牺牲了妻子的利益也在所不惜!"接着便理所当然地投入这种事业为先,家庭为次的社会风气,继续发扬光大这种

"先攘外,后安内"的思维与惯例。

其实,有一种较少人留意的人生智慧,便是转换一个角度,想清楚"人生的事业能否成功,一则多少靠机缘和时运,充满了未知数,但是必须为之付出的健康、情绪的代价是可以预期的。可是,享受夫妻的甜蜜、亲子相处的和乐、陪伴孩子的成长……不但有益于自己身心的欢愉与健康,而且一旦错失了良机,就是人生一去不复返的机会成本。人生苦短,自己还有多少年岁也是不得而知。自己应该更加珍惜家庭幸福的重要性与紧迫性。"周围经常可以听到四五十岁的人在感叹:"唉,一转眼孩子都长大了,现在只剩个空巢,老伴相互陪伴,看着这些一去不复返的时光,后悔也补不回了。好遗憾……"

苹果电脑的创办人史蒂芬·乔布斯先生于2011年10月过世,大家对他在科技上的贡献与成就表示景仰,也对他的英年早逝寄予无限哀思。他在去世前几天接受他的自传执笔人的采访时,对方看着他被胰腺癌的疼痛折磨得蜷缩于椅子上的痛苦模样,问道:"乔布斯先生,您的生活一向低调,为何还要这么辛苦地撰写与发表这本自传呢?"只见他挣扎着回答:"我写这本书的目的只是要我的孩子们了解他们的父亲为什么这么忙碌,忙碌到经常不在他们身旁陪伴他们。"这句话从一位事业上可谓功成名就、性格异常坚忍的旷世奇才口中说出来,所透露的无奈、痛心、悔意是何等的凄凉。我相信如果他的人生可以重来一次,他可能会多花点时间给他心爱的家人,会学会在事业与家庭间取得更好的平衡。因为,人生的智慧包含了在追求成功与获得幸福两者之间能否懂得取舍与取得平衡,这也是情绪商数的内涵之一。对成功的追寻往往是永无止境,是未来式的,但是,幸福却是唾手可得、活在当下,是稍纵即逝的现在式。

很多人只看到了"文化大革命"破坏了传统的家庭观念。其实,接踵而来的改革开放,在提供给人们无限商机的同时,也引发了"一切向钱看"的社会价值观与全心全力追逐财富、物质享受的观念,并且真正令人心痛的是它对于家庭关系的亲密、信赖与品质的冲击。

(8) 移情现象

人们自身具备了各种各样应对不安、不满的防御机能。主要包括了：

① 形成反作用——有攻击性的人想掩饰这种情况的时候，脸上会浮现出夸张的笑容。为了掩饰不想强调的感情，而强调相反的感情。

② 置换——将投注感情的对象从一件东西移情到另一件上。例如，丈夫对妻子不敢表现出来的愤怒与不满，于内心不断积累，转而迁怒于孩子身上。

③ 升华——以社会能接受的活动来实现自己原先无法得到社会认同的愿望。例如，有攻击性的人努力成为一个格斗拳击的运动员或者成为能够合法携带武器或攻击人的警察。

李阳的发疯式的疯狂英语，或许就是他攻击性人格将之升华于职业的表现。但是如果将内心从小累积的愤怒与不平加以置换及移情，发泄到自己的妻子身上，就是于情于理于法都所不容的。

(9) 染上怒瘾的最佳人选

看视频里的李阳，在教学时发疯般的狂吼狂叫，首先想到的是他的举止真是像极了希特勒在纳粹时代煽动民心的民粹式动作。其次，他是采用诉诸情绪、煽动情绪感染力的方式，帮助一些长期学习英语而一直无法突破心理障碍、勇敢开口说英语的人们，借着狂吼狂叫狂跳来突破自卑，克服开口说英语的心理障碍。

首先，李阳这种狂呼狂叫的疯狂举止，的确反映出他当年是如何借着这个独特的方式突破自己的自卑、闭塞，也印证了他的神经质人格与极度自卑的真我的本质。其次，从敦品励学与不良情绪影响的角度来看，他在全国各地大力示范与推广这种举止与思维，会使得大批的中小学生、职场员工被教导来模仿如此狂吼狂叫的极端情绪宣泄的行为，如果真有人经常模仿这种行为，可能就会形成对这种情绪宣泄方式的长期依赖，成为怒瘾患者的最佳人选。这种"教学"的情绪伤害与不良情绪后遗症，实在令人担忧。

(10) 重视问题严重性，治标治本双管齐下

人们情绪受到伤害，尤其是情绪失控时，正常状态的逻辑思维会受到影响，

造成其与平时的认知或心态有所差异,社会需高度重视这个日益严重的问题。广义的家庭暴力还包括侮辱谩骂的言语暴力、限制人身自由、经济控制、强迫性生活的性暴力以及冷暴力(不理不睬,冰冷到视对方如同空气或毫不存在一般,而且冷漠对待可以长达数天乃至数月)等,不但严重伤害或摧残对方的心理状态,也是对人身权利、安全感和人性尊严的侵犯。

广东妇联一个对家暴施暴者的社会调查发现:① 36%的家庭夫妻双方在争吵中已经出现家庭暴力倾向。这说明了家暴已经是国内家庭中一个很严重的问题。② 已有越来越多高学历、高收入的配偶涉及家暴的行为。全国妇联在2011年10月底所做的调查显示,家暴现象有几个惊人的发展:① 遭受过不同形式家庭暴力的女性占24.7%。② 农村的受害人数与比例是城市人口的2.6倍。

这说明中国毕竟是有着几千年封建传统历史的国家,传统的男主外、女主内,男尊女卑以及歧视女性的思想影响还是很大。另外,压力过大而不会合理疏解应该是怒瘾的主要原因之一。要有效防范日益扩大的家暴现象,除了加速立法的工作,还要加强情绪管理能力的教育。发展有效的心理辅导、咨询的机制,大力普及防范家暴的思想教育都是刻不容缓的任务。

第二章

原生管理
——深层发展 健全自我

第一节 情绪商数

美国心理学家丹尼尔·戈尔曼(Daniel Gorman)提到情绪商数时曾说:"人的一生成功与否,情绪商数远重于智力商数。"为了印证这一点,美国一家著名的研究机构曾做过一项研究,调查了188家公司的高级主管,测试他们的情商、智商与他们工作的关系。结果发现,情商的影响力是智商的9倍。正如企业界常说的:"IQ使你被录用,EQ却决定了你今后的升迁。"的确,学历、文凭可以助人进入一家理想的公司,然而,进入之后,了解人性、控制情绪、管理冲突、处理逆境等沟通和领导能力,则决定了他在组织内的升迁和发展。

在领导学领域,有一种领导模式被称为情景式领导(situational leadership),指出了在重大危难和挑战的情景中发挥领导能力的一种情况,其实就是时势造英雄,英雄造时势,两者相互结合的结果。情绪商数高的人,危机关头能够处理好自己的情绪,不但不会被恶劣环境弄得张皇失措,反而能够冷静地洞察群体的需求与动力之所在,寻找资源,利用有效的手段和策略,发挥自己的魅力,带领众人达到目标。

衡量一个人能力的指数有两个:智力商数(IQ),代表一个人的数理、逻辑、常识、思考的能力;情绪商数(EQ),代表一个人理解、感受、表达、管理、运用自己及他人情绪的能力,包括了信心、恒心、毅力、忍耐力、抗挫折能力及合作精神等。

情绪商数EQ是指帮助我们探索和解读自己和别人的情绪感受和状态,进而疏导自己内在情感状态和满足别人情绪需求的能力。这种能力有助于人们正确解读别人的想法和感受,帮助调整内在心灵情感事件。

情绪商数较高的人,可以将自己的压力和情绪控制在一个合理的范围内,

所谓的"操之在我",而非"受制于人",所以情商也可以用来说明一个人内心世界的情绪管理能力。情绪管理能力强的人,心中的"自由度"较高,情绪不必经常随着刺激起伏。在人际交往中,他们会充分展现出自己乐观豁达、充满自信、热诚包容的一面;而遇到挫败或逆境时,他们不会自怨自艾、张皇失措、无所适从,而是能够保持镇定,把精力专注于寻找对策;面对错误,会勇于检讨和承担责任。他们乐观的心态,也会感染周围的人,带给他人方向、动力、资源和信心。而情绪商数较低的人,时常被情绪掌控,悲观负面地解读人和事。遇到挫折,他们容易怨天尤人或一蹶不振,最后选择退缩、放弃或报复。

《三国演义》中,周瑜的智慧和名气与诸葛亮不分伯仲。赤壁之战中的周郎更是"雄姿英发","谈笑间,樯橹灰飞烟灭",以其绝顶聪明,把不可一世的八十多万曹军打得落花流水,从此不敢饮马长江,从而奠定了三足鼎立的局势。然而,这样一位青年才俊,在荆州争夺战屡败于诸葛亮之后,却变得一蹶不振。他心胸狭窄,动辄大怒,嫉贤妒能,一心只想杀掉诸葛亮,最终三气而死。究其原因,周瑜正是败在他狭小的器量,也就是不良的情商之上。而中国改革开放的总设计师邓小平,在复杂残酷的环境中,历经三次大起大落,最后仍凭借坚韧不拔的意志和信念以及睿智的眼光和策略,实施了改革开放,将中国带上了富强之路。这也与他良好的情绪商数密切相关。

第二节 原生家庭的影响与因应
——探寻情绪源头,发展健全自我

中国人讲求"门当户对"、"家风要正"、"上梁不正下梁歪"。很多人只把它们用在权势、地位、才干或品行道德方面。其实,这些观念也代表原生家庭对于孩子的成长,尤其是人格、人品、自信与是否有着健康的情绪管理能力,有着极重要的影响。

人诞生于世,初始阶段,这个自然人只有天生的生理需求和动机。在成长的过程中,由自然人经过家庭、学校、亲友间的社交,社会化为社会人。社会人具有独立人格及自我意识,依赖人与人之间的社交活动,产生互动,学会适应社会的技能。人的社会化可以从以下三个方面来看。

1. 依恋关系

依恋关系是人们之间亲密的、可以相互给予温暖和支持的关系。它始于婴儿期,主要表现为婴儿和看护者之间的沟通。例如,吮吸、抚摸、对视、微笑和哭叫等一系列动作,是向看护者传递信息,从而与看护者建立依恋关系。婴儿最初的看护者为母亲,母亲对于能否提供儿童成长过程中很重要的亲切感与安全感负有重大责任。依恋关系的不同类型表现出的婴儿与母亲间关系的不同程度将会影响婴儿人格的发展。

2. 道德发展

道德是令社会大多数人所接受的较为系统的行为准则。儿童会经历道德他律和自律。他律时期的儿童受到约束,而到自律时期的儿童会意识到应当以行为的动机而非结果来判断,儿童也会认识到规则是可以修改的。

3. 人格发展

人格和自我意识的建立贯穿于人一生的发展,受社会文化和习俗的制约。人生的每个阶段都对人格的发展有特别的意义,都是在正面和负面特质的冲突中权衡。能够解决这些冲突的人们,就会形成健康的人格。环境对人格有相当的影响,学习和模仿将影响到儿童的行为,其最后是否被强化则决定儿童的未来。

心理学里有句名言,"你的生命就是童年的反射"。强调的是每个人从小的经验,会影响到长大成年后待人处世的方式。人际关系里所反映出来的问题

或模式很多都是源于原生家庭的。由原生家庭受到潜移默化或养成的一些习惯或期望、"隐形规则",往往与人际或亲密关系中的冲突有直接关系。如果心理上回顾和检视童年际遇与成长经验,很容易发现现在的"我"与儿时的"我"之间有着极微妙的关联。

1. 依附形态

情感世界里的情爱关系,其实都是亲子关系的延伸与拓展。人际观的形成,包含了对人的依赖与信赖度,其往往与养育者之间的交往息息相关。

婴儿时期认知的开端是感知觉,也是人在成长过程中最早成熟的心理过程。婴儿本来在母亲子宫里面温暖又舒适,突然被挤出或夹出来到一个空空冷冷的空间里面,出生时的一刹那他的第一感觉是空、冷、慌、怕。这是人来到世界上第一次经历的感觉与引发的情绪。

婴儿天生具有情绪反应的能力,表现为:哭、静,或四肢乱动。这些情绪反应大多是先天性的,与生理需求是否得到满足有着直接的关系。从婴儿期到幼儿期、童年期、青春期、中年期再到老年期,人的一生都是在满足自己的各种需求。然而每个人都一定会有一些生理或心理的需求得不到满足。需求得不到满足本身就会引起负面情绪。所以说"每一个成年人都是一个欲望没有得到满足的小孩"。处理不当或严重未得到满足的情绪就会演变成情绪伤害,久而久之就会形成不良的情绪管理模式。如果处理得当,这种负面情绪所形成的压力会转变成为生活的动力。

依恋是婴儿与主要抚育者(通常是母亲)之间的最初的社会性连结,也是婴儿情感社会化的重要标志。从18个月大的孩子与养育者的依附形态,几乎可以预测到他18岁以后的心理依附形态。父母的爱通常是一个人安全感的基础。婴儿对母亲的依恋通常表现为以下三种主要的依附形态:

(1) 安全型

在婴儿期,如果生理需求与情感需求都得到一定程度的满足,婴儿与养育者之间会形成安全型的依恋方式。例如:孩子在饥饿、瞌睡、身体不佳、心理不适、感到无聊时,哭是婴儿在学会语言表达之前可以表达以上需求的唯一方式。婴儿发出需求的信号后很快有人来关心、供应与满足所需,长期从外界很快可以获得安全和亲切感,婴儿就会对外界有相对积极的反应,从而发展出信赖人、喜欢与人交往的"安全型"依恋方式。这种依恋方式的儿童进入到一个陌生全新环境时会有一段时间表现出对养育者特别依赖,很快安静下来,接着就会勇敢地开始探索周围环境。这一类孩子成长的过程中会带着自信不断地探索世界。在他们的世界观,也就是他们与周围人的关系里,不但看自己是好的、有能力、有价值的,看别人也是正面、好的、行的、有价值的。他们的情感较成熟,有弹性,对人有信任感,能适度地依赖人,也不怕被人依赖;能给人空间,也能与人亲密;能忍受挫折,自律地延缓欲求;能自我抚慰,也能处理人际冲突。

(2) 回避型

一些婴儿缺乏依恋,与养育者未建立起亲密的感情连结,会形成回避型依恋关系。例如:孩子在发出需求的信号之后,发现得到的回应不是被满足,而是被责骂、恐吓。这种关系模式会使婴儿意识到他人是不可依赖的,从而在与人交往的过程中容易猜忌生疑,退缩不前,形成缺乏信任、依赖和亲密的关系。这就是"回避型"的依恋类型。回避型的儿童进入一个陌生的环境时,往往会冷漠地对待周围的一切,不会表现出对养育者特别的需求和依赖,也不会表现出特别的恐惧。在他的潜意识中不认为可以从养育者那里得到特别的保护和支持,所以他用逃避或掩饰恐惧来保护自己。这些孩子在人际交往中对他人相对缺乏信任。他们看自己是好的、有能力、有价值的,但是,看别人是不好、不行、没有价值的。因而往往会过度想要掌控人或环境,不与人分享其内心真实的感受,不轻易信任或依靠别人,也很怕被人依赖。他们往往倾向于以事、物取代人际情感交流,给人的感觉是太独立、孤僻、与人疏远、不易让人亲近。

(3) 焦虑矛盾型

即寻求与养育者接触,又反抗养育者的爱抚,被称为焦虑矛盾型的依附关系。如果养育者本身情绪不稳,对婴儿时冷时热,有时热情关注,有时心不在焉,有时是负面的责骂,孩子就会对外界产生不一致、不可预测的感觉,时间久了,就会本能地用冷漠对待来实现自我保护。同时,这种患得患失又会使得这类孩子对情感的需求特别强烈,有时也会选择用一些激烈的方式来表达内心的不安情绪。这类孩子可细分为两种类型:① 焦虑型的儿童,往往会变得紧张不安和对他人过分需求。② 矛盾型的儿童,有时表现出很需要依赖别人,有时又变得冷漠与躲避人,以此来保护自己,反复无常,变化不定。

成长后,在成人的感情世界里,焦虑型的人充满悲观、忧虑的负面思维。矛盾型的人,则是内心亟需感情,但又继而退缩,矛盾不安,不知所措。焦虑矛盾型的儿童在乍进入陌生环境时会大哭大闹,紧紧抱住甚至打骂养育者,很难接受安抚。他们表现出对陌生环境更强烈的恐惧,希望得到保护,可是对养育者又没有办法完全信任。他们形成的人际关系和模式会是认为自己是不好、不行、没有价值的。有时认为别人是好的、行的、有价值的,有时又认为别人是不好、不行、没有价值的。他们对爱饥渴,但也很怕被抛弃,充满恐惧,无法信任人,怕别人不想与他亲近;对亲密对象总是爱恨交加,极端焦虑,常常被强烈情绪淹没,给人感觉有时太过于依赖,不给人空间,有时又拒人于千里之外。

所谓"每个成年人心里都活着他当年的往昔幼童"(inner child of the past),指的就是童年经历深远地影响着人们看待、期待或苛责自己的情形以及这些所带出来的情绪。学会把这些潜意识的状态提到意识里,善加理解、管理、疏导,就可以从童年经历与负面情绪里解放出来,不让自己的情绪成为童年经历的俘虏。以从小承袭或习得的依附类型为例,随着成长过程的经历、对自己认识的加深、心智的健康成熟,其依附状态是会不断修正、调适与转变的。

2. 亲子关系——情爱关系之源

(1) 母爱

3岁以前与周遭的人互动的结果对大脑的发展影响最大。养育者的情绪状态与对幼童的爱是孩子安全感的基础。儿童在最初的岁月里依恋关系最亲密的人是母亲。这种依恋在婴儿出生前母子两人是一体就开始了。婴儿在出

第三章
原生管理——深层发展健全自我

生后,同出生前并没有多大区别,他辨认不出客观现象,意识不到自己,不知道自身之外的世界,不能区分母亲与自我。婴儿仅仅感觉到温暖、食物的有益刺激。母亲就是温暖,母亲就是食物,母亲就是满足和安全的欣快状态。这种状态,用弗洛伊德的心理分析术语来表达,是一种自恋状态。母爱的体验是一种被动的经验。母亲生下婴儿时经历了身体的痛苦,孩子原是母亲身体的一部分,所以婴儿不需符合她的任何具体条件或满足她的具体要求,不必刻意做任何努力就能赢取母亲的爱,在孩童来看,这时候的母爱是无条件的。

亲子关系会反映到成长后的情爱关系中。这种亲子关系中无条件的爱不仅是孩童强烈的渴望,也一直延续到每一位成人的心灵深处。面对所爱的人,人们都具有得到类似亲子关系"被所爱的人无条件疼爱与接纳"的渴望与强烈心理需求。这种爱的渴望也是正常性爱或情爱的重要组成部分。可惜的是,大多数儿童获得了母爱,成年后虽然仍然持续着这份对于无条件的爱的强烈渴求,却因为忙碌、缺乏成熟的心态与学习的机会,忽视了身旁的伴侣,以至于大多数的人在婚姻生活中不太容易获得这种对于无条件的爱的满足。

婴儿一直到10岁前的心理是主动式的依赖和被动式的被爱。之后他因自己的需要被人满足而高兴,继而产生对别人(往往是对母亲)的爱,从"被人爱"变成"爱别人"。遵循着"我爱你,因为我需要你"的原则。从心理学角度来看情感观,不成熟的爱正是无法摆脱这一原则从而无法发展出健全自我的表现。成熟的人摆脱了以自我为中心的阶段,他人不再只是满足自我需求的工具。他人的要求与自己的要求同等重要。他开始懂得对他人付出关心。通过爱,他也唤起了别人的爱,产生了真正对等的"相爱"。在成长中逐渐成熟,转变成遵循另一个完全不同的规则:"我爱你,所以我需要你。"

人的内心分成情感和理智,或者叫做心和脑。外物看得见的东西只能满足人的理智,或者人的大脑。如果用外面的事物去满足自己的内心就会发现永无止境,只有感情与真爱才能满足和温暖人的心。通过"爱他人",使自己被喜爱、被尊重的需求得到满足,使自己快乐。正如罗伊·克里夫特所说:"我爱你,

不光因为你的样子,还因为和你在一起时我的样子;我爱你,不光因为你为我而做的事,还因为为了你我能做成的事;我爱你,因为你能唤出我最真的那部分,我心里最美丽的地方被你的光芒照得通亮。"健康的情爱不单是满足彼此,而是会带出彼此的长处,使对方变得更加可爱与美善。这就是前面所述"我爱你,所以我需要你"所代表的心理健康与成熟的爱。自我需求的满足从依靠被动式的"被人爱"转为依靠主动式的"爱别人"。

(2) 父爱

与母爱的无条件不同,父亲看着可爱的新生儿,想到他是自己生命的延续,家族香火的延续,便会对婴儿疼爱有加。因此,父爱的性质多少是附条件甚至是带点功利性的。父爱的特色与人世间一般情爱较为相似。心理学家弗洛姆认为,父爱的潜规则是:"我爱你,因为你满足了我的需求;我爱你,因为你达到了我的要求;我爱你,因为你尽到了你该尽的责任;我爱你,因为你与我较为相像……"明显的重现实、交换性与带有条件。父爱与无条件的母爱比起来,积极的一面,是让孩子了解他身处的是个资源有限的不完美的世界。孩子因体会了人间冷暖而更加成熟,同时努力表现来赚取父爱,这会成为其人生努力的动力。消极的一面是担心一旦辜负了父亲期望,感觉上父爱就会减少或丧失。

9—12个月大的婴儿产生了初步的主体我的意识,慢慢将自己与他人分开。之后发展出个体自我意识,儿童自主欲求逐渐提高。尤其是三四岁孩子经历第一次叛逆期后,他们会不断用行为和语言来告诉母亲"我是一个独立个体,我就是我,我不是你的"。随着孩子越来越了解周围的大千世界,每天越来越独立,渐渐产生自己的想法。同时,母亲逐渐淡忘了妊娠的痛苦,也下意识地慢慢放弃了原先认为"孩子是属于我的,我的就是他的,他的就是我的"的想法。渐渐地,随着母亲和孩子认知的改变,母爱与父爱到了同一个水平线,孩子因体验到母爱不再是完全、纯粹无条件的而越发独立,更能生存于现实的世界里。

3. 原生家庭对人格和亲密关系的影响

童年发生的一些事件所带来强烈的经验感受,可能影响自己一生的一些重大决定(one feeling, one decision)。幼童年一段非常痛苦的经历或感受,往往在不知不觉中影响着人一生中一些重要的选择。原生家庭里的一些痛苦或印象深刻的经历,在潜意识或意识中可能产生一些"隐形的内在誓言"(hidden inner vow)。例如,小时候看到妈妈常被爸爸粗暴地对待,觉得妈妈很可怜。他的内在誓言可能会是:"我将来一定要好好保护与善待我的妻子"。这一类的内在誓言往往决定性地影响到人生最重要的人际关系,如婚姻、事业伙伴的选择。大多时候这些并没有对错或好坏。某些事件提供了方向与条件,有些可能变成了阻碍或冲突来源,进而影响日后的亲密关系。

从本质上讲,爱并不单单是与一个具体的人之间的关系,它是一种态度,具有性格特征的倾向性。每个人的偏好或需求,往往会受到童年形成的亲子依恋关系的影响。它决定了一个人与世界之间的密切性,而不单单指一个人与一个爱的"对象"之间的密切性。在情爱关系里,双方会把婴儿期跟母亲的依存关系带到亲密关系中,根据自己的感觉表达需求。例如,有人期望另一方在自己不需要任何要求或说明之下,立刻知道自己心中的需求,否则就责怪对方或觉得对方不够关爱或在乎自己而感到失望。尽管人生多变,但内心深处的渴求不会变,原生家庭中养成的一些想法、习惯或期望、"隐形规则",常常严重地影响人际或亲密关系。

例如,妻子原生家庭的习惯是家人一起吃饭,大家也都非常看重这个一天中唯一一个大家可以一起坐下来沟通交流的机会。这在家里是一个礼节,也是大家享受家庭温暖的时刻。所以大家一定是等每一个人都坐下来才一起开饭。然而,丈夫从小一家人习惯大家各吃各的,谁有时间谁先坐下谁就先吃。大家不需要互相等,觉得这样才有效率,省时间。婚后很自然地各自把原生家庭的习惯带到新家庭中。丈夫经常不事先打个招呼,下班就去与哥们聚餐,脑子里完全没有妻子会不会等自己回家吃饭的概念。妻子却是把原生家庭亲密关系的模式看成理所当然的"标准",懊恼地苦等对方返家吃饭。等到丈夫深夜尽兴而返,一下看到爱人的怒颜,接着也怒声反击,一场冲突就在所难免了。

4. 原生家庭的教育——深层发展健全人格的关键

与马斯洛五大层次需求的原理完全一样,每个人在孩童时期都有着七大需求:

(1) 安全的呵护;

(2) 独立的运作空间;

(3) 亲密的依附;

(4) 受到人珍爱;

(5) 流畅的表达;

(6) 放轻松玩乐;

(7) 体认出自己原来是活在一个资源有限、很不完全、不完美的社会里。

可是,天下很难找到完美的父母,也几乎没有人能够有一个完美的童年。也就是说,每一个人的生命在成长的过程中,对于以上七大需求,或多或少,或是在某一个情境下,总会有所欠缺,甚或在心理上遭受情绪创伤。这些心理创伤往往来自于照顾自己、与自己亲近的父母、长辈或养育者错误的期待、对待或教育方法。之后,这些情绪伤害产生的不良影响往往会在人生不同阶段,在不同情景中的人际、冲突、婚姻、情爱、亲子等关系里显现出来。

人们在成长的过程中,都很自然地期盼着成家立业。但是很少有人,除了为了传宗接代、促进家庭幸福的想当然之外,认真思考究竟为什么婚后就一定要生养下一代,生与养孩子的目的是什么。等到孩子生出来,养育及管教的目的,除了要他学习成绩要好之外,真是很少有人会立定目标来好好培养孩子的情绪管理能力。其实这是一个影响自己,也影响孩子的极为深远的重要使命。要培养出有良好的情绪管理能力、心理健康强壮的孩童,就必须依照孩子的独特性来养成他的独立性。身为父母或师长,要接受三个考验——孩子有自信吗?独立性强吗?很有安全感吗?要培养出这些特质,依孩童的不同阶段,有完全不同的要领与准则。

(1)婴儿期

养育者的情绪是否稳定决定了婴儿的安全感。除了生理上要保证婴儿充足的营养和睡眠,情感上,对婴儿发出的信号要积极应答;经常通过爱抚与笑声表达情感。

(2)探索期(3—5岁)

儿童心理处于快速发展阶段,对培养孩子的独立性非常重要。国内孩子入学前,常被要求学奥数、学英语。从孩子身心发展的角度来看,这不一定是最正确的做法。因为这个年龄的孩子最重要的是在游戏中锻炼动作协调能力、认知能力、情绪表达能力,自律与控制能力及培养良好人格。如在扮家家酒的游戏里来学习社会的角色化,培养抉择力、自主性、学习与独立性。

应该在多予肯定当中培养孩子学习的兴趣与动力。家长要帮助孩子培养良好的生活行为习惯,如自己整理房间和玩具,自己穿衣服。鼓励孩子与同伴交往,在交往的过程中学习如何恰当地表达和控制情绪,如何处理内心的焦虑和冲突。这对培养幼儿良好的人格特征有着重要的作用。

把孩子养大成人就是把一个不能自理的婴儿培养成一个能够独立思考、自立的成人。培养孩子的独立性是养育孩子最重要也是最终的目标。幼儿期独立能力的培养是一生中最关键的。父母要有耐心,不要因为溺爱孩子就代替孩子做他们自己应该做的事情。他们刚学做事,常常会做得不够好,父母需要很大的耐心,多给予鼓励。要避免因觉得自己做比教孩子更容易、更省时,就干脆拿过来自己做,弄得孩子越发依赖,很难独立,父母也会越觉辛苦。

(3)学龄期(6—12岁)——专注期

这一时期,孩子的主要任务不是学习,而是学会学习,要掌握学习方法和学习态度。他们需要在成人的指导下学习他人的经验,具有一定的被动性和强制性。父母不能期待孩子在这个年龄自动自觉地学习,要了解这个时期孩子的特性,耐心引导。刚入学的孩子还无法认识到学习是他们的义务,他们还是以游戏的态度对待学习。家长需要特别的热情、耐心和爱心,克制自己的烦躁,不要

给孩子太多压力,多鼓励他们去尝试新经验或发觉他们的兴趣。要多培养孩子的学习兴趣和负责任的学习态度。主动给孩子基本的常规训练,例如规定作息时间,对功课质量的要求等,培养其良好的学习和生活习惯。父母常犯的错误是在没有给出任何规定规则的情形下,假定有些事是孩子该懂得的,当孩子没有达到自己的期望时便予以指责。这种教育模式不但达不到好的教育效果,还会让孩子感到困扰和委屈,从而对孩子造成情绪上的伤害。培养孩子学习兴趣的捷径是教孩子正确的学习方法,而不单单是逼孩子花更多时间学习。孩子的学习效率与自信和情绪管理息息相关,而培养专注的注意力是自信和情绪管理的关键。注意力越是专注的小孩子越自信,情绪越稳定。

这个时期的自信取决于是否能够专注以及是否有足够的父母高品质的陪伴时间。孩子会模仿和学习父母对待自己的态度来对待周围环境。如果他们感觉到父母对待自己是专注的,他们便能学会专注地对待学习。同时,父母给孩子的足够的注意力,也会让孩子感觉到被爱、被保护,他们的情绪就会稳定。这是依靠父母高品质的陪伴时间形成的:① 亲子交流时彼此的尊重、倾听、理解。② 父母关系的和谐与亲密,终日争吵或冷战的父母会严重影响到孩子的安全感与被爱的感觉。③ 无条件的爱——多赞美行为;规则给定清楚,纠错时针对行为,避免贴上人格标签,更忌讳气头上责骂或体罚,万勿轻蔑性地抨击。

(4)青春期——"重生期"

青春期的躁动与情绪波动所产生的硬反抗或软反抗,源于四大矛盾:① 生理成熟和心理半成熟;② 心理断乳和精神依赖;③ 心理闭锁和开放;④ 处在成就感与挫败感的摇摆交替中。

已经是成人的感觉使他们试图在精神上摆脱成人,有独立自主的决定权;认为自己应该与成人是平等的;意识到父母的不完美,甚至故意挑剔父母的缺点以证明自己的成熟与独立性。与此同时,当面对许多矛盾和困惑时,却仍然很希望得到父母在精神上的支持和保护。独立自主的意识使处于青春期的孩子将自己的内心世界封闭起来,不愿意向成人袒露,很在乎自己的隐私,却又因许多矛盾和烦恼而倍感孤独和寂寞,很希望父母能够给予其理解、倾听与陪伴。经常认为成人不理解他们,不尊重他们的想法,不能平等地对待他们,不能承认自己已经是成人,因而对成人产生不满和不信任,形成了负面亲子关系。青少年的这种需求使得朋友在这个时期变得相当重要。父母在孩子的青春期到来之前要做好思想准备,引导孩子接纳自己生理和心理上的变化,将变化的原因解释给孩子听,让他们理解这是成长中必须经过的阶段;要调整与孩子的关系,以友相待,接纳并尊重他们独立自主的需求,凡事站在平等的地位上与他们商量,倾听他们的意见;当孩子出现焦虑或愤怒等消极情绪时,要教给他们积极应对的方法,而不是用愤怒和镇压来对抗。

(5) 青年期

青年期最重要的需求除了生存与谋求立足之地,便是改善生活。另外,成家立业也是两大指标。很多人把重心放在事业上,全心全力打拼之余,往往忽略了婚姻或家庭,心想冲刺事业的机会一去不复返,但是,家庭或家人永远会在那里,是不必担心其跑掉或消失的,在时间的分配与优先次序上,往往牺牲了与家人相处的高的品质时间来满足打拼事业的需求。然而相较于婴儿出生后,在人生最初期的阶段,大多数的孩子得到了百般的呵护、疼爱,享受到无条件的爱,到了学龄期、青少年后,各种要求、管教、竞争、压力施加下来,其所感受到的关爱已经变了质,变成了交换式、附条件的爱。其实每一个成年人的内心深处仍然非常渴求无条件的爱——被呵护、珍爱、倾听、理解与肌肤之亲。这种爱在家庭或婚姻外,是不太可能得到满足的。于是有很多人在青年乃至中年或壮年期,心中有莫名的失落感,也就是没有幸福感的满足,因此,越发一头往事业里钻,而婚外情、一夜情、网恋、网络色情、离婚等问题的大量出现也就不足为奇了。

父母都望子成龙、望女成凤,随着现今社会的复杂多变,龙跟凤的观念以及对孩子的期望也随之转变。新的"龙凤观"必须包含注重与培养拥有健全人格和高情绪商数的孩子。能够养育出一个性格健康、情绪管理能力强的孩子,是

为人父母最大的福分。子女今后在事业、家庭、婚姻、财务或健康上总会遇到挫折,情绪上如能持重自强、处变不惊、调试得当,不单是自己的福气,父母亲也能跟着少操心。子女人格与情商是否能健全发展,其童年的家庭教育起着关键的作用,尤其是子女跟父母的亲密、依附关系会内化成影响情绪状态至深的心理模式。

父母亲如果过分助长孩子对自己的依赖,初期是一种双方依存关系的满足需求,但是,孩子成年或成家后容易形成相互的干涉与干扰,孩子在事业、财务、家庭、子女、健康、情绪、人际方面总是会遇到困难,若是情商较低,独立性又不足,很容易就把这些难题或痛苦抛给父母,这对于步入晚年的父母岂不是一个沉重的负担?

管教子女,应该宽大容忍与关爱鼓励,尽量避免威胁和专制。健康的爱与管教会成为儿女不断茁壮成长的养分与动力,最终会允许并帮助子女对自己的人生拥有自信与自主性。总之,心理健康与渐趋成熟的基础在于首先由依恋母亲为中心,然后发展到以依恋父亲为中心,最后把这两种依恋结合与内化,融于一体。

成年后要迈向成熟之路其实就是渐渐摆脱从小未能达到父母期待的失望、恐惧等不良情绪,逐渐达到不要再用儿时父母的心态或情绪来看待自己,进入自己"当自己的父亲与母亲"的心灵境界,虽然没有父亲和母亲的外在形象,却把父亲和母亲的性格倾向与形象内化于人格,形成自我独立的心理模式。如此也有助于自己不再终日抓取外在的事物来满足自己内心深层的需求,因为,唯有完全地接纳自己,爱真正的自己,与内在的自己融洽开心地相处,才能带给自己真正的幸福、自在。也就是内在的父亲和母亲形象使他从儿童时期的被动式的"接受爱",成功转型为主动的"创造爱"、"付出爱",从而懂得妥适地去爱人,在体验爱别人的同时,获得心理深层需求的满足。

熟悉与实践以下十个通则不但能够提升沟通能力、情绪管理能力,更能够深层地发展出更加健全的自我。

(1)你的生命就是童年的反射。

(2)每个成人都是个未满足欲望的小孩。

（3）用成年人的角度与成熟心态去重新反省和思考童年重大事件的事实经过与感受。

（4）自己感到受伤,不等于对方也知道你受了伤害。

（5）自己受到伤害,不等于对方是故意伤害你。

（6）受害者在加害方道歉后不肯原谅对方,并凭借自己受害者的地位随时自卫、出击或报复。

（7）当我们没感受到对方的爱的时候,不等于对方没有爱你。

（8）人只有感受到肯定或关爱时,才会心甘情愿地自我改变。

（9）专注地倾听与理解是修复和医治破裂关系疗程的开始。

（10）健康的情爱关系是医治成长过程中情绪伤害和心灵创伤的最好机会。

第三节　培养情绪商数

人类有情绪得到满足的强烈需求,如果内心的情绪需求没有得到满足,又缺乏良好的情绪管理能力,内心就会感到不安、不满、恐惧、愤怒、抑郁或悲伤。美国耶鲁大学的萨洛维(Salove)和新罕布什尔大学的玛依尔(Mayer)两位教授提出,一般惯称的 EQ 是指调节负面情绪的能力,又称为情绪商数、情感智商、情感智慧、情绪智力和情绪智能。包括了个体对自己和他人的情绪和情感的察觉、识别、掌控、转换、利用与疏导,并将获得的有关情绪的信息用于指导自己的思想和行为的能力。

EQ 的水平与 IQ 不同,与先天遗传没有太大关系,也不是在儿童早期就一定形成和定型,而是伴随人们一生的发展而变化的。EQ 可以通过不断的学习而改善。EQ 跟性别差异没有太大关系,女性较男性更能清醒地意识到自己的

情绪,更富同情心、同理心;男性更自信、乐观,易于适应环境变化和应付压力。男女在 EQ 方面各有优势与不足。

情绪调节(emotional regulation)包括了不同的类型。

1. 按照调节过程的来源划分

(1) 内部调节。内部调节是指人体内生理、心理和行为的自我调节。例如,遇到挫折的人会自我激励来得到好的情绪。

(2) 外部调节。外部调节源于个体以外的环境,包括人际、社会钝化和文化方面的调节。例如父母的表扬使孩子获得良好的情绪。

2. 按照情绪的不同特点划分

(1) 修正调节。修正调节是指对自己的负面情绪加以调整,例如将狂怒情绪转换成为内心的平静。

(2) 维持调节。维持调节是指主动维持对个人有益的正面情绪来让自己快乐的调节,例如发展个人对音乐的爱好。

3. 按照引起情绪的原因划分

(1) 原因调节。例如通过转移注意力改变情绪的调整。

(2) 感应调节。例如悲伤时寻求更多的帮助调节情绪的改变反应策略以调整情绪。

(3) 增强调节。积极对抑郁情绪进行干预的调节。

4. 按照情绪调节的结果划分

(1) 良好调节。调节的结果使得情绪、认知和行为达到协调。例如情绪调节后提高了考试成绩或工作效果。

(2) 不良调节。原想调解不良情绪,但是调节结果反而妨碍认知活动,使个体情绪更加恶化,例如,情绪调节不成,反而使得考试成绩降低。

5. 萨洛维认为情绪智力主要表现在五个方面

(1) 对自身情绪的认识能力

准确地了解自己的感觉、情绪、情感、动机、性格、欲望和价值观取向等,并在做出行为之前,把来自于个人情绪的信息作为行为指标。

(2)对自身情绪的管理能力

能够认识自己的快乐、愤怒、恐惧、喜爱、惊讶、厌恶、悲伤和焦虑等情绪体验,并可以协调自己的情绪来自我安慰或自我减压等。

(3)懂得自我激励和自我约束

能够了解自己的需要,可以积极面对自己希望实现的目标,长期保持对目标的热情和专注,懂得自我勉励、自我说服和自我约束。

(4)能够识别他人的情绪状态

能够了解他人的感受,具有敏锐的直觉,懂得换位思考并快速地判断他人的情绪,能对他人的情绪、性格、动机、需求做出适度的反应。

(5)善于管理人际关系

通过他人的表情来判断其内心感受,能够与人愉快相处,具有领导力,可以协调人与人之间的关系,通过协作完成共同目标。

进一步分析,认识和掌控情绪的能力包括以下几个方面。

1. 察觉情绪

不良情绪是不能被压抑的,只能被察觉、了解、标明与疏导。疏导情绪,先要从切身出发,正确了解自己的感情、感受、情绪世界。妥善掌控自己的情绪,先要下工夫去观察、理解和分析自己的情绪受周围的情景和人物影响的程度。对于自己的情绪起伏和变化,要保持充分的警觉,就像在大脑中安装一个警报系统,一旦负面情绪出现,便迅速给自己发出控制情绪的指示信号。

2. 情绪识字率——用言语标明情绪

人的情感是与他人关系的DNA。人先要会用言语去标明自己察觉的情绪,否则很难了解自我内在的情感,也无益于与他人的心灵沟通和情感交流。我们与人沟通时,如果要介绍一个新的观念,一定会先用话语标明清楚,别人才会了解这个观念,同时自己也会对其有更深刻的理解。情绪也是这样,当你可以清晰地用话语标明自己的感受,并传递给对方的时候,你才有办法疏导,并且

处理自己的各种情绪与心理需求。

人的情绪可以是非常复杂的。要标明每一个情绪,并且发现导致这个情绪背后的思维是什么,这是每个人都需要训练的能力。有一个名词叫做"情绪识字率",就是指一个人对自己的情绪所了解的程度,以及用语言标明自己的情绪的能力。

语言对于疏导情绪是非常重要的。我们必须在大脑中找到字眼,来标明我们内在的情绪,使我们混乱的情绪得到清理和疏导。通常,当我们没有办法用语言或其他比较理性的方法来表达自己的感受时,就只能用行为将其宣泄出来,英文叫做 acting out(直译为"做出来")。比如有的人在谈话中没法承受自己的情绪,就会立刻站起来,离开谈话现场;有人在愤怒中会用手去打墙,把墙打一个洞,自己的手也皮破血流;还有的人甚至会用酗酒和吸毒来宣泄。但是这样不仅不能很好地疏导自己的情绪,反而会使别人和自己都加倍受伤。所以,每一个人都要学习疏导、掌控自己的情绪。

练习标明情绪的一个方法是写情绪日记。无论是非常快乐,还是非常愤怒或悲伤的情绪,只要是一个较为激动的情绪反应,就可以用 5-W,when,what,who,where,how 的内容描述这个事件与感受。这是一个自我了解的好机会。如果能够先学习标明自己的情绪,然后再去分析到底是什么思维导致了这个情绪,将会对疏导自己的情绪很有帮助。

其实,当自己的情感出现强烈波动时,正是了解与调整自己的最好时机。因为,没有经过处理的情绪会非常真实而清晰地浮现出来,促使自己面对真实的内心世界以及与别人互动时的感受,清楚地了解自己看事情的观点,为以后调整不良情绪奠定基础。

3. 省察情绪背后的思维

我们标明了情绪之后,还需要知道情绪背后的一些思维:到底是什么样的思想或需求,导致了这个情绪? 这叫做归因思维。

在美国临床心理学家阿尔伯特·艾利斯(Albert Ellis)关于认知治疗的

ABC理论中,A代表诱发事件(activating events),B代表想法(beliefs),是指人对A事件的认知、看法、角度、信念或评价,C代表结果(consequences),即对应或产生的症状。艾利斯认为并非诱发事件A直接引起症状C,A与C之间还有中介因素在起作用,这个中介因素就是信念B,是人对A的信念、认知、评价或看法。艾利斯认为人极少能够纯粹客观地去知觉经验A,总是带着或根据大量自己资料库里已有的信念,包括思维、期待、价值观、意愿、欲求、动机、偏好等,来经验A。因此,对A的经验总是主观的,因人而异的。同样的A在不同的人身上会引起不同的C,主要是因为B,也就是信念有差别。换言之,事件本身的刺激情境并非引起情绪反应的直接原因。个人对刺激情境的认知解释和评价才是引起情绪反应的直接原因。

比如,你在路上开车,开得好好的,结果有人在你身后猛按喇叭,一般情况下,是后面的司机嫌你开得太慢,对你不满。你义愤填膺,回头一看,却原来是你最好的朋友在跟你招手……你那愤怒的感觉一下子一扫而空,取而代之的,是一种温馨、愉快的感觉。大家可以按照这个图想象一下A、B、C。刚才那个喇叭声是A,它只是一个刺激,受到刺激以后,你马上很容易地进入C,就是你的情绪反应。你之前是非常愤怒的感觉,但之后却是一种非常温馨的感觉。这取决于什么呢?取决于B,思维。人生的很

阿尔伯特·艾利斯关于认知治疗的ABC理论

多事情,都与观点和角度有关。比如,对一个母亲来讲,每次看到家里的地板上有很多很脏的脚印(A),心里就觉得非常烦躁(C)。但是,当她把这些脏的脚印解释成她最亲爱的人还在身边的时候(B),她的情绪反应就不一样了。这就是为什么我们一定要标明情绪,然后,要去了解是什么样的思绪导致了这样的情绪。

有时很难从当下的情境中直接发现某种情绪产生的真正原因。很多时候它跟原生家庭的背景有关,与当时没有得到的满足有关系。比如,夫妻一起去

餐厅吃饭,丈夫一口气点了很多大鱼大肉,老婆就很不高兴,她说点三道菜就够了,丈夫则非点不可,结果两人大吵一架。原来,丈夫在小时候,父母不但经常给他吃很多好东西,看到他吃得多时,他们还开心地称赞他。这自然就成为他下意识里感受到爱的方式。但妻子的原生家庭是讲求节俭,不要浪费的。所以,当妻子非要求丈夫只能点三道菜时,丈夫就会突然大发雷霆,而妻子对此的解读则是丈夫莫名其妙、任性霸道。

情绪按钮

察觉与理解情绪按钮对于调整情绪有很大的帮助。每个人在心理上都有一些触动强烈不安、不满的不安全区域,会带动或导出这个人强烈情绪的人、事、物、情景就是这个人的情绪按钮。情绪按钮带出生气、恐惧、悲伤、紧张的症状与表象,其实真正触动的是每一个人对于安全感、被爱、被尊重、公平等心灵最深处的需求。

比如,从小母亲被花心的父亲遗弃的张女士,对于她丈夫与女同事互发短信开些调情的玩笑会表现得特别激动,而非常优柔寡断的人被别人催促着快做决定,听到对方说自己"你这人就是拖拖拉拉,太没能力做决定"时,就会一下子被激怒。

人常会对自己内心深处觉得不安全的地方进行自我防御,也常忙着防止别人有意或无意地按到自己的情绪按钮。其实,人是很难去防止别人来按到自己的情绪按钮的,最可能控制的是改变自己的心理程序。别人一按自己的情绪按钮便跟着起舞,相当于把控制跟疏导自己情绪的"权力"让给别人,活的就像傀儡一样,只因为对别人有心理需求,就把极大的掌控权交给别人。所以,想要有效地改善人际关系,一定要发现自己情绪背后从童年以来没有得到满足的重大需求,并且想办法去满足,学会为自己的需求负责。最重要的是改变自己内在的心理程序或认知模式,而不是忙着叫别人不要按我们的按钮。当我们对对方有需求的时候,我们就是把控制的权力交给了对方。当我们自己懂得,并能够满足自己的需求时,就是把权力收回来。

因此,要开始学习处理自己的内在情绪,而不是忙着去改变别人。学习让自己成长,超越自己,客观地审视人我关系互动的舞步,人际关系才会朝着健康的方向发展。

4. 探索心理需求

怒从心头起时,要想明白这一不良情绪背后的思维,接着赶快问自己两个简单的问题,便可防止怒气更盛。第一个问题是,"我现在究竟需要什么",很多时候,当人们知道自己的需求时,就会明白表现或宣泄怒气根本不是自己真正的需求。第二个问题是,"我这个需要有没有可能在不改变对方的情况下得到满足",也就是把重点从指责或宣泄改为自我的调整。

每一次生气或有强烈情绪的时候,都是一个机会,让自己可以借着自省进入自己的心灵之窗,深入探索或了解那些情绪背后的需要是什么。每一次有情绪,特别是有强烈情绪时,都要探求一下:我现在真正需要的是什么?惯用的自我防御行为是什么?究竟是在防御着什么?怕失去什么?怕得不到什么?是害怕自己不被爱、不被尊重还是担心被别人视为无能、没有价值?

有一位很爱家庭的妻子,常希望丈夫能够参与孩子的各种活动。她经常跟她的丈夫说:"这个周末我们全家到外面郊游,好吗?"但丈夫的事业心很重,工作很忙。下了班以后,他什么地方都不想去,就想休息和躺在客厅的沙发里看电视。妻子的建议屡屡被拒绝后,终于忍不住大吼:"你根本不爱我,不爱孩子,也不爱这个家。你只爱你自己,爱你的事业,你好自私!"丈夫也气得吼回来。

这个经常发生的冲突其实与妻子未能弄明白彼此的需要究竟是什么有关。直到有一天这位妻子忽然领悟到丈夫不觉得周末有陪家人出游的必要,不愿按妻子的请求去做,是因为丈夫自己需要在家休息,轻松地看电视,舒解平日在单位所积累的心灵疲累。妻子想要丈夫多参与一点家庭活动是自己的期望、目标与需要。既然是自己的需要,比较聪明的做法应该是"接受现实,反败为胜",先忍下不满的念头,更要认清用骂的方式是没有效果的,应该先停止责备丈夫,开始学习采用智慧的方式、更妥当的说法,等待时机,引导先生改变思维来满足自己的需求。后来,她念头一转,先放下非要丈夫陪伴的需求。当她邀请丈夫出游被拒却很平静时,丈夫觉得有点儿奇怪:"咦,她今天为什么没有骂我呢?"接着妻子就带着孩子出去郊游。两人出外玩了一天,然后开开心心地回家,还带了特产与丈夫喜欢的外卖回来一起晚餐。下个周末,妻子又是如此,带着孩子到家附近的公园去野餐,回来时母子两人有说有笑的。几星期后的一个周五,丈夫居然主动问:"你们明天要去什么地方走走呢?我很想加入你们的母子兵团呢!呵呵呵……"

如果要改变别人,就要先从改变自己开始。要满足自己的需求,就得放下身段,以柔克刚。学习给别人一些空间,先给别人不改变的自由,一旦让自己开心、自在起来,别人看到了,反而会受到感染与吸引而乐意跟着做出改变。也就是当自己很好地疏导了自己的情绪后,就会发现不仅能与别人更好地相处,也可以增进别人的幸福与快乐感。关键是,要对自己的情绪与需求负责,就是自己得改变与展示善意。急着从别人身上去获取幸福与快乐是会引来抵制情绪的。

5. 表达感觉

行为和思想有好坏和是非之别,但每个人的情绪、感受和感觉本身没有对与错。EQ高的人除了了解自己或别人的感受,也懂得用情感词汇来描述内心或别人的感受,能够分辨复杂的情绪、了解情绪演变的过程。

S君父亲刚过世,看起来面色忧郁。问他感受,他只会说:"不知怎么一回事,头好痛,睡不好,没胃口,头昏昏的。"S君不懂得用情感词汇来表明丧父之痛的情绪,只会用身体化的语言诸如"头痛"、"没有胃口"、"头昏昏"……来表达,导致旁人无法了解他内心真正的感受,便很难帮他调整思维并疏导不良情绪。

科学的实证研究发现男性从童年开始,会经历所谓男性荷尔蒙的酸性,两个半脑间的连线比起女性少了很多。男性从察觉情绪变化到找出情绪语言来表达的过程较不容易。反之,女性两个半脑间的连线就如同拥有八条双向车道的公路,四条去,四条返。所以,女性可以一边讲,一边想,同时有较生动的感觉。男人头脑内的"高速公路"却是只有一条去、一条返,中间还有很多的绕道(detour)。再加上中文的词句里面就比较少有生动表达情绪的字眼,较难用情感词汇完整地表明内心感受,这就使得旁人往往无法了解他们的感受并与之达成内心的默契。

"情感 EQ 文盲"指的是社会上存在很多不懂得使用情感词汇来表达感受的"文盲"。例如,约好时间见面的朋友迟到了三十分钟才终于出现时,该如何表达自己的不满情绪呢?强忍可是又担心忍不住而爆发吗?能否说出"你这个人太不可靠了"这样伤人的字眼?心里可能一直嘀咕自己好生气,我时间就很不值钱,就该被浪费?谁来保护自己的权利不再如此被侵犯?好担心对方是不是出了车祸,令自己好难受,等等。从察觉和学会标明自己的复杂情绪开始,才能成为更好的交流者、享受和谐的人际关系。

幸好,就好像文盲可以学会识字一样,情商 EQ 也是可以通过学习改善的。平时不妨刻意培养一下,经常练习表达感觉的词汇。用下面两个模板来练习表达内心感受以及如何做出良好的倾听者的回应:

(1)诉说者练习描写感受

① 当……事件情境发生时

② 我觉得……(用描述感觉的形容词)

③ 那感觉就好像……(用图像或语言的词组来表达)

例1 当我的皮包在地铁站被扒走的时候,我发现钱和重要证件都在里

面,我觉得惊慌、愤怒,我感觉自己就好像一只蚂蚁掉入了热锅一样。

例2 当我走在上海街头迷路的时候,一个好心人指点了我该如何走,之后我很快就找到了跟别人约好的地点。我一下子觉得好轻松、好释放,就觉得自己像一艘在大雾中迷航的船,一下子看到了远方的灯塔射出的光芒。

(2)倾听者请练习用自己的话以"复述法"简单扼要地述说对方的语意与感受,直到倾诉者认为倾听者已经了解自己为止。例如"你的意思是不是……"、"你的感受是……"。

学会表达内心的感受,有利于他人加深对自己的理解和换位思考。例如,与朋友约了见面时间却迟到时,对方说"你怎么搞的,让我等这么久,我的时间就不值钱吗?"与对方说"你怎么这么晚才来?真让我担心。有种像被人勒住喉咙无法喘气的感觉,好难受"两相比较,哪一个令迟到者又知错,又不好受,却也没伤了彼此和气呢?显然是后者更有助于两人化解冲突,协调沟通。

第四节 探索内心往昔幼童
(inner child of the past)

一、引言

现在的人都太受情绪困扰,因此对恼人的情绪问题有所了解并懂得如何处理是非常重要的。每个人情绪的好坏与变化,其实与自己对待自己的态度、期待或标准有绝对的关系。心理学家们所强调的"每个成年人都是一个从小欲望没有被满足的小孩"还有另一层实践上的含义,也就是很多成年人在探讨自己苦恼与不幸福的起因时,会发现虽然已经离开童年很久,但是,却会惊觉本以为已经远去的童年,其实仍然以非常真切与扎实的形态,存在于现时自己的内在世界。

近年来,心理学有两个重要的发现:(1)成年人与孩子在情绪管理上有个明显的差异:孩子们是由父母给他们以引导、方向、肯定、尊严和价值感,而成年人却在内心深处扮演着自己的父母的角色,他们自己给自己以引导、抉择、肯定或责备。(2)成年人会继续用童年时父母对待他的态度来对待自己,忠实且踏实地使用童年以来所形成的态度,在自己做自己的父母的成人生活中,继续使用。也就是当孩子成长到不再需要父母保护与引导而能独立生活时,童年就结束了。但是,紧接着步入成年期,开始过自己成人的日子时,自己就会自动地成为自己的父母,一步一步地引领着自己的人生,很自然地使用自己从小最熟悉、最信服,也最顺从的父母对待自己的态度来对待自己。自己对自己的表现满意或失望时,就引发了不同的情绪反应。

童年的际遇与感受不但存在于内在,而且还不断地影响着内在的自我感觉和态度,经常会左右自己与周遭人,尤其是自己与配偶及孩子的关系,甚至会影响人们的工作与管理情绪的能力。它们在以易于疲倦、紧张情绪、经常头痛等方式表现出来,往往也会产生很多不良的情绪和感受。

二、成 因

儿童精神科医生与学者们针对常制造麻烦的孩子们进行了研究,发现他们很多不合理的态度是始于用来对付生命中最重要的人——父母或老师,所施加在自己身上的一些不合理及过分的要求。这些始于孩童时的反应,一直存在于人们内心深处,直到成年后,便以孤寂、焦虑、性功能障碍、沮丧、恐惧、婚姻破裂、强迫症似的一股脑地追求成功等模式出现。这显示出那个"往昔幼童"如今不但仍然活在成年人的躯壳当中,还在不断扰乱自己也毁坏别人的情绪与生活。这个"往昔幼童"往往藏匿在性格当中的胆怯、退缩、愤怒与恐惧里面。

如果人们能察觉到自己内心的"往昔幼童"的存在,并认识到它对自己的影响,并接纳它的存在,与之好好相处,许多的愤怒、痛苦、不安、寂寞及内在的空虚都能因此被排除掉。这不但能帮助已婚的夫妇彼此更易察觉与满足对方

的需求,也可以帮助为人父母者,为孩子创造一个在未来免于被这些情绪困扰的童年。

三、对应

处理这些情绪困扰的办法,包括三个观点与程序。

1. 察觉、承认与接纳这个"往昔幼童"如今仍然真实或活跃地存在于自己这个成年人的思维、心态和生活当中。自己要学会与"往昔幼童"相互接纳与尊重。

2. 察觉到自己其实一直在用当年父母的角色对待自己内心的"往昔幼童"。也就是在下意识里,常用当年父母对自己的评估、苛责、期待来对待自己。而那个"往昔幼童"对父母苛责或指点做出的反应,浮现到自己的情绪感受中,就会不断造成自己不良情绪。

3. 下定决心,保持警觉并舍弃这个存在多年的思维。重新学习扮演"慈祥的父母"的角色,来好好善待自己。

四、详细阐述因应往昔幼童所生的情绪困扰

人们为何经常会有情绪困扰?不合理也不妥当的不良情绪突然来临时,人们习惯用自责的心态来斥责这些恼人的情绪"愚蠢",接着把这些内心的不安或不满隐藏起来,久了就导致了孤寂、颓丧、不安的情绪状态。有人把不良情绪归咎于疲劳、天气、工作、压力,以及朋友或家人的不体谅。其实这个恶性循环不断地重复,使得孤寂感成为当今社会最痛苦也最常见的现象。

其实很多不良情绪大多是"未能善待自己"的结果。而这些虐待自己的态度多半由家庭和早期童年的情绪经验所形成。不见得每个人都在童年有过心灵创伤,但一定会有安全的呵护、被珍爱、被信任、被理解、被给予独立空间方面的欠缺所造成的情绪缺陷。人们对自己的态度大多受到"往昔幼童"时家庭气氛与家人对待自己的态度的影响,也就是在原生家庭里受到性格或心态上的影

响最大。

每一个人心里都有个"往昔幼童"。那是从童年而来的一套处理情景与情绪的心态。每个人对自己童年的记忆总是清晰掺杂着模糊。有的一去不返地消失掉,有的是断断续续的,有的却不时重现。例如,某一次打破玻璃杯或拿了别人家小孩的玩具而被怒骂的情景。有人会说,"哦,那是我很小的时候发生的事,我早就忘了"。然而,一来没有人记得我们究竟是哪一天从小孩变成了一个完完全全的成年人,二来,其实"往昔幼童"的情绪和态度实际上会持续存在,直到生命的终了。作为成年人,这些情绪看似不合理又不愉快,但却清楚地记得其当时身为一个无辜、无助、无力、无奈的小孩所承受的感觉以及所处的情绪空间。

从小到大,每一个孩子对自己的评价,其实是传承与积累了父母和老师们这些"权威人士"对自己的褒贬、评估与反应而形成的。他们怎么认定、描述自己是怎样的人就成为了孩子对自己的感觉、态度与期望。

针对心中经常重复出现早期童年家庭的某一种情绪空间,可以追溯到童年时产生情绪问题的起因以及后来在成年人生活中反复出现同样问题的原因。父母或师长们过度的言行在孩子心里引起的烦恼,在成人后的"往昔幼童"情绪中会持续地引起烦恼,需要对其加以辨认与对应,才能减少其对情绪的不良影响。

在往昔幼童对自己的情绪影响上面,不妨在遭遇情绪困扰时,回答以下五个关键问题来调整情绪:

1. 我对待、评估、期盼、肯定与责备自己时,是否像父母对待我一样?
2. 我是否常用轻视或粗鲁的态度对待自己?
3. 我是否经常如同当年父母或师长般在指责或处罚自己?

4. 我是否很溺爱自己？

5. 我是否对自己的期望和要求太高了？

孩子在成长到成年的过程中,会采用或借用父母对自己的态度。这里强调"借用"这个字眼是想提醒人们,这些态度是原属于父母的,而不是真正属于自己的。人们在不经意中,会把父母的态度融入自己的思维当中,首先要知道这些并不是源于自己,其次要开始培养正确与真正属于自己"应当如何对待自己"的态度。

从某个角度来看,很多成年人都是双重人格——一方面用"合理的成人"的角度来看世界,冷静、成熟、有智慧;但同时在另一方面,也在用"往昔幼童"带着偏差的有色眼光来看世界和对待自己。这两种眼光有时相互抵触,拉着人们朝不同的方向使劲儿跑。所以有人会说"我所感觉到的怎么与我理性思考的完全不同"？或"为什么我明明不想,却偏偏这样做了"？这就是当"往昔幼童"和"现在成人"之间发生冲突时所产生的内心挣扎的现象。"往昔幼童"会不断地让我们活在"童年的家里",既有熟悉、温馨感,又惹出许多情绪和人际关系的问题。即使童年的处境和人际关系并不愉快,人们心理上仍会倾向于进入"童年的熟悉的安全感",用自己早年的家庭模式来看待事物与生活。

五、童年形成的态度对自己的误导

童年经历过较深伤害的人,很难以温和或合理的态度来对待自己。处理成年后的情绪困扰,首先要找出跟童年际遇相关的因素,其次要接受与尊重这些情绪是属于自己的一部分,最后是要加以限制,使"往昔幼童"的情绪不要再延续到现在,以至于仍然掌控自己心理正常运作的行动和能力。转变对自己的感觉和态度,不再让自己以"往昔幼童"的眼光或感受来对待现在与未来的问题,是一个很需要时间和耐性的过程。

很多的成年人仍然以父母当时加诸自己身上苛刻、有杀伤力的负面评论来对待自己。因此,他们现在必须学会以慈爱、合理、坚定的态度来做自己的父母。经过这种心态调整的再教育,仔细查看内心的往昔幼童,就可以减少日常生活里来自于童年被压抑、隐藏或否认的焦虑或怒气。自我形象所强调的自我感觉,其实源于童年的自我评估所决定的自我感觉,通常伴随着自己挺丑陋、愚蠢、懒惰等主观的观感与痛苦。即便事实上的自己并不如自己所"觉得"的那么糟糕,但往往这种由父母或老师管教的态度所造成的感觉会一直长久地延续下去。

人的成熟包括了帮助自己发展出积极与有建设性的自尊。精神医学相信一个人对自己的感觉如何决定了其人格成长的基本要素,而这种感觉则大多数是来自于父母的态度、评估、褒贬等因素。孩子"怎么看自己"会受"父母怎样对自己"的影响,如同一面镜子般反映出自己是怎样的人,由父母对自己的反应或评估,孩子渐渐发展出自我价值感——对自己是否可爱、值得爱、聪明、能干或有前途的认识——他们如何"看待"及"感觉"自己,决定了他们究竟是怎么样的人。孩子自己也会学着分辨哪些言行招来赞许或指责,如何赢得父母或师长的认可。

即使童年的家庭生活并不愉快,但毕竟提供了"自己的根"与"家的感觉"。包括被强迫吃自己讨厌的食物,被要求早早地上床睡觉,导致了有些人长大后总爱熬夜或迟睡,来满足童年所没有得到满足的想晚睡的习惯。因为这些不当行为所带来的斥责与体罚的感觉,仍然延续到成年,所以会总觉得自己孤单、被否定或有一种无力感。其实,与时俱进的心态转换,是成年后应该以真实(realistic)的眼光看待这些童年的际遇和感受。不必去归罪于父母,但也不要再沿用师长们过度、不合理的态度来对待或伤害自己。

为"往昔幼童"设定限制,就是不再让这种心态在情绪里占上风。例如,A男士小时候母亲常以绝对不把孩子交给保姆为傲。但A男士在童年生活里常支使着母亲做这做那,母亲成了他百依百顺的奴仆。以致A男士从未意识到要理解或尊重别人。A男士耳濡目染形成了对爱的定义与期望。婚后,他很自然地用这种态度去要求妻子也百依百顺。"往昔幼童"会在心里大声呼喊:"如果

Decoding the Heart

你爱我,你就应该像我妈妈那样迎合我、满足我。甚至我不用开口,就已经知道我需要什么服务了!"这就苦了他的妻子,也激化了双方的冲突。如果他想维持或享受一个健康的婚姻,首先必须教导自己并为那个冲动的"往昔幼童"设限,学会尊重与爱别人。

A男士的表现就是用父母的态度来对待自己。人们倾向于沉浸在这种心态所带来的熟悉或安全感中,但也限制了自己心态的成熟。另外,有个很负面的副产品,就是人们从小怎么被管教或引领,长大后就会很自然地沿袭这种模式,扮演父母的角色来对待自己的下一代。也就是说,这种不健康的心态很多时候会代代相传。

从小父母是用什么期待或态度对待自己的?自己如何赢得父母的认可?他们怎么表达不满意或责备?父母对自己的担心是什么?说自己好或坏的标准是什么?什么是童年最开心的事?父母对性的态度或教导是什么?哪些是可谈或不可谈的?父母对自己婚姻的期待或干预是什么?自己可曾公然违抗过他们?经常思考这些问题,可以弄明白师长们的态度是如何"操控"(impact-manage or manipulate)自己的童年生活与思维的。如同当时需要呼吸空气与吸收食物营养一样,自己无意当中已经吸收了大量的情绪、感觉、期待、价值观、世界观与人生观。

六、家长或师长们八种主要的不当态度

形成孩子"往昔幼童"的特质与日后情绪困扰的主要有八大"元凶"。

1. 完美主义(perfectionism)

"成功人士"当中有些人会永无止境又徒劳无功地追寻"还不够理想,再拼命些!更成功一点!"这种近乎病态的心理,源于父母在他们小时候非要等到孩子表现超过他们所能胜任的程度时才稍稍表示认可。因为极端在意自己在别人眼中的表现与成就,但同时又总觉得自己得到的成就还不能令人满意,所以一生一直在拼命。

完美主义者是"成功的失败者",它与追求"更好者"或"极致者"的不同在于后者在努力过程中,认可了自己,享受了获得成果的欢愉,也强化了自己的自尊。但完美主义是心里永远认为自己不够好,应该可以更好一点。任何优越的表现都没有带来真正的满足感或成就感。这就像一个背着沉重的行李上了火车后,还坚持继续拎着沉重行李的乘客,精疲力竭,不得休息。尤其是自贬、自卑的感觉会像鬼魂般缠绕心头,致使其在心理上与别人疏离,难以融入团队合作;因经常隐藏自己过度要求自己的秘密,进而影响到把爱与亲密关系视为束缚或使自己分心的事。

在情爱关系方面,完美主义者因为担心与人太亲近会显露自己不够完美的缺陷,不敢袒露自己,从而会让自己失去被完全珍爱与接纳的机会。因为期望配偶不断地满足自己那永远达不到的要求,会把重担转加在配偶身上。他们会认为生活情趣的享受是一种浪费时间,性生活里也可能对自己的表现不满,无法享受亲密与爱的交流。由于经常视自己为失败者,伴随而来的往往是焦虑,沮丧与无价值感。

这种态度大多源于在童年时父母、师长永远要求自己更好一点。孩子有了优异表现时,唯恐给予全然的肯定会让孩子因知足而怠惰,但孩子长期以来没有得到接纳与认可,对自己能力会缺乏自信,情绪也容易低落。长期的情绪低落会使得孩子自己也从父母的态度中学会轻看或贬低自己的成就,更因习惯于负面的心境而失去了开怀、开朗的动力。毕竟父母或老师是孩子生活中最重要的人,他们明示或暗示自己还需更加努力,会让孩子相信父母没有真心赞许自己,使自己从小未曾感受到"别人对自己很满意",在成年后他们就自然而然地延续了父母的态度,轻看与贬低自己的成就,不懂得对自己的努力加以赞许或认可,永远坚持自己要更好一点。

很多父母是间接或模糊、不太明显地希望孩子必须有顶尖的表现。对孩子已经有的一点优越表现,在表示赞许之余,又稍稍流露出忧伤的失望,然后暗示如果再表现得更好一点,就会赢得全然的赞许。父母的微笑之后又转变成皱眉

头,叹息,温和地建议再多努力一点等,这就让孩子感觉到"你再好一点,我就可以……"的模式,认为自己应该永无止境地一再努力,但内心总对自己不满意,也总是怀疑自己的能力。

很多完美主义者很难察觉自己有"贬低自己"的倾向。这种父母间接或微妙的不认可,使完美主义者在童年并没有明显的创伤或令自己不快乐。但是,自我的概念就是从童年开始,在各种点点滴滴的小事件中形成的,例如,玩耍时,父母小声地唠叨"你要是玩儿的时间少点儿,下回的成绩肯定能更好些"。他们在慢慢积累与认定对自己的不满时,也在一步一步地损毁其自信。

马拉松人生——目前所流行"虎妈"、"狼爸"等话题,使得很多父母加深了他们唯恐自己的小皇帝、小公主会输在"起跑线上"的担忧。其实,人生不是一场短跑,而是一场除了体力、耐力、速度以外还得比家庭、健康、安乐、内心幸福、舒畅的马拉松。这些虎妈狼爸们傲人的地方无他,只是高举着孩子进入了哈佛或耶鲁就读的入学通知书,来向世人炫耀他们教育孩子的成就。进好学校固然是一种成就,但如同"EQ情商"概念的创始者所说的,"智商IQ帮你进入理想的公司,但是情商EQ决定了你在这个公司的升迁",如果为了进好学校而赔上了"情商商数"的代价,成为了"滥用"自己的潜力、心力与体力的"过头的成就者"(over-achiever)也就得不偿失。绝不能单以进名校作为"教育成功"的依据,例如,如果在严管或严打过程中,孩子们总是被"你还不够好"或"你应该更加努力"的完美主义摧残,永远为了无法达到完美而有罪恶感,进而形成感觉到失望或丧气的不健康的自我形象,最终这些孩子就成了典型的"成功的失败者"。必须学会不再继续用父母的"永不满足"的态度来对待自己,开始用另一种全然不同的眼光来看待自己,学会对自己的表现加以赞许并感到满意。否则,完美主义很容易一代传一代,成为家族的传统。要学会察觉完美主义的陷阱,建立比较真实而且合乎人性的标准。心理学家也发现,有时孩子的霸道或不讲道理是对于父母苛求或过高的期许在情绪上的抵制与反抗。

在当今讲求功利主义,一切向钱看的环境里,人们容易倾向于努力不懈、获取成功,以物质或功名成就的假象,掩饰内心的空虚与悲戚。对于完美主义教育下形成的"往昔幼童"要以三个步骤来处理。

(1) 认识自己童年开始就存在的自贬与过度努力的现象。

(2) 舍弃父母在自己童年的心里所塑造的"旧标准",学会用自己的标准来接纳和肯定自己。

(3) 与自贬格斗,稍稍忍受放弃"回到童年的家"的感觉,承受些许与暂时的焦虑,减少自贬感,就可以不用再为那永无止境的"完美"过度地付出精力,开始享受真正的"内心的宁静"(inner peace)。

只要自己尽了力,就应该给自己肯定并感到满足。太多"往昔童年"的不快乐、不满足制造了太多与内心的"往昔幼童"的痛苦格斗与挣扎。一旦找出完美主义病态心理的形成原因,成功将这种病态态度的传承加以切割与转变,就可以成为自己的"新好父母",学会温柔、慈祥、宽容与优雅(gentle, kind, graceful & merciful)地对待自己内心的"往昔幼童"。也就是学会察觉童年时受到的完美主义的伤害,当年在被贬低或拒绝时,回应师长们的态度是依靠无力、无奈的本能所形成的。青少年会开始渐渐脱离父母的控制,但内心或下意识却开始"借来"并内化和吸收父母的态度来对待自己。针对自己遭受到的不良情绪与希望建立的良好自我形象,要清楚、坚定地把这些借来的态度放弃或还回去。要学会分辨与远离这些不良感受,舍弃那些干扰自己内在安宁、满足感与成就感的心态。针对童年受到的忽视、过分严厉与粗暴的惩罚、过度的强制,因而未能满足的对被爱、被重视、被保护、被肯定、被倾听理解、被尊重的渴望,要将其与成年后的感受区分开来,重新定立一个健康合理的标准,正确地接纳与对待自己。

2. 过度高压(over-coercion)

有些父母惯于用高压指导的教育方式,对孩子不断进行施压、纠正、监督,过度提醒与担忧,而未曾给孩子探索自己的兴趣、主动学习的动力、自己的空间。这样,孩子就失去了建立自主与独立性的机会,反而以闲逛、粗心健忘、发

呆做白日梦等拖延或抗拒行为来应对自己难以承受的压力。

孩子成年后要学会察觉自己的不良情绪与自我形象的根源,舍弃这些强加于自己心灵的压力与要求。

3. 过度屈从(over-submission)

与过度高压一样,父母对孩子有过度的要求,往往使得孩子如同父母的"老板"一样予所与求,进而使孩子对父母的要求更多,甚至动辄冲动或大发脾气,从不顾虑别人的感受与权利。

孩子成年后必须学习对自己的冲动加以控制,努力克服自己不尊重别人的感受与权利的倾向。

4. 过度溺爱(over-indulgence)

有的家长在"一子家庭下六个大人争宠"的环境中、婚变或是家庭重大变故后,出于对孩子的补偿心理,不顾孩子究竟想不想要,也没给孩子发展自主性的空间,不断地给孩子买礼物、衣服,提供种种好处与服务,成为百依百顺、有求必应的父母。孩子对这种取之不尽、用之不竭的丰富供应不但会觉得没趣、腻烦,还会养成一种很难采取主动、不够积极进取或坚持的性格。

成年后应该学会多给自己一点驱动力与压力,减少自己的予所与求、缺乏果断担当的依赖心。

5. 忧郁症(hypochondriasis)

有些父母对于身体健康的小孩,会给予过度呵护,惟恐照顾不好孩子或健康出状况,总把注意力放在孩子的小病小痛上,夸大其词吓唬小孩。孩子在这种常常担心健康出问题或发生事故的环境里,吸收父母的这种过度忧郁,渐渐地又发现病痛可以博得同情与关注,成年后就可能有忧郁症倾向或形成心理上的贪得无厌。

6. 泄愤为主的处罚(punitiveness)

很多父母美其名曰"管教"或"训练",事实上是把自己在生活环境里的压力或气愤发泄或迁怒到孩子身上。遇到孩子犯了错,不是按照孩子错误的行为或程度给予处罚,而是完全依据自己的主观情绪而定。孩子在了解自己究竟错在哪里之前,脑子里只有处罚者怒吼或体罚时的神情、口气、模样以及处罚所带来的疼痛、恐惧、委屈。这样的孩子成年后很容易发展出暴躁、暴怒、攻击、抨击、怀恨与报复的个性。

7. 忽略(neglect)

尤其在事业成功、家境富裕而无暇给孩子关注的家庭,或是家长的工作太忙、酗酒、贫困等问题,也可能是家庭有亲人过世或离婚的情况,使得家长花在孩子身上的时间与心力很少,使孩子在发展亲密或良好的人际关系上发生困难。这种环境下成长的孩子长大后要学习用慈爱、尊重与宽厚对待自己,并要学会克制自己总是要进行自我批判的冲动。

8. 拒绝(rejection)

有些父母经常否定、拒绝、打击孩子的自信,使孩子觉得自己在家里没有一席之地,不可爱、没有价值。孩子对此的反应是怨恨、愤怒、孤立、无助与焦虑,以及严重的自卑与自贬。这样的孩子成年后应该学习对于这种评价加以拒绝,重新建立新的价值、标准,并学习接纳、喜爱、认可自己。

第五节 纠正有方

纠正别人的错误是一门很重要的学问。很多领导团队的人或是管教子女的父母,以为只要证明了自己的正确,再证明对方的错处就可以了。孰不知所谓"知错能改",要让对方知道什么才是正确的,也就是让对方知道自己究竟错在哪里,其实并不难,难的是如何让犯错的人有"能量"去改,也就是有意愿、有决心、有方法去改正。因此,纠正错误的效果如何,关键在于纠正的方式,也就是被纠正的人在被纠正之后的感觉和感受,才决定了这次纠正的效果。

Decoding the Heart

"用正确的方式来纠正人"（correct way to correct people）是指无论纠正自己的属下、亲友还是子女，内容有道理或有凭有据固然重要，所在的场所、用词、语气或方式是否妥当，也会对纠正的效果有很大的影响。下面用七个C开头的英语单词——correct, criticize, calm, contempt, clear, consistent, caring 来阐明正确与最有效的纠正方式：

1. 纠正（correct）是主要的目的

对方犯了错，纠正的人会义正言辞地加以指责或纠错。但是，如果想让纠错发挥最大的效果，最好是扪心自问，自己在纠正别人的一刹那，纠错的首要考虑因素与最主要目的究竟是什么：主要是想处罚、责备、宣泄、报复，还是教育、纠正、辅助？如果能清楚地提醒自己并确认自己的批评不是以责备（criticise）为主要目的，则能达到更好的效果。如果纠错的主要目的是使对方遭受肉体或心理的痛苦，则容易使被纠正的人不但未能专注于自己的错处、下定改过的决心，还会产生愤怒、委屈、恐惧、抵制等不良情绪。如果纠错的主要目的是真正为对方好，希望对方增加意愿与心力改正自己的行为、习惯或心态，便较易控制好自己的怒气，从而心平气和地予以说明和处理，被纠错的人也就更有动力去改过。

尤其在管教孩子时，一定要提醒自己认清管教或责备的真正目的是什么。处罚孩子，让他肉体或是心理痛苦的主要目的是提醒他，让他搞清楚、弄明白自己的行为错在哪里。如果把责备或惩罚当成主要目的，那么管教的本身就走错了方向，弄错了性质，会导致过多不良情绪或过当的管教行为，继而在孩子的肉体或心理留下伤痕。

2. 冷静（calm）

见人犯错，因失望、担心、生气而顿生责备的意念是正常的反应。但是如果未能及时管理与控制好自己的怒气，在气头上，借着强烈与失控的语气、表情及言词宣泄怒气，使受责备的人觉得被鄙视、羞辱、嘲讽、厌恶、排斥，而未能专注于理解自己的错处以及对别人造成的伤害，便容易心生自卑、自怜、绝望乃至报复的冲动,最后导致其对责备者的伤害或鱼死网破、两败俱伤。

尤其是长辈们在管教幼童年的孩子时,如果在气头上任意责骂或体罚,一旦情绪过了头,管教的言语或责打失了控,即便口口声声是为了孩子好,孩子在惊恐、紧张、疼痛之余,被管教或责打之后,也可能也只记得长辈凶暴的喝斥、怒吼的模样、皮肉之痛、一心盼着大人赶紧发泄完愤怒的渴求,到最后甚至只记得内心的伤痛、委屈和愤怒,长大后,更有可能模仿这种"我犯了错,我让你失望,你生了气,便打我、骂我。以后,成年了,别人让我失望,我生了气,我就可以打他、骂他……"的模式,为了宣泄无法控制的怒气,而采取不当的报复、泄愤与冲突解决模式。

有些长辈在管教孩子时,一则习惯于气头上急着宣泄和责打孩子,外加用"你不好好学习,整天上网,我看你这没出息的样儿,今天非好好揍你一顿不可!""你这没用的废物!看我今天不好好教训你才怪。""你真是气死我了,今天就给我滚出这个家,就当我没生你这个儿子好了!"这类责骂的气话,固然是由不满升级到生气,再由愤怒到抨击,最终由抨击升级到从小耳濡目染的"轻蔑"或人格攻击,但是有些管教者心里还真错误地以为可以借着轻蔑的言语来羞辱人,来让人知耻,借着知耻才会上进。

例如,2011年10月底,陕西西安未央区第一实验小学的老师决定给表现较差的学生戴上"绿领巾",事后虽被当地教育局明令禁止,但是,发起这一举措的任课老师还对着媒体强辩她这种做法是为了"让孩子们清楚地知道自己差劲和不如人,之后才会更加努力地改善"。其实,这个说法明显暴露出一个很严重的错误心态与理念。许多家长、教师、校长(乃至企业、政府的经理人与领导们),在"教育"孩子(下属或员工)时,深信借着自己轻蔑的语气或伤人自尊的嘲讽、怒骂、挖苦,便能起被责备人的羞辱感(contemt),使他们觉得自己很差劲和不如人,从而便能够被激发出改过向上的动力。殊不知孩子们在被谩骂、羞辱后,只会感受到大人的气愤,深深地觉得自己没有价值、不被关爱、被厌恶、被鄙视,根本没有心情去认识与改正自己的过错。最后的结果是,大人落得一个

伤人有余、成事不足的景况,被处罚的孩子则满身满心的伤痕,甚至有些孩子在成年后,模仿了这种"你惹恼我,我就生气,生气就可以马上泄愤。宣泄时,我就用暴行或轻蔑的言语来伤人……"的模式,制造了家庭、婚姻、亲子或人际间的严重问题。所谓的一代传一代,就是在这种不当的冲突或管教模式上最容易世代交替、遗传的。

一定要提防这种在气头上责备或伤人的思维或行为模式所产生的惊人负面效果。责备犯错误的人时,脑海里先要提醒自己不要夹杂着太多情绪,进而告诉自己管教的目的不是在惩罚对方或发泄情绪。自己一定要弄清楚这次处罚或管教的对象是对方不当的行为,而非犯错人的人格或家人,因此要冷静地把行为与人格区分开来。行为有错不一定代表人格有问题。要弄清楚自己责骂与纠正的对象是对方错误的行为,并非对方的人格。千万要告诫自己必须得忍住,不要给对方的人格贴上标签。否则,一旦对别人的人格进行攻击时,就容易带出轻蔑的语气、字眼或行为,例如扇耳光、将之赶出家门等。这是最伤害彼此信任感和感情的行为,也是使管教效果大打折扣的错误行为。一旦人格被轻蔑或伤害,行为上自我检讨、反省、改善、提升的可能性与成效就会大大降低。

3. 清楚(clear)、一致(consistent)

无论是管理组织、部门乃至家庭或孩子,好的管理者一定要公平、公允、公正,被管理者才会觉得被关爱、被尊重、有安全感。要达到这个目标,对于他们所犯的过错加以责骂或处罚时,一定要留意"清楚"与"一致"这两个原则。前者是要求管理者必须事先把"界限"划定清楚,把规则、规矩与处罚说明白。否则,不讲清楚,便是古语所说"不教而杀谓之虐"。其次,对于每一次同一类型的错误行为,一定要给予一致、相同的处罚。这也说明了前述避免在愤怒时责备、责骂犯错人的重要性。一旦在责骂或处罚犯错人时夹杂了大量的不良情绪,被罚的人只能感受到对方的气愤,不但不知道自己错在哪里以及如何改正,而且由于人的气愤是主观情绪,通常气愤的程度或发泄的状态是不一致的,当下一次再犯错时,因心情或气愤程度的不同而导致责骂或惩罚的程度也跟着不同,责骂下属或打孩子的轻重也会不同,这种不一致性就会使得管教行为或效果的可预期性大打折扣。

4. 关爱(caring)

纠正别人错误的人,常把重点放在证明别人有错上。但是即便证据确凿,犯错的人却往往"知过"后"不能"改,"无能"或没有意愿来改过。这是因为人们因犯错而被纠正或受责备时,只有在清楚地感受到在纠错人的心目中,自己仍然是被关爱、被器重、被尊重或被喜爱时,才会自动自发、心悦诚服地启动自我改进、自我提升、自我实现的动力与机制。换言之,被管教者在被纠正或责骂之后的感觉决定了这次管教的真正效果。知道自己错并不难,而如果被纠正时,能清楚地认识到管教者对自己的关爱或尊重,在马斯洛的五大情绪需求的安全感、归属感与自尊心层面,就可以获得满足,也会很乐意,很有动力去改善与提升自己。很多管教者在管教时,口口声声强调自己都是为对方好,实际上如果被责备的人丝毫未感受到被关爱或器重,管教的效果便会大打折扣。

总之,上到领导一个组织、部门,下到管教自己的孩子,首先要遵守所谓的"罪刑法定"原则,必须把对错的规则或评估的标准说明清楚。其次,要彻底执行。一旦看到违逆或犯错的行为,如果希望纠正或管教收到好的效果,一定要先定位好自己的思维、处理好自己的怒气、焦虑等不良情绪。为了让对方知道自己是关爱他、为他好,而不是对犯错的报复或泄愤,一定要避免气头上一股脑地谩骂、攻击,尤其特别忌讳轻蔑的言行。一定要针对犯错者的不当行为加以指责、处罚,避免给对方贴上人格标签,辅以鼓励、肯定与关爱的话语,这样不但会收到理想的纠错效果,也会增加自己的软实力与社会资源,如同一石二鸟,何乐而不为?

第四章

情感管理
——打造幸福亲密关系

> 第四章
情感管理——打造幸福亲密关系>

第一节 爱的艺术与爱的语言

1. 爱是一门值得学习与精研的艺术

在人类的宗教、心理、语言、文学、艺术、歌曲里面,出现最多的一个字就是"爱"。但是想到或谈到爱,有两个最常见的误区。第一个误区,很多人认为"爱"是不用学习的,只要找到合适的对象,就可以展现自己与生俱来的本能与本领,好好地去付出爱与领受爱。他们的情爱世界都专注于选择爱的对象与应对方法,从未关注自己是否具有爱与接受爱的能力问题。这个思维与心态上的误区在于把"选好与爱上"一个人的初始阶段和"维持与享受爱"的持续状态混为一谈。

第二个误区,如果爱我,就应该迁就我。何况如今的"我",尤其是"我"那独特的性格与需求绝大部分是由原生家庭造成的,不是我愿也非我所选的,"我"很无辜也很无奈,既然结了婚,不但认了,更应无条件地接纳与迁就这个独一无二的"我"。这几句话里面有些似是而非的看法,严重影响了很多婚姻与情爱关系的幸福与甜美,很值得进一步推敲与深研。简单地说,成熟的人应当为自己的情绪与幸福负责。情绪世界中的情绪管理最大的秘诀是:你没有办法使风不吹,但可以调整风帆,让你的船到达你所设定的目的地。(You can not stop the wind from blowing, but you can adjust the sail to reach your destiny.)

"爱上"一个人往往始于激情。激情发生在瞬间,比如一见钟情,是基于自己的心理投射,将自己过去对于"梦中情人"、"理想对象"的想象、愿望、期盼的内容,不自觉地反应于出现在眼前的这位"他"或"她"的一种心理作用。但是,很多人把激情与真爱混为一谈,其实在本质上,它们并不相同,懂得加以区分会有助于自己一生对于幸福的追求。

Decoding the Heart

激情能持久吗？可靠吗？重要吗？爱情里一定要有它吗？婚姻里还能有它吗？大多数的婚姻会因失去了它而成为平淡乏味的生活，因此容易招惹来婚外情或婚变吗？它与真情的不同在哪里？"男人为性而爱，女人为爱而性"这句话如果有些真实，那么激情在这句话里占据了什么分量？给了婚恋或情爱当中的男女什么启发？

激情与真爱的区别是：真爱是在充分全面的了解与实现承诺、承担义务的责任感（commitment to be acted out）的基础上应运而生的。激情中有鲜花以及无数的甜言蜜语和承诺。基于激情的亲密关系因了解而结束，容易带来伤害或是付出惨痛的代价；而基于真爱的亲密关系因了解而更深刻，了解越多、爱越深、越稳、越长久，不但可以享受甜美的浪漫情怀，还可以给心灵带来慰藉或踏实感。遇到心仪爱慕的对象，内心充满激情，愿意为对方赴汤蹈火、牺牲奉献是正常的。变成持续性的真爱之前，都会有激情。但要转化成持续性的真爱，还需要时间、经营与维持的意识和实践。以"盖一栋房子"来比喻真爱与激情的发展与结局——前者是付出很高的代价，经过辛苦的建造与经营，把房子盖在岩石上面，恒久坚固；后者是把房子盖在沙滩上，很容易建造和享受到快速成功的快乐，但只能短暂停留，经不起时间和外界环境的考验，容易坍塌。当然，最好的情况是激情发展成为真爱，并一直停留在真爱当中，历久弥新，相濡以沫。

感情世界里的情爱需要学习，也需要经营才能健康成长与长期享受。爱是一种艺术，它不只是一种心情或"陶醉"的快乐，必须以学音乐、绘画等艺术的态度来学习和用心培养出爱人与被爱的能力。夫妻关系很像两个恋人在一个完全漆黑、伸手不见五指的房间跳一支很艰难的探戈舞（tango）。当两人在婚姻中，不想过俗语所说的"婚姻是爱情的坟墓"的生活，很想建立亲密与信赖的情谊时，常遇到的挑战是两人的性格、价值观或人生大方向不同，尤其是双方从小在内心渐渐形成的内在誓言相冲突时，生活中就会发生种种的冲突。若要共谱一支最美的人生之舞，就必须在漆黑的暗室里，为爱点亮一盏明灯，学习、探索、了解、接纳彼此。

2. 五种爱的语言

Gary Chapman 博士发现人与人之间表达爱或感受爱的方式大体上有"五种爱的语言",包括肯定和赞美的语言、高品质的相处时间、精心挑选的礼物、贴心的服务、肌肤之亲。

人在表达或感受到爱时,下意识里面,针对这五种爱的语言当中的每一项,并不很清楚也不懂得区分究竟自己在乎或渴求的程度。以至于家人、亲友、同事,尤其是夫妻之间在相互表达关爱之际,产生许多误解、隔阂、矛盾。这是由于彼此未能沟通与相互理解,或是忽略了对方最在乎的"爱的语言"究竟是什么所造成的。如果能去感受对方内心深处的需求,就能够了解什么语言是对方在这一阶段最在乎或最需要的,就能够较好地发展彼此的亲密关系,并积极地处理婚姻中的冲突和问题。

爱语一:肯定和赞美的语言

心理学家威廉·詹姆斯(William James)说过,人类最深处的需要,就是感到被人理解与欣赏。尤其是对于童年家庭管教严厉、缺乏肯定与安全感的人,他们小时一番努力却赢得不了父母或师长的夸奖,这样的孩子成年后,会有比较严重的自信危机,这种性格的发展以及环境的使然,令他们特别渴求被欣赏与赞美,胜过其他的"礼物"。在情爱关系的维持与经营中,对方能否了解肯定和赞美的语言就是他最主要的爱的语言就很关键了。

对内心缺少安全感、有自卑情结的人,给予一些鼓励、肯定与赞美的话语,往往会激发出他极大的情谊与动力。

爱语二:高品质的相处时间

餐厅里稍稍留意一起用餐的一对男女,很容易判断出是在商谈事情、婚前约会还是已婚夫妇。婚前约会者彼此相互注目,阳光般的笑脸伴随着谈不完的话题。已婚者则静默不语或是东张西望。人们需要被对方在乎,被视为心中的

首要或占优先的地位。这个表现在彼此陪伴时的表现。例如,全神贯注的交谈、倾听,或是一顿只有两人的烛光晚餐,也可以是夕阳下公园里,手拉手的散步。两人在一起,做什么活动其实是次要的,最重要的是给了对方全神的关注、专注的时间,让彼此感受到爱。

丈夫小健想起他和妻子小潘刚结婚时那种生活里要房没房、要钱没钱的困窘,再看看现在越来越大的房子和银行存折里越来越多的存款,对妻子经常抱怨自己不能好好陪她逛街、上馆子、爬山、出国旅游,不禁难过与不解地说:"她一直抱怨我没时间和她在一起,可我的确非常忙。事业到如今,可不是为我一人而已。我可是必须对我这近百的员工负责任啊!否则万一公司垮了,他们喝西北风去了,那我得负社会责任的啊!人生原本很无奈,穷的时候有穷的苦处。现在富了,却什么都缺,偏偏只不缺钱。我现在缺健康、缺时间、缺情趣、缺陪妻子孩子的闲空、缺一种轻松的幸福……我简直穷得只剩下钱了。"其实,妻子要的不是更多的房子、车子或衣服首饰,她要的是丈夫能多花时间好好陪她,给她一个全神贯注地倾听她的讲话的时刻。她已经好长时间感受不到丈夫给她的爱了。

爱语三:精心的礼物

礼物是爱的视觉象征,也是满足心灵中被人珍爱的需求。礼物是传达给对方"我很在乎你"、"我很爱你"的信息。它可以是买来的或是自制的。它可以是价值百万的钻石,也可以是倾诉爱语或感激的精美卡片。其实,它是人人都知道的爱的语言。问题是必须经常去留意对方喜欢或想要什么。对方无意中说出"我喜欢……",就把它悄悄记下来,然后选择一个适当的时机给对方一个惊喜,为的是让对方知悉自己心存的爱意。

第四章
情感管理——打造幸福亲密关系

爱语四：贴心的服务

提供对方所需要的服务，使其开心，也表达了自己的爱意。当男女热恋时，往往有人会费尽心思地找寻为对方服务的机会。其实，婚后更是需要费心去提供让对方开心的服务。例如，在冬季里，每晚给爱人睡前的棉被里备好热水袋暖脚。虽然是区区的服务，却会令对方感受到爱，不但温暖了对方在寒冬的脚，也温暖了对方的心，更可贵的是双方一起享受那种温馨幸福感的时刻。表达爱意，让对方知道"我很在乎你，你在我心中占首位"其实不太需要花钱或用掉太多时间，但健康的情爱关系，的确是需要用心去维系、经营与呵护的。

结婚前，阿俊每周都会去张芳家帮她做家务，还总陪她一起洗碗，毫无怨言。因为恋爱时，她父母管得挺严，只有去到她家才能见到张芳。而且，阿俊觉得帮她做这做那是很开心、很自然的事，因为这一切都是为他所心爱的人而做。然而，好景不常。结婚后，阿俊看着疲累的妻子，什么家事也不帮。张芳每次回娘家阿俊不但不陪伴，甚至还越来越反对她回娘家。婚前张芳看到阿俊愿意为自己做每一件事，不但很感动，也觉得自己很有"被爱"的感觉。如今，张芳觉得丈夫变化最大的是对自己的爱少了。但是，屡次面对妻子的抱怨，丈夫的心态则是希望妻子遵守他父母的模式——男人上班，女人操持全部家务。了解了双方爱的语言的重要性后，两人都做出改变：阿俊一个月至少陪妻子回娘家一次；张芳在阿俊回家前开始做饭，确保丈夫回家不但立即有饭吃，两人还能安心地共同享用晚餐及聊天。两人的关系也得以改善，沟通也变得更顺畅了。

爱语五：肌肤之亲

肢体接触是人类感情沟通的一种微妙方式，也是爱的表达的有力工具。性

生活只是这种爱语的方式之一,牵手、亲吻、拥抱、抚摸都是身体的接触。对有些人来说,身体的接触是他们最主要的爱的语言,缺少了它,就感觉不到爱。

需要注意的是,如果你伤害过你的配偶,比如轻微的暴力,一定要请求对方的宽恕。另外,要和配偶讨论,喜欢的身体接触是哪一种。

其实,爱的语言并不局限于情爱世界,也适用于亲友相处与日常人际交往的场合。每个人都是透过这五种方式在表达和感受关爱,只是表达之前,要花点心思去观察对方的需求,也就是"如何说或如何做,对方才会感受到我的关爱"。反之,也要留意对方表达了对自己的关爱,但因为自己不是很在乎这种方式,有时对对方的诚意、关爱之意没有感受到,甚至还误会对方根本不在乎自己或没把自己挂在心上。所以,避免爱的语言不同引发的误会,要学会经常留意以下四点:

① 先察觉自己特别需要什么样的爱语来感受到关爱。

② 留意自己是否习惯于用某一种爱语来表达对别人的关爱。

③ 留意对方是否也在用自己熟悉的爱语在感受着别人的关爱之意。

④ 留意对方是否也在用自己熟悉的爱语向自己表达关爱,自己有没有留意或欣然接受对方这个原先自己不很在意的关爱之意,彼此是否已经产生了误会。

当我们留意到自己与别人在表达关爱的思维模式或方式上有所差异时,便更能做到换位包容,关怀对方,有效沟通,促进感情。在彼此的感情账户里就容易存入更多的"存款"了。

"五种爱的语言"案例分析

1. "两个好人为什么没有好的婚姻?"——己之蜜糖,他人砒霜(Give you what you want, rather than what I want.)

> **第四章**
> **情感管理——打造幸福亲密关系 >**

以下是笔者改写的一篇文章,供读者深思:

成长过程中,我一路看到父亲与母亲在婚姻中的无奈,"幸福"似乎一直离他们的婚姻生活好遥远。父亲在世的岁月中,他们的婚姻生活都在挫折中度过。而我,也一直在困惑中成长,我常在心里问自己:"两个好人为什么没有好的婚姻?"带着一丝忐忑不安的心情,进入婚姻,渐渐领悟出这个问题的答案。

婚姻初期,我就像妈妈一样,努力持家,刷锅、擦地,认真努力地经营婚姻。怪的是,我很不快乐,不觉得幸福;而我先生也很不快乐,看到他拖着疲惫的身躯回到家后,我总希望他能放下他拉长的脸,但却经常失望。我心想,大概是我抹地抹得不够干净,饭菜烧得不够好。于是,我更努力打扫卫生、用心做饭。可惜,似乎我的表现(performance)永远不够好,两人还是不快乐。

有一天,我正弯着那几乎直不起来的腰,忙着擦地板时,先生冷不防地说:"老婆,来陪我听一下音乐!"我不悦地说:"你没看到我还有一大半的地方没擦完吗?"这句话一出口,丈夫无奈又低头回去读他的晚报时,我自己却惊呆了,好熟悉的一句话!原来在父母的婚姻中,妈妈也经常用这样的语气与脸色对父亲说。我从没料到,我居然正在一幕一幕地重演父母亲的婚姻,也重复着他们在婚姻中的沟通互动模式和不快乐。我心中突然有所领悟了。我停下手边的工作,看着先生,想到我父亲。在婚姻中,他一直要的是专心的陪伴,但毕其一生却一直得不到。母亲刷锅的时间都比陪他的时间长。我走到丈夫身旁,和气地问道"你要的是……"丈夫放下手中的报纸,拍拍旁边的椅面,示意我坐下。我笑笑地坐下,我们有了一个好开心、好温馨的夜晚。

不断地做家事,是母亲表达对丈夫和对这个家的爱,是她维持婚姻的方法。她辛苦了一辈子,永不停顿地操劳家务。她给了父亲一个干净的家,却从未陪伴他。她用她的"忙做家事"在爱父亲。而我也用我的方法在爱着我先生,原来我表达爱的方式,是下意识从母亲那里学来或是从母亲身上无意中模仿而来的。我的婚姻,好像也在走向同一个情境和结局——"两个好人却没有好婚姻"。

心的解码
Decoding the Heart

　　我的领悟使我做了一个连我自己都吃惊的选择与改变。起初我得学会"努力"放下手边我满心想做得十全十美的工作。我常常主动坐到先生身边，尝试着陪他听那些原先我并不是很喜欢的音乐，聊天、爬山。我也偶尔买些他爱吃的南翔小笼包、羊肉串、烤鱼，在他疲惫地回家瘫在沙发时，陪他一边看电视，一边帮他捏捏酸疼的颈部。有次起床进厨房准备早餐时，突然看见一束玫瑰放在餐桌上，一张卡片上写着："感谢我心爱的老婆给了我这么幸福的家。心疼老婆为家务的操劳。以后我也要学着与你一起分担点家务。"我在泪水盈眶时突然发现，他也领悟到他也在修这个情爱关系很重要的学分——"以汝之需来爱汝"，而非"以吾之需来爱汝"。

　　远远地看着我搁在地上擦地板的抹布，我仿佛看到了母亲的命运。除了细心观察，我经常用开心的口气问问他："老公，你需要什么吗？"先生经常回答说："我需要你陪我听听音乐啊。哎呀，家里脏一点没关系嘛。对了，以后帮你请个保姆，你就可以多陪陪我了！"我看着他，突然觉得他像个小孩在撒娇，挺可爱的。我也像个慈母般轻轻拍拍他的脑袋瓜，像哄小孩一般，接着回答："我以为你需要一个整洁干净的家，有人煮饭给你吃，有人为你洗衣服……"我一口气说了一串我认为应该是他最需要的事。没料到先生接着说："这些事是很重要，我也很感激你。但是，那些都是次要的呀！我最希望的是你多陪陪我。"哇，我突然发现原来婚后我做了许多白工。这个结果实在令我大吃一惊。当我们继续分享彼此内心的需要时，才发现他也做了不少白工。其实，我们都深爱着对方，却只是一直用自己喜欢或自以为是的方式在爱对方，而不是以对方需要或感受到爱的方式在爱着对方。英语说"thought counts"就是"有这个心就够了"，可是，在经营婚姻或人际关系上，是不太正确，或是不太够的。爱，讲求的不但是自己的心意与爱意，也必须注重对方的解读与感受，也就是对方从自己的言行感觉到什么，而非自己一厢情愿地想用什么方式来表达。

　　自此以后，我养成一个新的习惯。我开列了一张"老公的需求表"，把它放在自己书桌前。他也列了张"老婆的需求表"，放在他的书桌上。洋洋洒洒十几项的需求,像是一个重要的备忘录,每隔一阵子就加以更新、补充……有些项目,例如"抽空陪对方听音乐"、"找机会抱抱对方"、"每天离家前彼此 kiss 拜拜"是挺容易做到的。可是,也有一些项目是属于比较难做到的,是需要学习、探索、努力才做得到的。例如先生常告诉我"请你多听听我的理由,不要老打断我或老喜欢给我建议"。原来我给他建议时的语气,会让他觉得自己像个笨蛋。男人最怕别人,尤其是心爱的家人,说他或暗示他"无能"。虽然我明白这是男人的面子问题,但我下定决心,学会努力克制这个因从小家人常打断我,使我无意当中学来的习惯。我学着不要老是纠正他或给他建议。除非他问我,否则我就只是倾听,学会男人很喜欢的女性顺服,其实,顺服不但没让我吃亏,反而让我得到丈夫更多的呵护与爱意;尤其是当他在开车找不着方向或发现他走错路时,除非在着急赶路,我也尽量在一旁安静地忍着,直到他问我该怎么走时,我才欣然告诉他该怎么走。这对我实在是一件不容易做到的事。但是,这个"任务"却比擦地板要轻松多了。

我们夫妻两人同时在一起学习"以对方感受得到爱的方式来满足对方对爱的需求"这个人生的新功课。在满足彼此需求的"感情账户"中,如同一个多进少出的存折簿一般,我们累积了更多的甜美与幸福的时光。我们的婚姻从此不但不再有过去那种容忍(endure)或受苦受难(suffering)的感觉,婚姻关系好像挖到了一个活水江河的泉源,让我们享用它所涌出来的甘甜无比的生命泉水,也像是一个健康成长的有机体,年岁虽然增长,体力虽然渐衰,但是我俩的内在却觉得越来越有活力,两人更加恩爱、亲密,更加享受彼此的关系。

我在忙家务事觉得累时,就会选择一些容易的项目来做。例如放几首轻松、浪漫的音乐给大家听听,或者规划一次外出旅游。有趣的是,我发现"到植物园散步"居然是我们共同的最爱。每次有点小口角,我们都会先静默下来,以不再继续争吵来避免冲突升级。过一会后,再抽空到植物园走走。每次总能好好检讨与分享,安慰彼此的心灵,开开心心地回家。因为,我们发现,当我们回到植物园时,心理就会感觉好像又回到多年前谈恋爱时相爱的心情。这就好像

心的解码
Decoding the Heart

《圣经》所说的"回到起初的爱"(refresh the beginning love)。

现在,我清楚地明白了父母亲婚姻为何无法幸福的根本原因了。原来他们都太执着于用"自己"的方法爱对方,而不是用对方喜爱或在乎的方式来爱另一半。结果自己付出了许多,累得半死,对方却丝毫没有感受到爱,最后面对幸福婚姻的期待和渴望时,也就心灰意冷了。

其实,只要方法用对,每个人都可以拥有和享受一个好婚姻。秘诀是"给对方要的"而非一直给"自己一心想给的"。好婚姻,绝对是可预期的。问出或看出对方"你的需要是什么"这句话像一把关键性的钥匙,能开启婚姻幸福之路。两个好人才会走上幸福之路。同时,我也由这个经历,领悟出家人与家人、朋友与朋友之间维持与享受和谐与良好"关系"之道。原来人际之间这个道理是相通的。

2. 乏味的婚姻——在中国常见的婚姻模式的案例:

小刘生长在一个很普通的家庭。父母也是一对普普通通的夫妻。小的时候看到父母都很努力地经营着他们的家。父亲全身心投入工作。母亲除了上班也负责打理大部分家务事。在外人看来,她的母亲贤惠能干,而父亲则是努力又负责。可是在家里,他们时不时会为各种琐碎的小事引发大的争吵。到青少年之后,小刘渐渐感受到家里的气氛经常是阴霾的,也知道了她父母其实活得挺不开心的。她开始不太喜欢回家,潜意识里希望眼不见为净,尽早脱离这个家,也一心希望自己能够早早结婚,有个属于自己的家。

刚刚成年不久,她遇到一个不错的对象,就答应了对方的求婚。婚前她对婚姻抱着很大的希望和决心。她告诉自己一定要给自己的小孩一个快乐的家,一定要做一个好妻子。婚后,小刘很努力地想扮演一个好妻子的角色。她对丈夫体贴、关心,总是把家收拾得干干净净,抽时间辅导孩子功课……最初丈夫觉得很幸福,很感激,觉得自己真是娶到了好老婆。

结婚三年后,夫妻彼此有些得不到满足的需求开始浮出水面。因彼此的繁忙、疲累与失去耐心,越来越缺少沟通与心灵分享的时间,彼此感觉到肯定的言语越来越少。他们不再浪漫地一起看电影、运动、散步,也没有了开心的交流,两人完全没有高质量的陪伴时间。肌肤之亲的时间也被繁琐的工作和家务、孩子的接送、功课的督促所取代。

丈夫偶尔想表达一下爱意而送一份鲜花或小首饰之类的小礼物给小刘。可是,对于勤俭持家的好妻子来说,那实在是奢侈、浪费金钱的举动。最后,丈夫努力想点燃的激情,一次次被妻子有意无意的冷水给浇熄了。然而,没有察觉丈夫渐冷心态的小刘,还是埋着头很努力地在用自己唯一熟悉的方式扮演着好妻子的角色,可是丈夫却越来越觉得家里像个冰冷的地窖,回到家一点意思也没有,丝毫感觉不到自己存在的意义,索性把所有精力都投入到工作中,一有空就找同事或往日的哥们儿打麻将或唱卡拉OK,让自己绷紧的神经好好地放松一下。他们的生活模式不但完完全全地重演了小刘父母的婚姻结构与性质,他们自己也完全不知如何走出这个"精神的死胡同"。

所不同的是,现代人对冰冷婚姻的忍耐力没有双亲那个时代的人来得坚韧与强忍。当双方不能满足彼此的需求到一定程度,婚姻关系由忍耐、不满到痛苦时,在这个物欲横流、诱惑极多的环境里,必然的发展与结果便可能是各自去找寻能够让自己得到满足的外人或渠道,最终导致了婚姻的破裂。

点评:

(1) 女人不坏男人不爱

一个好女人在一开始很努力地做着好妻子、好母亲,卖力地经营着自己的婚姻。可是为什么很多婚姻最后还是走到了尽头或是过着如地狱般的生活?难道真如世人所说的"女人不坏男人不爱吗"?从一个幽默或是新的角度来解读或实践的话,这句话也许有些道理。现代的男人喜欢的女人其实是——能把自己的缺点看成特点加以赞美或肯定,结果不但增加男人的欢心与自信,还促使自己志得意满地主动去改掉自己的缺点的女人;不要满心只有小孩或工作的

女人;哪怕家里乱一点也无妨,偶尔能够放下家务,陪自己去散散心或浪漫一下的女人;偶尔不需那么节俭、开心并感动地接受丈夫送来稍带奢侈、不太实用的小礼物的女人。为何这种女性特别值得丈夫珍惜与疼爱?因为这满足了每一个人对爱的五种需求——肯定的言语、高品质的相处时间、贴心的服务、精心的礼物、肌肤之亲。

(2) 慷慨的存款

夫妻间要想享受人间最甜美的亲密与和谐是需要学习与努力经营的。与其去揣摩在这五种爱的言语中,对方在目前的阶段最需要哪一种爱的语言,不妨就"慷慨些",轮番每样都给。这种在彼此的"感情账户"中尽量存款是天下最好的"投资"之一,不但确保包赚不赔,还能够带给双方身心愉悦的美好享受。

(3) 恩情大事志

前面提到夫妻发现经常到植物园散步帮助了他俩"回到起初的爱"。笔者特别感同身受,也身体力行。婚后的激情逐渐消失是常态,但是用自己的爱心再去点燃双方的爱与激情也是很重要而且可行的功课。如何让彼此,至少让自己心理找回、回味、维持与享受当年热恋时的"爱的感觉",笔者个人的创意与经验是每隔一二十天便写给爱妻一封按次序编号的情书(love journal)。这种"情感的日志"与婚前以华丽辞藻、海誓山盟为主的情书在内容、形式与目的上最大的不同与特色是:

① 其实这是"爱的周记"或"借着记载日常生活中的大事与所获得的心得来表达爱意与感激"——将这一二十天来家里或夫妻间的"要事"简要描述,接着把双方如何能有更好的沟通、相处,所学习到的心得写下来。对于一些不同看法也提出说明。彼此如果有所冒犯则加以道歉。对她在生活当中的扶持、慰藉、家务、理财、公婆相处的努力,从心里表示敬佩、支持与感激。这种日志会使自己成为更好的人,也会使对方变得更好。

② 夫妻的感情有爱情、激情、恩情三个要素。用笔记下这些事,为的是今

后,不管是一年、十年还是三十年后,总可以拿起来重新阅读。那时一来可以回味这些酸甜苦辣的时光,也有助于牢记彼此的恩情,更能够再次沉浸于美好的感觉当中。这就是《圣经》为何如此强调夫妻要找回那起初的爱的重要与实际做法。

③ 婚后,维持一个家固然会为了事业打拼、人际维系、家人相处、孩子教育、家务财务等事而忙得不可开交,甚至筋疲力竭,但借着这种日志,会经常提醒自己,健康的情爱与亲密需要努力经营与维持,这样不但可以使婚姻保鲜,还会愈发香醇。

第二节 性别管理——男女有别知多少

冲突因误解而生,误解因差异而生。差异包括年龄、种族、城乡、宗教、出生年代、个性、原生家庭、出生次序、文化、性别。在亲密关系中,性别差异有时的确会伤害亲密关系,是不是一段幸福的爱情一定取决于双方差异的大小呢?性格不同的人,就无法拥有幸福的爱情吗?性格相同的人,就一定会拥有幸福的爱情吗?让我们先来了解男女性别的差异,再来探寻问题的答案吧!

1. 性别差异

男性较有"工具性"心理特质(instrumental traits)——目标取向、逻辑理性、富冒险性、攻击性。女性多具"情感性"心理特质(expressive traits)——关系导向、温柔感性、善解人意、会照顾人、富有同情心。

以下是在男性和女性群体中提出的问题,来看看男女是如何回答这些问题的。

问题一:异性带给你的最大困扰是什么?

女方观点:男人不沟通,不会倾听,要面子,缺乏同理心,与异性的相处容忍

度低(男性不喜妻子与别的男人多往来),大男子主义倾向(爱面子、要肯定、不承认错、不让女人事业强、强势),不会安慰人、只想提供问题解决的办法,嘴上说要帮助却无行动,好色,受挫时不懂得倾诉与分享感受,只会烦躁、拉帮结派,只会以哥们儿的事为重……

男方观点:女人沟而不通,不讲道理,不认错,话多却不太有理,啰嗦唠叨,善变,心事难猜,情绪化,不愿给予对方多些的自由空间,控制欲强,老爱说"我不讲你也应该知道我需要什么!"令人丈二金刚摸不着头脑,实在不知她到底要什么,一心讲求自己在心爱的人心中占首位、被爱、不大度、爱计较小事,生理周期火气大(来前不好、来后也不好)……

问题二:女性最可爱的特质有哪些?

男士观点:善解人意,会倾听,撒娇,安静,会照顾人,体贴,傻气,单纯,小鸟依人,外表娇美,内心通情达理

女士观点:感情细腻,易满足,孩子气,优雅

问题三:男性最可爱的特质有哪些?

女士观点:举止像绅士,体贴,幽默,会哄人,专一,担当,爱心,大度,胸襟宽广,负责任

男士观点:给人安全感,渊博,事业成功,身体健康

问题四:女性比较需要什么?比较容易从什么方面感受到爱?

女方观点:女性需要赞美与感谢,肢体拥抱,安全感,多给予支持,关爱,爱的行动,礼物,陪伴的时间,包容,倾听

男方观点:女性需要爱,关注,抚慰,照顾,倾听唠叨,肯定所做的一切,多花心思在表达五种爱的语言,记得并庆祝纪念日与一起经历的事情,让她知道很被在乎甚至居于首位

问题五:男性比较需要什么?比较容易从什么方面感受到爱?

女方观点:男性需要给他肯定,自由空间,自尊,崇拜感,理解,照顾

男方观点:女人温柔、心细点,激情,妻子能忍受与处理好婆媳关系,关心他

父母,能帮忙承受压力,尊重,赞扬,顺服,看透不点透,信任,照顾生活起居,朋友义气,空间

点评:很多男女的差异是天性,很难改变,只有靠相互理解与磨合来达到和谐。进一步了解男女性别不同造成的差异,更能促进沟通与相处上的和谐。差异具体表现在:

(1) 男人较喜在专业或公开场所交流;女人则是喜欢在非公开的私下场所交流。

(2) 男人较理性客观,强调证据;女人则注重感性,对个人的影响。

(3) 男人在共同活动中增进感情;女人在共鸣中增进感情。

(4) 男人在沟通中重在收集信息,在辩论中获得资讯也赢得尊敬;女人则重视私人情谊。

(5) 男人在沟通中逐字逐句挑毛病;女人偏向暗示、笼统地表示自己的看法。

(6) 男人较不受第一印象影响;女人则相反。

(7) 男人会将不满直接讲出;而女人会用发问的形式表达不满。

(8) 男人会想明白再说出看法;女人会脱口而出,习惯边讲边想,边获取对方看法。

(9) 男人情绪察觉力较差;女人会很留意情绪变化。

(10) 男人的自我价值建立在事业成功上;女人的则建立在爱的联结和家庭上。

(11) 男人权力欲强,重视上下的掌控关系;女人较重视平等、群体相接触的关系。

(12) 男人最怕被羞辱与被看为无能;女人则怕被抛弃与失去所爱的人的爱。

(13) 男人看到别人有困难,会急着提出意见,较不会去顾及对方的情绪或安慰人;女人较懂得倾听、理解、同理心。

（14）男人遇压力时,很需要有自己的空间,女人却急着想来陪伴;女人遇压力时,很需要找人来倾听与理解,男人却顾不得听,而急着给出解决办法。

（15）男人决策时重时限、权限;女人重视大家有无机会发言与相互融合成决议。

（16）男人希望被无条件接纳——做错事仍被接纳;女人希望在所爱的人心目中居首位。

（17）男人借着事业的成就和表现建立自尊——自我定义的成功,女人更重视的是关系上的成功——有没有有意义的爱的连接,是非常重要的事情——亲密连接的需要。

2. 处理差异与冲突

亲密关系中遇到差异与冲突是不可避免的,如何处理冲突才是关键。临床实证研究表明,夫妻间差异的程度并不能预测离婚率。一般人普遍认为男女之间存在相当大的差异,但分析表明,性别差异实际上却很微小。男性和女性并非来自不同的星球。一段幸福的爱情,与彼此的性格是否相同关系并不大,关键是双方懂不懂处理差异和冲突。

研究表明,快乐夫妻与离婚夫妻吵架的次数差不多,并且吵架的主题不外乎是关于金钱、子女、性关系、娱乐、人际、婆媳等。此外,快乐幸福的夫妻也不是所有困难都能迎刃而解。Gotman实证研究表明,婚姻关系中有将近69%的问题是无法改变或无解的。比如,妻子性子急,丈夫却是个"慢郎中";或两人一个外向一个内向,一个很感性一个很理性等。这些差异可能一辈子都很难改变。但快乐夫妻懂得与差异和平共存,把差异变成生活的调味料。有差异并不可怕,只要能够以彼此的信赖、尊敬、珍爱为基础,好好沟通、理解、磨合,任何里外的危机皆可化解为机会,每经一事反而使亲密关系更上一层楼,享受更加美满的关系。

先解决心情,才能解决事情

人与人的冲突很少是跟事实有关的,大部分都是跟一个人对这个事实的解释、角度、看法和双方的价值观有关。很多夫妻是赢了理,却伤了情,最终破坏了二人的和谐关系,还是输了。根据 Dr. MacLlean 1964 年的研究,人脑有三大部位:① 脑干(brain stem)掌呼吸、睡眠、心跳、消化系统等。② 情感的脑(limbic system),管沟通、信赖、情绪、人际关系。③ 理性的脑(cerebral cortex),掌逻辑、思考、理性分析等,使工作的效率或生产力更理想。情绪的脑常把遇见的人自动分为朋友或敌人。如果你常常按到别人的情绪按钮,对方的情绪的脑就会把你当成敌人。所以,学会看懂别人的情绪按钮,情绪的脑就会把你当成朋友,你就会成为让别人放松、兴奋的人。

有效解决冲突,需要有弹性和创意的因应。绝大多数的夫妻在冲突当中努力想要改变对方。殊不知,有时效果会适得其反。越想改变对方,对方就更变本加厉地坚决抵制。了解性别差异,当然首先要避免过度刻板化地说男人就是什么,女人就是如何。两性大体差异只是作为一个参考的角度,来正确了解个体行为模式和促进人际互动,并有效运用情感存款和处理冲突。它可以帮助辨别对方的情绪按钮,以便更好地适应对方与满足对方的情绪需求。

第三节　经营情感账户

1. 情感账户(relationship bank)

Willard Harley 提出了爱情银行(love bank)的观念。根据这一观念,人与人之间的心灵里,都存在着"情感账户"。用银行中的存款与取款来比喻人际关系中的相互作用。当我们的言行让对方开心,觉得被欣赏、被肯定或感受到被

Decoding the Heart

爱时,就是往情感账户里存款,它可以建立关系,修复破裂的关系;反之当我们的言行让对方感到痛苦,被批评、被误解或被伤害时,就是从感情账户里提款,它使得人们的关系变得疏远。如果存款丰厚,如同《圣经》所言,"爱能遮掩许多的过错",使大事化小、小事化了。如果出现空头账户,或是赤字连连、债台高筑,则任何小错都可能被放大变成大罪,小冲突变成大冲突。这就是我们常说的"没有关系,就什么都有关系;有了关系,就什么都没有关系了。"

"他每天买一堆垃圾回来,可我要的东西他一样也不买。""他每次出差都会到商场随便给我买几件很贵的名牌衣服或者皮包回来,他以为这样就可以弥补他对我的不关心。根本不用心,不知道我的需要。"男士们如果听到太太讲这样一番话,会不会气愤到晕,委屈到吐血?可是这的确是某些女人的心里话。大家都觉得委屈,问题出在哪里呢?送礼物,希望对方开心,以为自己在感情银行里存了款。可是对方的解读是,你做的是她不需要的事情,你不知道她的需求,代表你对她没有用心,对方感觉受伤,反而从感情银行里提了一大笔款。

生活中点点滴滴的事件都会改变亲密关系中情感账户的收支状况。人际关系里除了要彼此多欣赏、表达关怀,更重要的是用正确的方法和语言在正确的时机来表达,这样才会"存一进十"。"投其所好",而不是"给己所要"。举个例子来说:小王非常口渴的时候,小萧递来一个馒头,因为她自己那时正好肚子饿了。试想,就两人的感情账户来看,这是存款还是提款?从小王的角度来看,这不是他想要的东西,他感觉到自己的需求不被了解,进而感觉到自己不被重视。这个事件在他俩的关系中很容易成为一个提款。小萧可能会觉得冤枉,因为她给小王提供了服务,但小王却没有感受到这份礼物。所以,我们要爱别人,就要用别人懂的语言。如果小萧这时递过来的是一杯水,那就是"雪中送炭",小王一定是感激不尽。

笔者在中国做过一个一百对夫妻的口头调查,发现这一百对夫妻间最常见的小矛盾是:丈夫在原生家庭和社会环境中受到的教育是"君子远庖厨",认为应该男主外女主内。妻子认为现在的社会夫妻都上班,家是大家的,家务事应该分担。古语说:"清官难断家务事",也就是说家事是分不清对错的。用现代的话来解释就是说:家是谈情的地方,不是讲理的地方。且不论谁对谁错,从情感上来分析:妻子的需求是丈夫帮忙做家事,也就是说丈夫这时表达爱的最佳语言是服务。饭后洗洗碗,清清垃圾桶里的垃圾,抹抹地板……做做这些在平时看起来不起眼的小事将会达到存一进十的效果。如果能加上一句"老婆你辛苦了,很高兴能帮你分担一点家务",这句话的效用将是"存一进百"。反过来说,如果妻子能少一点抱怨,抓住时机也用鼓励来存款:"老公,第一次洗碗就洗这么好(地抹得很干净……),你真是太棒了。谢谢你这么体贴我。"老公的付出得到了美好的回应,从中得到了乐趣,下次自然更努力地去做。妻子也会更感激,也愿意努力去满足丈夫的需求。一个甜美的存款循环就在家里形成了,家里情感账户丰丰满满,一个经得起感情的"金融风暴"的家庭就建立起来了。

存一进十的另一个关键是看到对方有需要的时候去存款。举一个简单的例子:丈夫做错了事情,觉得很心虚、理亏。妻子的反应通常是趁机好好教育丈夫,希望他下次吸取教训。有时妻子因丈夫的错误造成的损失而气愤,趁丈夫理亏借机泄愤。有一种妻子却懂得利用这个时机大大存款,不但不埋怨,反而体贴安慰对方。有一位友人带刚认识不久的女友出游。两个人住在深圳,第二天一大早过海关去香港会其他朋友一起去迪士尼。到了海关,才发现自己把护照忘在了旅馆里。朋友很尴尬,不知所措,顿时满头大汗。女朋友淡定地说:"你回去取,我先去跟朋友会合,免得他们急。然后在约定的地方等你来。"回到酒店来回要一个多小时的车程。朋友匆忙往回赶,路上心里七上八下,着急又担心,觉得女朋友对自己的印象一定大打折扣,等一下一定要被骂了。这时,手机叮当一声,进来一个短信,内容是:"我马上过海关了,到时电话收不到信号。千万不要急。多一个小插曲,更丰富了我们旅游的内容。"朋友的眼泪涌进眼眶。他说,那一刻他决定要娶她为妻,一辈子好好疼惜保护这个女人。这一对智慧的懂得把握时机存款的夫妻结婚多年,直到现在也是情感上的富翁。

2."存款"

前面提到五种爱的语言,我们去"爱情银行"存款时,也要学会正确、恰当地使用爱语。如果对方的爱语是高品质相处时间(quality time),我们就要花时间和兴趣,专注地陪伴对方,表达理解和接纳。如果对方的爱语是精心的礼物(gift),我们就要找合适的时机送对方真正喜欢或需求的东西,切忌不顾对方的感受,按自己的喜好送礼物。如果对方的爱语是贴心的服务(act of service in need),就要多多用行动表达关爱。如果对方的需求是肌肤之亲(physical touch),那就要留意眼神和肢体语言的诚意和亲密,亲密爱人之间日常的拥吻和性爱就会极大满足对方的需求。如果对方的爱语是肯定和赞美(words of affirmation),就要学习公开地"存款"和告白,表达感激和欣赏。

赞美是所有沟通的基础。它可以打开对方的心扉,愿意听和接受所说的内容。小时候我们常听到这样的话:"宝贝乖,来,妈妈跟你说……""宝贝吃得真多,真棒,来,再吃一口"。经验告诉我们,要小孩子更愿意倾听,要先赞美。成人又何尝不是呢?不管多大年纪,被亲近的人赞美的需求是不会改变的。感激和欣赏是鼓励对方满足我们自己的需求的动力。"老公,谢谢你上班这么累还帮我洗碗。你真体贴,是全世界最好的老公。"懂得说这句话的女人是有智慧的,她的丈夫可能每天抢着洗碗。

男女有别,下面的几项劝告可能可以帮助我们更有效地往感情账户里存款。

(1)给男士的劝告:

① 多听,多分享情感(不要急着给建议)

② 多赞美、感谢

③ 有品质的拥抱

④ 主动帮忙做一些家事

⑤ 记住节日、生日(让她知道她在你心中)

⑥ 抓住她的心——女人跟着感觉走

（2）给女士的劝告——如何善待丈夫：

① 赞美、鼓励

② 多接纳

③ 多了解自己的需求，并让对方知道

④ 参与他的活动——男人重视一同活动

⑤ 拥抱

⑥ 抓住他的胃

第四节　克服七年之痒——月晕效应

1. 月晕效应与七年之痒

双方在热情、浪漫的激情慢慢消退之后，能在亲密关系的旅途中，学习面对自己与对方良好或较糟的特质，调整心态，越发接纳、欣赏对方，相濡以沫，其实是可以白头偕老，过上幸福和恩爱日子的。

月晕效应是指当我们初步认识一个人，还未深入了解这个人时，可能已经被他的某种突出的性格特色或言行特点所吸引，以至于选择性或下意识地忽视了其他特点或品质，这就如同明亮的月光使周围的星斗失色，人们容易被月光吸引，而忽略了周围闪耀的星光。

七年之痒是指亲密关系的时间长了，不一定要七年，或长或短，可能只要一年、两年，新鲜感丧失，恋爱时掩饰或被忽略的缺点已经充分地暴露出来，于是，情感的疲惫或厌倦使亲密关系进入了瓶颈，如果无法选择有效的方法通过这一瓶颈，亲密关系就会终结。

情侣在热恋阶段特别容易产生月晕效应，眼里看到的全是对方的优点，但到了七年之痒，情况就算不是完全相反，至少不及热恋期那般美好。这是一个

心的解码
Decoding the Heart

怎样的过程？我们可以从"梦中情人"、"准情人"到情侣或夫妻间的情感变化过程,来探讨这些心理现象。

第一,一个人会特别喜欢另一个人或是被某人吸引,往往是反射出自己内心深层的情绪需求。这叫做吸引力法则。

第二,这些需求大多源于孩提时代一些未被满足的需要——幼儿的三大需求是安全感、被珍爱与重要性。开始寻觅人生伴侣时,人们通常不会察觉,其实自己真正在追寻的,是能够从亲密关系中得到可以满足这三大需求的东西。事实上,在每段亲密关系的背后,是我们的灵魂在运作着,引领我们去体验灵魂上的满足。

小君童年时有一次不小心把狗链弄丢了,父亲勃然大怒,打了她耳光而且把她骂得狗血淋头,足足骂了一个多小时。打耳光还不要紧,痕迹当天就褪去了,但心灵的创伤却不会这么快痊愈。小君希望父亲原谅她、爱她,但父亲并没有。小君好难过,简直心都碎了。当小君长大成人,开始选择伴侣的时候,她就很想找一个关心她、体贴她且宽容她的人,因为只有这样,小君才能消除孩童时留下的恐惧,心灵的创伤才能得以治愈。

第三,这些幼童年未被满足的深度需求往往成了构筑"梦中情人"蓝图的骨架。我们深信这个梦中情人会满足自己最深、最主要的需求。我们会以"梦中情人"具备的各种特质作为寻觅伴侣的准则。在潜意识中,把现实生活中的准情人与从小的梦中情人相比,选出最相似的作为追求的目标。随着年龄增长,梦中情人的蓝图虽然变得越来越复杂,却也好像越来越清晰,当然自己的期望也越来越高。

小阳是一个男孩,有一个事业成功、有能力的形象高大的父亲和一个温柔贤惠的母亲。从小他就崇拜自己的父亲,希望将来像他一样出色、有魅力,受到别人的肯定。于是他构筑的"梦中情人"是一个识大体、贤惠、能支持他事业的女人,随着年龄增长和阅历增加,他知道这样的女人大多受到良好的教育,具备善良的品质,于是他的梦中情人的蓝图变得越来越复杂,期望越来越高:她最好是重点大学毕业的、家教好的、性格和善的、会理财和处理家务的……这样的她,他相信能够像他的母亲所做的那样,帮助他成为像父亲一样的出色的人。

第四,遇到或选出最中意的目标后,在追寻与追逐配偶(mating)的本能驱动下,接着会展开尽力表现、努力追求与刻意讨好的行动来猎取"猎物"(courtship)。例如,男士遇到自己心仪的女士时,会开始请她一起吃饭、喝咖啡、看电影、跳舞、运动或聊天,千方百计地制造两人相处的机会,以期表现自己最好的一面,甚至刻意地让对方认为(impressed)自己拥有某些能力、魅力或特质,来赢得对方的好感。

以男性寻偶为例,大多数人一直在寻寻觅觅的异性,应该是一个能让自己觉得在她心目中很特别、能够弥补自己不足与满足自己渴望的女性。荒谬的是,为了吸引这位特定的对象,最后让她投怀送抱,往往在本能或下意识里,觉得自己必须遮掩自己的缺点,展示良好的一面才能赢得芳心,便会"伪装"成自己拥有那些需要异性伴侣今后相处时来弥补自己不足的素质。比如,个性内向、较悲观、缺乏自信、非常需要别人肯定的A男,遇见了积极乐观、开朗活泼、充满活力、自信满满、善于表达的B女,一下就被她的特质所吸引,觉得跟她在一起充满欢笑、阳光灿烂、世界一切真美好。其实这就是吸引力法则正在发酵与起作用的结果。事实上,B女不太可能被一个没自信的男士所吸引。可是,

偏偏A男不但喜欢与B女在一起，在相处之后还越发明白若想赢得B女的好感，最重要的是多去表现自己乐观开朗、自信满满的一面。即便没有这种特质，意识或下意识里也会将自己尽量表现成一个充满自信的人。麻烦的是，B女长年以来已经领悟到只有多展示开朗乐观的一面才能吸引到与自己同质性的优秀男性，于是与A交往期间双方就尽力在展示自己积极乐观、开朗大方的一面，一则令A男更加深坠爱河、无法自拔，一心要追B女到手方能罢休，二则B女便更难好好观察与理解对方真正的一面。这种互动关系，恶性循环，成为了月晕效应必然发生的始因。这种使另一方误以为自己拥有某些良好特质的行为，有时并非是彼此的故意欺骗，但却埋下了日后指控对方是"爱情骗子"或指责对方婚后变成另一个人的隐患。

第五，进入较深层的交往，也就是双方给出承诺（commitment）或爱的誓言（vow）后，除了享受亲密与甜美，便可能开始借由明示或暗示的期望与要求，着手将这位现实中不太完美的对象改造成心中的理想情人。虽然人都对自己的爱与付出深信不疑，但也相信只要伴侣能变得和你的梦中情人一样，自己就能得到这长久以来所渴慕与需求的爱。我们深信如果对方"真心爱我"，就一定会顺从与配合自己的这些需求，从而不断地向伴侣提出各种改变的要求。

二十岁那年，小凯的梦中情人已经成了二十年来累积渴望的综合体。她像个温柔的慈母，能时时呵护、保护、爱护自己，亲切又善解人意，有时如同那位心仪的初中老师般性感，有时又具有高中同班女同学的活泼与幽默，咯咯的笑声简直是天使的化身。她代表了小凯情绪和心灵上的所有欲望与渴望，小凯经常梦想着与她手牵手，不发一语也心有灵犀，漫步在乡间小径，听着淙淙的流水声，好幸福、好安逸。

但是,在现实的世界里,每次小凯遇到稍具吸引力的女性并开始交往后,总会困扰地发现她们都只具备这位梦中情人一两项的特质,很少具有三项以上的,符合所有特质的女性从没出现过。在梦中情人出现之前,小凯先是耐心地等候,但最后生理与心理都等不下去时,便会走向人类有恋爱史以来,绝大多数人都会选的模式——先选定一个条件稍稍符合的候选人,然后进行改造计划,尽量让她变得和自己的梦中情人一样柔情、善解人意、性感、聪敏……在还未能将对方塑造成心中理想伴侣之前,已经渐失耐性与盼望,加入了"婚姻乃爱情坟墓"俱乐部,有人索性放弃了这种下意识里"骑驴找马"的努力,在网恋、办公室同事或社交圈里去找寻能够迅速带给自己幸福与欢乐的另一位候选人。

最后,这些人终究会发现,对方并不能完全满足自己深层的需求,因而感到失望、愤怒,甚至怨恨。接着,这个负面亲密关系很可能就进入了月晕现象的第二阶段——情感与渴慕的幻灭,也就是所谓的"七年之痒"。

2. 如何克服七年之痒

每个成年人都是欲望未被满足的小孩。经验告诉我们,人之所以感到不开心和失望是因为自己的期望无法得到安抚。期望的目的是要让需求得到满足。我们需要某样东西,一定是因为自己没有;当没有某个人来满足我们的需求时,我们就会觉得这个世界没有供给我们足够的爱。

小时候,父母必须来满足我们的需求。长大以后,我们的伴侣便被寄予期望——满足我们孩童时的需求。因此,想要顺利度过七年之痒,我们要做的是:

(1)觉察自己深层的需求

觉察之后,我们可以做出更多不同的选择,不会再像过去那样,被下意识自动化的反应所控制着;换句话说,我们将逐渐成为自己情绪的主人。

没有觉察的人,生命就像个机器人一样,这个机器人里面的程序,就是他的潜意识,从小到大所累积的经验,就是他的软件设计师。他身上有许多按钮,如果碰到了解这个程序的别人或是所谓的"专家",只要按下红色钮,这个机器人就开始生气;按下黑色钮,就开始悲伤难过;按下灰色钮,就开始沮丧。

心的解码
Decoding the Heart

有太多没有觉察的人,他们的生命就像这个机器人,被过去的经验控制着,当外界的某一言行或情景触碰到他的某一个点时,就起了某种自动化的反应。

生命潜能之旅从觉察开始,将逐渐深入自己的潜意识,重新做出选择——带着意识、带着觉察来做选择,我们将逐渐感觉到身为一个人的尊严,而不是像个机器人,总觉得生命里有许多无奈,不得不如何,因此当自己走上觉察之路、走上生命潜能之旅,开始锻炼觉察能力后,便会发现自己的生命有越来越多的选择、越来越多的可能性,而更多的选择将为自己带来更多的自由与自在。而一个拥有真正自由的人,会了解自己生命里的每一个结果都是经过自己的自由意识的选择,这样的人,将不再怨天尤人,不再将责任推给环境和别人,他会为自己的思想、情绪、人际关系、生命里的每一个结果负起责任,这样一个负责任的人,也不会让身边的人感到压力,如此不但自己得到真自由,身边的人也自由了。能与这样的人在一起,会感到无比舒畅。所以"觉察"是生命潜能这条道路的一个起点。

比如:我们希望伴侣记住自己的生日,其实是为了满足自己某些情绪上的需求。我们并不是真的要伴侣记得生日,而是向他们确认自己是被喜爱和被尊重的。

小强和女友约七点见面,她却八点半才来,小强觉得很不高兴,但真正的原因不是她迟到,而是她让小强觉得自己不够分量、不是她心中最重要的人物。专注在守时这个问题上,只不过是给小强一个对她发脾气的借口,而小强真正的需求仍然没有得到满足。当小强自问:"我真正想要她给我的是什么?"小强才发现,他希望女友觉得自己很重要,重要到她应该愿意为了他而守时,甚至早到!

如何觉察自己深层的需求?我们参考心理学中的建议:借着意向、想象力和直觉。意向是我们把注意力往内心集中,试着去感知自己的内心思想和情感。因此我们可以直接问自己:"此时此刻,我究竟想要对方给我什么?"当你专注于自己的思想和感觉时,借由想象力和直觉,你就能够以一个旁观者的身份察觉自己真正的需求。

潜意识就像一座冰山,是无限宽广而深厚的。冰山所露出来的一角,仅仅是表面上能够看到的一个行为。所以觉察要往深处去探索:观察自己的行为,然后看看是什么思想模式造成这种行为;在思想的下面还有所谓的感觉,比感觉更深的地方有情绪,比情绪更深的地方有渴望、欲求的失落或满足。

每当小敏和男友吵得不可开交时,她就会选择离开,而她的男友对她的离开却置之不理,这让小敏的心里很不舒服。若小敏想要觉察自己的深层需求,先要觉察到"男友对她置之不理"这个行为,进而就可以往更深的地方去看,当小敏独自离开时,她的头脑里浮现的是:"唉,我在他心里一点都不重要,算了吧!"然后小敏可以问自己:"伴随这个声音出现的是什么感觉?"于是她觉察到了无奈、不满、委屈、挫败等。继续觉察,小敏可能会发现其实自己有些愤怒与悲伤。这时候,便已经进入了情绪的深度。当小敏再往更深处去觉察时,她发现自己渴望的其实是能够被男朋友认同、需要、赞赏与尊重,这才是她深层的需求。所以,在小敏离开的一刹那,若她的男友能从身后一把抱住她,并温柔地对她说:"对不起,刚才是我态度不好,可能有些地方错怪你了。"那么男朋友对她的需要和尊重就满足了她深层的需求,试问小敏还会像之前那样感到无奈和悲伤么?

但小敏的男朋友若是不知道她的情绪需求,又怎能懂得从背后一把抱住她呢?所以,在了解自己的情绪需求后,接下来要做的就是——

(2)告诉对方自己的需求

情侣们争吵时通常会碰到"跟你讲,你会离开;不跟你讲,我会离开"的困境。如果一直选择逃避,亲密关系终结的可能性更大。真正愿意与你天长地久

的人更有欲望去改善两人的关系,就像亲身父母对待自己的子女一样,子女犯错会给予指正,而继父母通常不会。所以,标明自己的情绪需求在亲密关系中显得尤为重要。如何标明?可以参考以下步骤:

① 首先,我感谢、欣赏你。目的是为对方创造一个安全的环境,使对方愿意听,同时自己有机会表达感受,从而得到医治。

另外,合适的时间、合适的表达方式同样重要。不要说"你今天让我很难受",而是"我谢谢你,我很感激你,我很喜欢"给对方创造一个安全的环境,让对方愿意去听你讲话。没有人愿意听指责。发生矛盾通常是否定人的观点,感觉就像否定这个人,所以他的心门是关闭的。人们跟陌生人打交道的时候会更懂这些,但是跟家人说话的时候反而很少这样,但这却是很重要的沟通方式。当别人愿意听你讲话时,你才有机会得到心理的疏解。

② 描述事件的情境。要求客观描述而不要加入主观论断,如同被摄像机录像,不要加入思想活动。因为人们的情绪和话语会相互影响,过多的主观论断容易引发出新的争吵。如果你是倾听者,要尝试尽量选择对方话语里正面的、自己赞同的部分,而不要攻击对方讲得没道理的部分。

小敏和男友去买东西,中途发现忘拿购物袋了,男友决定回车上拿。就在小敏排队准备付款时发现男友也正好从超市入口进来,就叫了他一下,男友摇了下手后继续往前走,小敏就继续交钱,结果交完钱男友还没有回来。由于东西没有打包,后边的人无法付款,导致排队的人越来越多,这让小敏很是尴尬。等男友回来时小敏发现他又拿了4罐可乐,但之前已经拿了6罐,小敏心里很生气:为什么为了去拿可乐就把她尴尬地晾在收银台。男友解释说:"我不知道你在那等,我以为你要重新排,我以为我有时间去拿。"但是小敏却没有感觉到她男友所感觉的,小敏只觉得男友很奇怪,明明有6罐了还要去拿,而且还让她在那里很尴尬。

> 第四章
情感管理——打造幸福亲密关系 >

当两个人基于不同的目的在交流时,很容易冲突。其实小敏的男友只要说声"对不起,我当时那样做确实让你很尴尬"就没事了,而不是拼命解释自己的理由。没有人喜欢做蛮不讲理的人,要的只是对方理解自己的感受。因此描述事情时,不要把自己的思想加入,当加入了对方不知道的事情的时候,就有指控的嫌疑。争吵通常都是由小事引发的,但若翻起旧账就会变成大事。这就是不懂得控制谈话内容和交流的范围。倾听者一定要试着去发现对方积极的部分,不要挑对方的刺,不要随时准备好去反驳和辩解。不管是伴侣、朋友、父母还是上级,都要学会从谈话中听出好的东西,不要从谈话中听出不好的东西。若总是听出别人不完美和挑刺的地方,自己也不会快乐。精力总集中在别人的缺点上,自己也会活得很辛苦。相反,养成关注优点的思维不但有助于交际,更会让自己生活得快乐,让自己变得可爱。

③ 以情感词汇标明感受。采用"我觉得……那感觉好像……"的句式,能加上语言图像效果更佳(例如像热锅上的蚂蚁,痛得像被火车碾过去一样,压力大得像被勒住喉咙无法呼吸一样),目的是让对方感同身受,得到对方的理解。

不讲出来对方是不会懂的,讲出来后对方会更容易理解。对任何一个人来讲,能够标明自己的感觉感受,更容易让自己恢复。说不清道不明的时候会越来越难受。写下自己的感受会觉得舒服一点,所以要学会用情感的字眼描述自己的感受。

④ 我需要的是什么。目的是让对方清楚地了解自己的需求。

连父母都不见得了解自己想要的,更何况只交往了几年的男女朋友。不要说"你跟我交往了这么久,你还不知道……么"。不管交往多久,人所想要的不可能全部被别人知道。

情人节当天公司所有的女同事都收到了老公送来的鲜花,而小敏却没有。晚上回家后老公送了个钻石给她,小敏却不见得会比在公司收到鲜花开心。因

心的解码
Decoding the Heart

因为小敏需要的是面子,更贵重的钻石不见得能弥补那时候的损失和需求。所以要告诉对方你需要什么。

人们在情绪上的需求需要得到满足。就像不小心拿刀刺了别人,他知道你是不小心,但不代表他不痛。不要说"你都知道我是不小心的了,干嘛还要这么大声喊痛啊"。此时不要急着去辩解。不管怎么解释,对方的受伤、难过已经造成了。要学会情绪上的处理,懂得别人在情绪上需要什么。

但很多人也会想"争着不美让着有余",感觉说出来就不浪漫,就没有默契了。试想在冲突的时候,都有矛盾了还能考虑浪漫么?更何况现在的不浪漫是为了将来的更浪漫。为什么谈过一两次恋爱的男人更懂女人心?默契能增加美好,这需要平时的探索与积累。

⑤ 关系目标。"我希望我们俩的关系能……"以建立共同目标。

目的是让对方知道自己希望下一步会达到什么样的默契,会达到什么样的境界。让对方感到两个人是站在同一条战线上。遇到问题两个人也会共同努力解决。例如,"我希望我和你的关系更融洽、彼此更了解,希望我们能够白头偕老。"双方在一起就一定要寻求一个好的关系,因此设立一个共同的目标一定是有帮助的,目标的设定要考虑对方的需求是什么。

⑥ 承认自己错误的部分,并为此道歉。先看到自己的不足,以此来邀请对方,共同努力看到各自的不足。即使觉得自己的错很少,也要先讲出,起到抛砖引玉的作用。在给对方一个暗示和邀请的同时也反省自我。

⑦ 我下次可以改进的是什么。表示自己愿意为共同的美好关系先付出努力,珍惜彼此的关系,让对方感觉到被爱和被重视。目的是增加对方为自己需求而改变的几率。不要急着去辩解。要告诉对方"我珍惜我们之间的关系,我愿意为你去改变",让别人感觉到被重视。

⑧ 我需要你为我做的是什么。没有前面的铺垫,对方马上会有逆反心理。谈恋爱的人总认为可以慢慢改变对方,尤其是被追的女方往往有一种优越感,

好像自己可以改变天下似的。其实人是不容易被改变的,除非他感受到爱,觉得很安全,想在你的面前表现得最好,想变得更好。伴侣的行为有时在婚前婚后差距很大,人都有惰性,只有感觉到爱时,人才会自发地改变。

⑨ 如果我们各自改进自己能够做得更好的部分,将会帮助我们——让对方看到双赢。

⑩ 谢谢你倾听和考虑我的请求,和为我们关系做出的努力。

这十个步骤是按照在什么情况下对方会比较容易接受道歉、要求,根据其心理需求设计出来的。但当你告诉对方后,即使对方仍没有做到也不要难过,没有做不代表他不爱你。我们所要学的是对自己的要求,不要假设对方会怎么做。别人的行为不能掌控,不要把自己的情绪放在别人手里,要努力做好自己的部分。

(3)学会放手,给对方不需要改变的权利

告诉对方自己的需求后,并不代表自己有权要求对方怎么做。如果一味要求伴侣满足自己的需求,只会更容易沮丧。因为不论是用明说还是暗示的方式来提出要求,我们都必须明白一件事:快乐源于内心,真正的快乐只有自己能给。因此,我们要学会包容对方,时刻提醒自己不要把需求强加在对方身上。

首先,要意识到自己的需求不可能全部得到满足。心理学中提到:每个成年人都是个欲望未被满足的小孩。对方不了解自己,自己觉得孤寂、生气,就是下意识地回到婴儿期,期望自己一哭一闹,连沟通或请求都不必,食物、奶嘴、尿布就会及时送来。因此,为了让自己更加成熟,我们不妨逐渐学会沟通、请求帮忙,避免负面情绪霎时升起,甚而掌控自己的心情。

其次,成熟的亲密关系,就是不再把伴侣当成索取的对象,而是让自己内在的力量成为快乐的主要源泉。我们要明白自己其实是一个完整的个体,减少对伴侣的依赖,学会满足自我需求,渐臻成熟的人的亲密关系更易维持。弗洛姆在其《爱的艺术》中认为,子女人格的发展是依照以下过程:先是依恋母亲无条件的爱,再慢慢以依恋父亲有条件的爱为中心。每个人的人格都受到从小到大

所累积的经验的影响。比如,一个男孩有一位过分溺爱他的母亲,他会执著于早期对母亲的依恋中,以后发展成了一个依赖母性的男人,到处在别人身上极力寻找"母亲"的影子。但是,成熟的人会把双亲的形象同化于内部,学会自己满足自我的需求,最终摆脱对母亲和父亲的依恋。

小强意识到了自己内心的需求:需要女朋友的重视。后来渐渐学会了放手:不再要求女友以守时来证明他的重要性。当他摆脱了这个束缚后,女友迟到时他不再劈头责问,而是关切地问她是不是遇到了什么情况,给予女友更多的安慰。后来小强发现女友不再迟到了。这正如之前所说的:不要苛求对方改变什么,当对方感受到爱时,她自然会改变。

心态调整后,小强不再因为女友的迟到而感到恼火,他们之间少了不必要的争吵,多的是理解和关爱。

(4) 学会完全接纳自己的伴侣

在不滥用自己的耐心或忍耐力的前提下,要提醒自己,世上没有十全十美的人,也没有十全十美的婚姻关系。对方不可能十全十美,更不可能是成为满足自己所有需求的超人(superman)。一定要认清楚两个思维上的"陷阱":

① 特点的两面性

经常可以听到婚姻中的怨言是"先前明明看到对方性格上的优点,怎么却渐渐地变成了缺点?"

从月晕现象到七年之痒,对方身上曾经的优点可能会变成缺点,这是很多处于"恋爱初期"的人们容易忽视的一点。一个人的特点,在不同的时间,不同的情景,通过不同的价值观去判断,都可能呈现出截然相反的两个角度或解读。在"恋爱初期",一方认为对方所拥有的特点是优点,但是,一旦度过了月晕阶段,对方的优点可能就在自己的眼中渐渐变了质,同样的特点在自己的眼里渐渐变成了无法忍受的缺点。

例1 张勇在结婚前很大方,每个纪念日都会给妻子王娜买礼物,不时还会有惊喜,这让王娜觉得张勇是个非常浪漫的人,和他在一起会很开心;但是结婚后,各种开支使得家里入不敷出,而张勇还是一如既往地给王娜准备烛光晚餐,买精美的礼物。这让一心只顾孩子,一心只舍得为孩子花钱的王娜看来,老公简直就是一个不懂得计划生活、乱花钱的人。相比礼物和惊喜,王娜更希望的是每天精打细算能多省下一些钱,而张勇先前的优点在王娜的眼里已然变成了一种负担。

例2 小丽和小强在大学校园相识,小强学习非常刻苦,成绩也很好,这一点小丽非常欣赏,认为他是一个上进心很强,而且非常勤奋的人。婚后,小强还是一如既往地努力着,但是小丽却觉得小强整天加班,没有时间陪她,缺乏生活情趣,是一个工作狂。为此,几次小强带着一身疲惫回家时,小丽就没给小强好脸色看,俩人经常为此争吵。

优点转换为缺点对照表——某些特点的两面性:

敦厚老实——木讷愚蠢

勤奋努力——没有生活情趣的工作狂

节俭务实——吝啬抠门

大方慷慨——浪费

委婉含蓄——不好沟通,城府很深

外向风趣——沾花惹草

单纯可爱,没有心计——肤浅,不够成熟,思虑不周

知足常乐——不知上进

直言直语,豪爽——暴躁易怒,容易得罪人

干净卫生——洁癖,给人压力

尽善尽美——吹毛求疵,永不知足

活泼——轻浮

温柔娴静——没有情趣,枯燥乏味

循规蹈矩,脚踏实地——冥顽不灵,不知变通

健谈——话多,不懂得倾听

爱美爱打扮——虚荣,肤浅

② 长处透视法

幸福婚姻的关键之一是学会看待对方时,"勿忘对方原先的优点"或"多去注意对方的优点"。长处透视法就是经常刻意地去发现、留意与肯定彼此的长处,目的是能够保持客观、正面、正确的态度去理解一个自己在意或留意的对象。

有一位心理学教授走进小学一年级的课堂,他向学生们提出三个问题:"孩子们,你们有多少人会唱歌呀?""你们有多少会跳舞呢?""你们有人会画画吗?"每一次提问都得到许多小学生的积极响应。教授回到大学的教室时,他把相同的三个问题提出来问课堂里的大学生们。结果,不但学生一点激情也没有,而且真正举手的学生也是寥寥无几,少得可怜。

这个实验让人们看到了自我批评和人际相互比较的破坏性与危害性。比如,老师们在批改试卷时,通常只是找出错处,重重地画上红圈、加以扣分。好像很少有老师会找出学生做对的地方加以表扬,这个作风使得我们从小开始便被教导把关注点放在自己的错处或做错的事情上。

同理,在人际、家庭或婚姻关系当中,很多时候,不是对方没有长处,而是人们容易长期忽视对方的长处。月晕效应告诉我们,初恋、订婚乃至初婚的伴侣往往在对方身上寻找优点,对缺点视而不见或不当一回事。经过缓慢而微妙变化后,男女交往越久或是婚后越久,越只盯住对方的缺点,经统计,离婚夫妇当中的89%乃是对配偶的负面评价耿耿于怀所致。

长处透视法也教导人们通过转换思维和视角,换位思考,包容对方,将它延用到亲友相处与伴侣关系中。这个心态与习惯对亲密关系十分有益。但要注意的是,对可能影响关系的障碍必须做出实事求是与建设性的评价。美满婚姻的秘诀就是活在真实里面。亲密关系受阻碍的另一个原因是我们对关系问题的期待和现实生活之间有脱节,人们需要了解以下十个较常见的致使婚姻触礁的诱因,学会在婚姻关系中提防、面对与处理这些问题:

- 婚姻的动机不良
- 个性不合
- 价值观差异
- 沟通不畅
- 角色期待差异
- 家庭背景差异
- 父母干预影响
- 子女教育的观念、方法分歧
- 生活方式差异
- 其他偶发的重大事件(失业、疾病、两地分居、第三者介入、意外事故等)

以上所举的是在伴侣关系触礁中高频率出现的冲突事件诱因。遇到这些冲突,立即告诉自己"冲突是正常的,这绝不意味着两人之间彼此并不合适",要有解决冲突的决心与信心。积极正面的内心对话会增添无穷的力量;反之,负面消极的内心对话是很有杀伤力的。所谓的"预期的自我实现"(self prophet)就是提醒我们内心对话的力量是惊人的。遇见困难是正常的,只是内心要坚定、明确地告诉自己:"每个人的婚姻中总是会碰到一些不顺心的障碍,这些绊脚石会使彼此的亲密关系暂时失去活力与激情。但是,只要好好清理掉这些

绊脚石,这些关系障碍很快可以转化成提升与推进亲密关系的机会。"彼此的关系与感觉是很容易经营好的。而且,无论婚前或婚后,尽早理解与学会处理这些负面的诱因会大大有益于建立美满婚姻。

总之,在两个人相处的关系与世界里,看到对方优点时,不妨刻意提醒自己用放大镜的效果去感受,也要随时提醒自己"勿忘对方所具有的优点"或"多去注意对方的优点"。本书建议操练与经常写"情爱日志",就是强调双方要经常互相肯定、赞美与感恩,并且将这些美好的时光与回忆牢牢记住,时常回味。也要提醒自己所观察或感受到的性格或特色大多具有两面性,目前的优点随着环境的变化可能在某些环境或阶段会变成缺点。一旦月晕褪去,发现对方过去的优点变成了现今的缺点时,切记不要任由不良情绪作祟,脱口便开始指责或埋怨对方变了。要学会积极沟通、耐心倾听、相互谅解与宽容,则能再入更高境界的情感佳境。

(5)学习接纳本来的自我,不再费劲使自己变得更完美或终日去抓取些外在的事物来满足自己需求。

小敏的情绪需求是得到别人的认可,让大家觉得她很牛,于是她总以别人的评价来判断自己的价值。她找工作时就希望找一份能让别人羡慕的工作,只要大家都说好就行。她周围的人认为进投行的人很牛,是人才,于是她想进投行,但其实她本身是一个很在乎生活品质的人,需要有富余的时间去休闲。她忘记了本来的自我,生活得很辛苦,一点也不开心。别人的夸奖只能给她带来短暂的欢愉,他们不会天天夸她,但她却得天天过这种昼夜加班的日子。小敏渐渐意识到,日子过得轻松、开心其实才是自己情绪上最根本也最长久的需求,而虚荣心不可能得到持续的满足。于是她慢慢去接纳本来的自我,离开了投行,过起了朝九晚五的日子,生活得很规律。她开始让自己去满足自己的需求。

人们学会放手和接纳之后，会明白其实自己是一个完整的个体，所需要的一切，都存乎一心。内心世界，犹如涌出一股源源不断的活泉，滋润着心田。前例提到的小敏，在放手和接纳后，明白了自己内心一直存着对于轻松休闲生活的需求，满足了这个后，能够真正给自己带来"源源不断"的好心情。她觉悟到别人的赞许的确给自己带来短暂美好，但也如同过眼云烟。随后她选择了一份作息时间规律的工作，虽然收入比起投行少，也失去了友人们以往对她的称羡，但小敏的内心却活得更自在、自如与幸福。

现实生活中到处存在像小敏这种内心矛盾的人：一方面要功名利禄，别人认可；另一方面却又向往着轻松开心的日子。自我的定位便是指该接纳哪一个自我，该舍弃哪一个自我，哪些才是真正需要满足的需求。这些问题的根基是个人的价值观，需要进一步探讨。

3. 终极价值观（terminal value）与工具型价值观（instrumental value）

价值观分为终极价值观和工具型价值观两种。所谓工具型价值观是借着外在的"事物"在凸显，而终极价值观是由"感觉"来表明。例如，有人认为工作中最重要的是收入，收入本身并不是一种感觉而是事物，那么收入即属于工具型价值观。人一生中所追求或逃避的都是一种感觉。我们要的其实不是家庭、朋友、金钱这些表象事物，而是家庭带来情爱、幸福、快乐的感觉，如同朋友带来的关心、肯定、帮助，金钱带来的安全、自由等都是如此。因此，家庭、朋友、金钱这三项本身也不是一种感觉，它们也都属于工具型价值观。真正主导人们的行为、思想及判断模式的是这些事物带给人的感觉。这些背后的感觉，才是"终极价值观"。

很多人因为不了解这两种价值观背后的区别，所以容易迷失人生方向，享受不到幸福，觉得没意义。大多数人穷其一生说穿了就如同忙着在收集与积累着各种大大小小的"工具"。自以为拥有了那些工具就等于是幸福、快乐、成功，却忽略了内心一直在渴求得到满足的呐喊声。为什么经济学认为赚到的钱不叫收入，花出去的钱才叫收入？因为只有花钱才能将这些工具转换成自己内

心的解码
Decoding the Heart

心的感觉:快乐、刺激、舒服等。

人们要学会静下来直观自己每天永无休止的忙碌生活:为什么选择现在的工作?自己想在这份工作中得到什么感觉?得到了吗?当初为什么选择现在的婚姻生活?自己想通过它在内心最深层里得到什么样的感觉?得到了吗?

小石和小茵平日辛勤地工作,好不容易存足了钱,终于可以实现他俩几年来的心愿——搭豪华邮轮游长江三峡。可谁料天公不作美,船刚驶出没多久就淅沥沥地下起了雨。小茵心里很是懊恼:好不容易才熬到了几年来的"梦幻之旅",付出这么多钱,这雨一下,还怎么玩啊!于是自己躲在一角闷闷不乐。而小石则撑起了雨伞,走到船头,静静地欣赏雨中三峡的美景,不禁想到大江东去的情怀,接着吟诵着"曾经沧海难为水,除却巫山不是云"的诗句,内心顿时觉得好浪漫、好舒畅。

其实,工作、收入、存钱、郊游都只是个手段。真正的目的是想要得到那种快乐、放松和刺激的感觉。小茵期待的是一个晴天白云之下的郊游,然而那只不过是她实现这些感觉的众多工具之一。其实,她还可以有更多的选择。难道一次下雨的郊游就一定会令自己沮丧么?既然已经无法改变下雨这个事实,那么能否利用下雨给自己带来别样的美景?说不定还能成为生命中最有趣、最难忘的经历呢!当小茵稍稍调整一下心态,如此去问自己时,放下了埋怨的心情,最后玩得比预期还要开心。

我们可以省思自己的终极价值观,明确自己真正追求的是什么,不随波逐流地被外在事物所蛊惑,积极主动地拥有真正想得到的,享受心灵的自由与和谐。这个自由就是内心的终极自由(ultimate freedom)。这就是佛兰克(Frank)倡导的"意义疗法"所称的"人生的主要价值有三":

① 想象价值——通过向社会提供某些有价值的东西,来找到人生的意义。

② 体验价值——从自然或人际关系中获取感动。

③ 态度价值——不管面临什么样的现实与命运,都有决定自己生存方式的权利与责任。

第五章

压力管理
——让心灵放轻松

第五章
压力管理——让心灵放轻松

电视报导了这样一则新闻。英国利物浦一个四十出头的妇女,六年前被前夫抛弃后,一直辛苦疲累地在一个压力很大的岗位上工作。好不容易存了四万多英镑,正想利用金融风暴、屋价狂跌,买栋小公寓。2010年11月突然被诊断出癌症,医生告诉她大约还能活一年。她为自己坎坷的人生难过了几天,突然一下想开了。下定决心,好好、痛快地过完这人生的最后一年。她辞掉工作,到处旅行,吃最好的、喝最好的、穿最好的、玩最开心的,一年间把自己所有的储蓄全花光了。但是想到这一年的轻松愉快、随心所欲的日子,真觉得物有所值,这辈子也真值得了。一年后她到医院检查,医生拿到检验报告,大吃一惊地走出来。"哇,不可思议,你真的很严重……""我的癌症吗?""不是,你的癌症居然好了,但是你一年来胖了五十斤,你的三高很严重……"她一下懵了。想到未来又要回到做牛做马、辛勤工作、压力很大的苦日子,又要为如何甩掉这身赘肉而苦恼,真是哭笑不得,满心矛盾、无奈、痛苦。

她的癌症消失,肯定与她尽情享受、心情愉快有绝对的关系。但是,当她重新回到现实的环境时,面对巨大的压力、辛劳的工作、复杂的人际关系,又要担心癌症会复发了。这个事件点出了人生矛盾、无奈、痛苦的现状,压力与心态平衡的挑战。

很多人奋斗了一辈子,终于获得了成功,经济富足,生活条件很好,但是到头来却发觉内心实在没有体验到任何成功所带来的幸福与舒畅。内心烦恼不断,压力很大,生命的品质与物质生活质量形成很大的反差,成为地道的"富足的穷人"(a very rich poor man)。他们需要学习的是建立平和的心态,提升生活幸福感,实现高质量的生活与心境体验。

还有一些人,忙碌了一辈子,却没空了解自己的心灵状态,甚至出现了心理疾病的状态而不自知。日久则以躯体化的形式表现出来,诸如失眠、头晕、情绪激动等问题。根据调查研究指出,心血管病及癌症大多与长年生活状态不良有关。因此,应该及时觉察自己的身心变化,了解自己身体的健康状况的同时,也懂得评估自己生活的精神面貌和幸福感。

心的解码
Decoding the Heart

学会自我觉察、自我诊断、自我调节,让自己的生活质量得到全面提升,让心更平和,人际关系更顺畅,内心更加幸福的秘诀在于:

- 掌握与觉察自己内在心理活动的状态与特点
- 身、心、灵的平衡与协调
- 注重内在心理与外在环境的和谐
- 生活问题与压力的诊断与解决
- 学习压力与情绪调节的具体实用方法
- 觉察与调整不良情绪背后的思维,培养良好心态
- 学习与调整工作与家庭中的心态调试
- 多多体验喜悦——日行一乐
- 润滑与配偶、家人与亲友间的沟通及解读
- 培养与享受健康的情爱关系
- 培养接纳和宽容的心
- 保持生命的动力与活力
- 心灵回复平静的修炼
- 竭力进入安息

第一节 检视压力

1. 压力形成的根源

在每个人的日常生活与工作中,压力可以说无所不在。刚换一个新的工作,对新的环境与工作内容不熟悉而感受到压力;学生考试前,因为无法预知会遇到何种形式的考题,即使准备再充分还是多少会感受到压力;有些人第一次出国,会担心赶不上飞机而提早很长时间到机场等候,这也是压力。除此以外,

业绩目标无法达成、担心实力不如对手、家人有问题无法解决、经济状况不佳等等,也不免产生压力。

由于压力通常让人感到不舒服,人们遇到压力时,很容易就产生抗拒甚至逃避的心理。但抗拒、逃避或是有些所谓修炼的强忍都无法真正解除压力,唯有思索压力产生的原因,从压力产生的根源着手,才能有效地疏解压力,不受压力所摆布。

压力源即压力的来源,又称应激源或紧张性刺激。是指导致压力的刺激、事件或环境,可以是外界物质环境、个体的内在环境或心理社会环境。当欲望和需求跟自己应对需求的能力无法平衡时,就会产生的一种压迫感或不安的感觉。压力等于负荷除以自身具备的心态和能力,也可以用公式表述成:

(渴望－现实)× 弹性系数 = 压力或焦虑

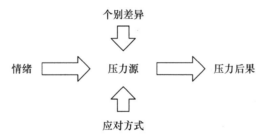

心理危机是应激源因素和个体易感性因素共同作用的结果。应激源会引发应对反应的刺激或环境需求,也就是能引发心理危机的刺激或者环境需求。但应激源本身不一定会直接引发心理危机,还要通过个体的应对能力等因素发挥作用,即个体的易感性因素,这是指容易引发应对反应的个体因素。上面的图表明了压力的形成取决于情绪、压力源、个别差异、应对方式的共同作用。

"人格特质"中的人格包含气质和性格两个部分。气质有四种类型:胆汁质、多血质、黏液质和抑郁质。胆汁质的人往往比较急躁,情绪易激动,做事冲动,容易走极端,欠思考。而抑郁质的人是另一个极端,他们比较敏感,不善与人交流,情感体验深刻,在困难面前常常怯懦、自卑,容易走进情绪的死胡同。

所以,这两种人较容易感受到心理危机。出路是调整对自我及周围环境的认知方式。这种本能对待外在事件的认知,在个体应对危机事件过程中起着重要作用,也对于是否会产生心理危机有关键性作用。

例如,具有"归因风格"的人,会习惯于一遇到失败就把责任全归结为自己,认定自己就是这次失败的产生原因,但是,一遇到成功就将之归因为运气。这类人就比较容易产生心理危机。还有的人习惯于"负性思维"模式,看问题总是看到消极、负面、悲观的一面,这种心态也容易导致心理危机。

应对方式又称应对策略,是个体在应激期间处理应激情境、保持心理平衡的一种手段。有的人遇到问题会积极想办法去解决问题,而有的人会回避问题,有的人会寻求他人的帮助和支持去解决问题,而有的人宁愿自己一个人去解决问题。相对而言,回避问题和独自解决问题的人较为极端,也容易感到心理危机。

另外,适当的应激会缓解焦虑。社会支持是指一个人跟周遭社会的密切关系与信任的程度。社会支持度越大的人越不易陷入持续的焦虑当中;反之,当人们发生严重的生活事件或生活在危机当中时,就比较危险。身旁有值得信赖的人与良好的社会支持网络,则较有能力对抗焦虑与心理危机。

2. 压力对生理和心理的影响

压力生产力——曲线良性或恶性的压力

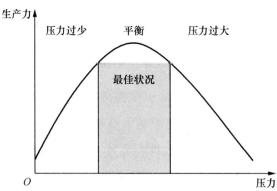

第五章
压力管理——让心灵放轻松

有压才有力,压过头人生便乏力。适当的焦虑或压力让人保持清醒与活力。但压力过了平衡点,就会产生焦虑。恶性压力能使人的生产力降低,健康和脾气恶化,失去反思、自我评估和调整的能力,令人有种崩溃、被击垮的颓丧感和无力感(powerless)。

压力的感受程度与易感性成正比,可以用下面这张图说明:

易感性——压力——心理问题

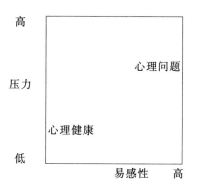

个体易感性越高,压力越大,就越容易产生心理问题,危害心理健康,影响和谐人际关系。

压力的评估——正常或异常

评估压力是否过大,是否已经被恶性压力折磨到影响心理健康的程度,有四项指标来评断心理属于正常或已经呈现异常:

(1)时间的长短——两个月以上?

(2)反应是否过度——对遭遇的应激过分了吗?

(3)功能损害——影响到睡眠、工作、人际关系的程度?

(4)合理程度的痛苦——痛苦到什么程度呢?痛苦的程度与刺激的性质是否成正比?过度吗?

下面是一个简易的评估表,可用来较快地评测出恶性压力是否已经到了严重的程度。

心的解码
Decoding the Heart

★ **测试一：你经常有这些症状吗？（生理）**

（1）做恶梦——醒来时心情还稍受影响；

（2）早醒——没睡饱时就醒过来，再也睡不着；

（3）失眠——躺在床上一二十分钟还睡不着；

（4）疲累——经常有这种感觉；

（5）头痛——偏头痛或头蒙蒙的很不舒服；

（6）耳鸣；

（7）暴饮暴食——就觉得吃的时候心里挺舒畅的，即便饱了，仍想享受那种进食的快感；

（8）食欲不佳；

（9）口腔溃疡；

（10）腹泻；

（11）便秘；

（12）干点活就气喘；

（13）腰酸背痛；

（14）颈、肩部很硬或疼痛；

（15）恶心——头晕晕、胸口发闷；

（16）性趣缺失。

请自己逐项依以下说明评分：经常发生的项目，请打3分；偶尔出现打2分；很少出现打1分；从未发生打0分。之后将各项得分全部加起来。如果总得分 ≥30 分——恶性压力的情况很严重，20—29 严重，7—19 分普通，≤6 分——生活中的压力大多属于良性压力，精神状态很好。

★ **测试二：恶性压力简易评估表（心理）**

（1）看事情比以前消极悲观；

（2）工作时间延长挺多的；

第五章
压力管理——让心灵放轻松

(3) 做决定常常犹豫不决；

(4) 只敢做最保险的事；

(5) 烟酒的数量增加；

(6) 言谈的条理性变差；

(7) 较难入睡、睡眠品质较差；

(8) 较常生闷气或对人发脾气；

(9) 无根无据地对人起疑；

(10) 常出差错；

(11) 常发呆甚至自言自语；

(12) 经常与人起冲突。

请自己逐项加以评分：经常发生的项目，请打 3 分；偶尔出现打 2 分；很少出现打 1 分；从未发生打 0 分。之后将得分全部加起来，如果总分 ≥24 分——恶性压力的情况很严重，18—23 分严重，7—17 分普通，≤6 分——生活中的压力大多属于良性压力，精神状态很好。

无论是生理或心理状态，在自我评分中出现严重情况就得认真看待、及时有效调整。如果任何一方面出现"很严重"的评分，就必须马上请教专业的心理咨询师或心理医生，以免情况恶化。

任何实际的或想象中的压力出现时，都会引起大脑皮层对视丘下部（在中脑部位，压力反应的主要脑区）发出警告。视丘下部立即刺激交感神经系统，制造体内一系列变化；大幅度地提高心跳频率、呼吸频率、肌肉紧张程度、新陈代谢速率及血压。几乎体内所有系统都会受到恶性压力带来的破坏。长期的应激反应产生的肾上腺素及去甲肾上腺素会抑制消化、新陈代谢、生长、组织再生以及免疫系统的反应能力。总之，压力会减弱体内的重要防御机能。

长期压力，尤其是恶性压力，会破坏"关键系统"，例如，骨骼肌肉系统（肌肉紧张和疲劳）、心血管系统（高血压、偏头痛）、胃肠系统（溃疡和腹泻）、肺部（哮喘、支气管炎）、生殖系统（妇女停经、男女性欲下降、男人性功能障碍）、免

疫系统（更容易感冒）、引发癌症、关节炎、糖尿病，延缓组织修复和再生功能，导致骨质疏松、骨折等。

第二节 调试压力

压力是日常工作和生活的一部份，管理得当，能带来工作和生活的动力。但若长期积累下来，过了头，就会影响身心健康，视而不见、处理不好，恶性压力就很容易成为工作和生活的阻力与健康的杀手。正面压力有时会转变为负面压力，负面压力也会逆转成正面压力。其转化点与转化因子因人而异，在人生的各个阶段也会有所不同。只有时刻察觉与监测自己的压力状况，疏导与调适工作压力，才能化压力为动力，让心灵自信、自在。这就是所谓的"压力管理"（stress management）或情绪商数（EQ）。

调整压力，首先可以从几个新的角度来看待自己常年所追逐的成功。

1. 重新定义成功

有种幽默的方式描述成功究竟是什么。

3岁时，成功就是不把尿直接撒在裤子上；

12岁时，成功就是有成群的朋友和玩伴围绕身旁；

20岁时，成功就是开始积极快慰地享受性生活；

35岁时，成功就是赚大把大把的钞票；

60岁时，成功就是仍然拥有性生活；

70岁时，成功就是仍然有不少的朋友围绕身旁；

80岁时，成功就是仍能不把尿撒在裤子上。

这个笑话的寓意是在提醒我们：人生每一个阶段追求的目标与成就感固然不同，而且往往努力卖命地付出后，达到了却可能发觉一点也填不饱自己内心

第五章
压力管理——让心灵放轻松

最深处的需求。一辈子追逐成功,最后却是绕了一大圈回到基本原点,这样几个简单的事就能让自己心满意足。我们要面对人的本质,想明白人生真正的意义,才能追寻到真能满足自己的成功与幸福。

其实,幸福是一种精神状态。"富有"是一种纯然或全然的知足。当人们不再以觉得自己好匮乏,尤其是对于功名利禄或物质有所匮乏的念头来折磨自己时,就会感到很富足了。两千多年前的古人在《圣经》中提到"敬虔加上知足便是大利",其实带有深奥的启示。不论人们觉得自己受了多少苦,或感觉那个痛苦及其原因有多么真实,从某个角度来看,它们都并非是真实存在,而是端视自己内心怎么去对待或认知的。幸福是一种安逸满足的状态,是身心完全放松的感受,是身心需要得到满足之后快乐的感受。比如,与心上人一起散步的时刻、抗拒了诱惑后的心安理得、漫步清幽山林呼吸新鲜空气、看着儿女睡梦中的微笑、对原本仇恨的人释怀后的宁静。

成功有时是一种带着侵略性的追求或渴求。它是主动性的紧张和激动,是受交感神经直接支配的过程,表现为心跳加快;幸福是下意识的放松,是包容和忘却,是受副交感神经支配的过程,表现为心跳的减缓。

人生的智慧和魅力,是竭力进入安息。成功固然是件好事,它激发了无数人克服困境、向上奋进。但是,自小被植入心田,单单追求物质、名利、权位的世俗成功观,却使得不少所谓的成功或杰出人士,如同站在铺满炭火舞台上的赤脚舞者,根本上是一停便遭火烫而无法停止下来的。在人生中,被迫在人生或事业舞台上,无休止地卖命演出,这些人只有成功的驱动,却没有松弛的快乐。有魅力的人之所以吸引人的注意和羡慕,是因为他们展示了活力和精力。但是,只求成功,或被追求成功的野心压得身心俱疲的人,散发出的魅力是短暂而经不起时间考验的,最后只落得往日观众的一片唏嘘而已。看看昔日风光一时的黄光裕、陈良宇就可以明白,世俗对于成功的定义是很有重新界定的必要了。

美国剧作家罗伯特·费希尔(Robert Fisher)在《为自己出征》(*The Knight Rusty Armor*)一书中描写了一则寓言:一位武士拼命地要变成天下第一。他穿

上了国王赏赐的盔甲,每天南征北战,就算回到家,也穿着令他声名大噪的盔甲,无论何时都不愿脱下。最终,所有的人都忘记他本来的模样,连他自己也忘记了。直到他解甲归田的那一天,铁匠拿锤子敲打这位显赫一时的武士,想助他解下盔甲,他竟然不感到痛时,才发觉自己已和盔甲连为一体。这时,无论大家怎么使力,也无法脱掉那身黏在肌肉里的盔甲了。

现实世界中,这身盔甲代表了社会主流价值观里的权威、荣耀、钱财和成功。多少汲汲营营的人们,耗尽了毕生的体力心神、家庭健康,只为了争取那套"国王赏赐的盔甲"。到头来才发现,原来外在的名利不但花费了自己一生的心血,赔上了家庭、亲情、情绪的代价,晚年才发现内心从来没享受过真正的愉悦平和,接着还要耗尽余生去挣脱那身自己给自己套上的精神枷锁,摆脱掉那种失落、没落的惆怅。另外有一批人,则是终其一生卖命努力却得不到成功或掌声的人,到头来只落得长吁短叹,抱怨命运多舛、苍天不公,还自感低人一等,甚或将自己贬得一文不值,郁郁寡欢终其一生,更有甚者,还把自己的遗憾与欠缺,转嫁与投射在子女身上,培养出另一个充斥着不良情绪的下一代或下下代。所以我们要警觉这些人们习以为常的成功观,这种成功观像剑的两刃,一方面带来了人生的目标和动力,另一方面也可能剥夺了心灵的自由和真正的幸福。人们岂能不谨慎面对这些时代潮流的漩涡?"天生我材必有用"本来是教导人们了解每一条活在世上的生命,都有它与生俱来的平等、尊严和价值,却被粗俗的现实功利价值扭曲了。成功观固然有其可贵和可取之处,但是,真正的有识之士,应该重新检视世俗的成功观带给自己的利弊,在审视自己价值观的同时,改善心态和行为,进而形成量身定制、适合自己、带给自己真正幸福满足的成功观。

成功十问:

人生是个长途跋涉的旅程,每隔一阵子或到了不同阶段,都要歇歇脚,放下手边工作,针对以下十个攸关生命品质的问题,逐条地扪心自问,顺便考一考自己,这门在书本上很难学到的"生命成本会计学",自己能否掌握:

第五章
压力管理——让心灵放轻松

（1）自己心目中所全力追求的"成功"究竟是什么？是名声、财富、地位、权势、掌控、爱情还是生养出光宗耀祖、杰出优秀的下一代？

（2）这些需求和渴望，其中有多少其实只是为了赢得别人的肯定与恭维？

（3）面对周围人的议论纷纷，自己是否真能满足众人的期待？

（4）自己辛辛苦苦一辈子，难道只是在为别人而活？自己可曾好好地为自己活一回？

（5）这些目标就算达成了，真能带来内心的幸福与满足吗？

（6）这些外在的成功，究竟能否持续，又能维持多久呢？

（7）自己在健康、家庭、爱情、亲情、友情、亲子、道德、良心上，已经付出了多少代价或牺牲？

（8）实得的收益和已付出的成本客观准确地比较下来，这一切到底值不值得？

（9）人在江湖，身不由己。人生就非得活得如此无奈、无助、无望、无力吗？

成功是一种博弈的游戏。一个人的成功，往往意味着别人的失败。占有了别人也想得到的资源，意味着别人要饱尝失去资源的苦楚，也可能招惹来别人的报复或清算。但是，幸福是一种带有感染力的魅力，让周围的人更加舒畅，吸引别人羡慕，却不会带来别人的嫉妒和压力。如果将人生比作是一场激烈的足球赛，可以分为上半场和下半场的话，很多人在全心全力地追逐世俗功利成功的同时，已经糊里糊涂地度过了人生的上半场。此时，人生下半场的战略，不妨稍作调整。通过独处和自我检视，把象征贪婪与权势的盔甲，一点一点地融化，感受到自己前所未有的自由，以及无法言喻的新生力量。以追求心灵和谐及真正的幸福为目标，才会立于不败之地，这是人生的最高境界，也是马斯洛提出的五大层次需求中"自我实现"这一最高层次需求的具体实现。

2. 计算追求成功所付出的代价

南美洲有一种奇特的动物——蜘蛛猴。因为它们极为敏感、视觉听觉也特别灵敏,要想靠近并捕捉它们是极为困难的。但是如果在它们群居经常出没的树下,用一个瓶口大小正好等于猴子手腕的玻璃瓶,里面放一粒花生米,把瓶口的周围绑上一条细绳,另一端则牢牢地绑在树干上。不久以后,就会有一只蜘蛛猴把手伸进瓶子去拿住那粒花生,花生是不容易掏出来的,这只猴子一旦握住花生,即便猎人开始走向它,它就算会慌张地尖叫,却也绝不肯放开这粒花生。最后,为了一粒花生,蜘蛛猴被猎人们轻而易举地给擒获了。

人们固然会嘲笑这只猴子很傻也很贪。但是,人们又比它们聪明到哪里?这个例子很值得拿来警醒自己,到底什么是我们人生中的这粒赔上生命代价也在所不惜的"花生"?究竟是否值得自己为之付出如此大的代价,甚至赔上自己的生命?如同《圣经》所云,"人若赚得了全世界,却赔上了自己的命,还值得吗?"这个世界催逼着人们去追寻各种成功。很多"成功学"只会教导通过各种学习、提升、手段、资源来帮助人们达到更高的成功,使很多人都在"随波逐流"与"人在江湖"中成为成功的代价和牺牲品,但是,却很少教导毫不知情的人们这些只是虚荣心的满足,是短暂的肉体感官的快乐,没有计算所付出的代价,也很少提醒人们这些成功最后根本无法带给自己真正的满足与幸福。追逐成功的过程中,在计算自己得到了什么之前,不妨先考虑一下,为了得到这些,我们放弃了什么。真正有人格魅力的成功人士是具有计算人生成本的智慧的。

3. 全人的管理(holistic life management)——成功多元论

不少被忙碌焦虑弄得精疲力竭的人常常以为自己一旦离开了自己厌烦的工作,就可以"勇敢地做自己"。其实,这是一个误区。做自己绝不等于逃避。活出真实的自己,是需要担当,也需要付出代价的。

第五章
压力管理——让心灵放轻松

我们从小到大、经年累月地在世俗功利的成功观的熏陶之下,不可能做到无欲无求,也很难改变自己对金钱名利的羡慕和追逐。但是,却可以在追求成功的同时,注重人生与生活的平衡、和谐与愉悦。事业忙碌之余,也积极追求心灵的幸福,面面俱到地顾及自己的健康、家庭、人际、生活情趣和情绪。不妨设定一个"多元化的成功观",将自己对成功的追寻、内涵和目标扩展开来,人生立于另一种层面、双赢的"不败之地"。例如,设计出新的产品是成功;选上村长是成功;获得家人、配偶的信赖和喜爱是成功;找到了自己真正喜爱的兴趣或事业是成功;凭一己之力获得名望财富也是成功;长期以来,乐善好施,对弱势群体默默无闻的关怀和帮助,也都是成功……秉持这种"成功多元论",对自己的人生做出"全人的管理",就是既要量力而为地追求功名利禄等外在的成功,又要追求平衡、自在、和谐、幸福的人生。

星期天放假,蚯蚓儿子闲着没事,就把自己切成两段到羽毛球场打羽毛球去了。蚯蚓妈妈很高兴有这么聪明的儿子,看他自个儿玩得这么开心,也把自己切成四段,打麻将去了。无聊的蚯蚓爸爸受到儿子与老婆的启发,就把自己放在砧板上剁碎了。蚯蚓妈妈闻讯赶来,看到奄奄一息的蚯蚓爸爸,伤心地说:"老公,你这是干嘛呀?"蚯蚓爸爸虚弱地说:"我……我……我……我只是想去踢足球。"

全人的管理首先要求自己能诚实和勇敢地面对自己。先清楚地了解自己究竟是谁,究竟想要成为怎样的"谁"。在追逐成功的过程中,千万不要自不量力,杀鸡取卵,竭泽而渔,如同蚯蚓爸爸为了追求片刻的快乐,将身体剁碎,徒然耗费生命。量力而为,妥当地安排和选择优先次序,仔细斟酌人生的机会成本,这是一门值得毕其一生研究的学问。

4. 打败"焦虑"

幸福之路蜿蜒曲折,稍不留意,焦虑就会不请自来,伺机破坏我们的好心情,腐蚀我们的快乐。焦虑(anxiety),"焦"指物体在受热中失去水分,呈现黄黑色并变脆变硬;"虑"指忧虑、顾虑。"焦"、"虑"合在一起就是没有生机、弹性、水分,没有质量的情绪状态。在心理学大词典中,焦虑是"个人预料到会有某种不良后果或模糊性威胁将出现时所产生的一种不愉快情绪。通常表现为紧张不安、忧虑、烦恼与恐惧,伴有出汗、颤抖、心跳加快等生理反应"。

焦虑与恐惧的区别在于,引起焦虑是比较模糊的状态,而引起恐惧的是比较明确的事件。例如,黑夜穿过森林的人,如同惊弓之鸟,战战兢兢,东张西望。突然间,眼前窜出一只大老虎,吓得这人拔腿就跑,这是恐惧。又如,金融风暴来袭,一直担心被企业裁员,心神不定,这是焦虑。突然间,主管走过来告知下午过来一谈。自己估计最后的摊牌终于到了,失业的残酷事实就摆在眼前,弄得自己心慌气短,忐忑不安,这是恐惧。

焦虑与恐惧也有其好处。适度的恐惧与焦虑都会让人们保持清醒与活力,激励人们做好应急措施。但是智者千虑,必有一失。现代的社会和生活环境有太多焦虑的源头。例如,赶飞机时偏偏遇到交通堵塞,担心赶不上飞机;金融风暴时担心公司裁员;结婚时担心现在高离婚率会找上自己家门来;生了孩子担心如何上重点小学、中学、大学;买房子时担心买的时机、地段不对。这些都可能成为焦虑的源头,要运用应激机制来化解焦虑。应激就是应对刺激。例如,房子着火了赶紧打119,这就是应激。救火的车太多,把路堵死了,反而一辆都赶不到救火的现场,或是火都灭了,救火车还一个劲喷水,这些都是应激过度。适当的应激,会使心脏强有力地跳动,瞳孔放大,毛发立起,呼吸急速,全身绷紧,更加专注。机体在成功完成了前期的战斗或逃跑后,就会从抵抗期进入衰竭期,身体疲惫,精神放松,呼吸减缓,肌肉舒张,心跳复原,机体自行修复。

现代人焦虑的成因与征兆变得更加繁杂,以至于身陷其中还可能毫不自知。应激反应出现久了会变成常态,引发强烈持久的危害。例如,心跳经常加快,引发心脑血管疾病。肌肉长期紧张引起颈部、腰部、腿部酸痛。紧张时胃肠道把大量血液挤压出去,供应其他更急需的部位,致使胃肠失氧,产生病变。肾上腺素短时期内会增加活力,但长此以往,会导致心脏衰竭。紧张时分泌的皮质醇与抗利尿激素会使血压和血糖升高。很多人只是停在第一节的逃避或第二节的抵抗期而无法进入第三节的衰竭和恢复期。

应对焦虑,首先要了解自己的压力是不是过度。如精疲力竭、睡眠障碍、头痛、黑眼圈、胃肠功能紊乱、免疫功能下降、易怒、暴躁、无法集中注意力。其次,要来测试一下自己是不是属于不良压力或是过度紧张焦虑的高发人群。心理学上的性格类型是在实验后,用一定的准则做出分类,也就是根据个体在一定社会条件下表现出来的习惯化的行为、反应与情感,判断出其性格类型。20世纪50年代,医生认为高胆固醇、吸烟、酗酒与遗传因素会造成心脏病,后来发现还有一些更重要的原因。到了20世纪60年代,心脏病专家迈耶·弗雷德曼的调查研究发现了与不良压力成因和压力管理有直接关联的A、B、C、D四种性格分类。

5. 弗雷德曼的性格分类

(1) A型性格

弗雷德曼用四个A开头的单词来概括这些容易得心脏病的人的心理特征——易恼火、焦躁、发怒与性子急(angry、anxious、agitating、aggressive),称之为A型性格。这种人雄心勃勃,进取心强,时间观念特别强,整天闲不住,但易急躁,对人不信任,人际关系不太融洽。经过20年观察实证发现,A型性格的人患冠心病的几率是B型人的1.7—4.5倍。他们所表现的主要特征是:

① 运动、走路、吃饭节奏很快。

② 对事情的进展速度常常感到不耐烦。

③ 总是试图同时做两件以上的事情。

④ 无法安然享受休闲时光。

⑤ 着迷于成功,做每件事情都以自己从中获益多少来衡量价值。

⑥ 较强的竞争性——A型老板永远会用鞭子驱策员工多干点活,才刚完成一件事就急着交代一个新工作,永无止境。

⑦ 缺乏耐心;任何打断或拖延都使其发怒,永远在指点别人更好更快的做事方法;人家话没讲完,他就急着补充,会一次又一次不停地按电梯按钮。

⑧ 行程排得满满的,突显自己的重要性。

⑨ 受到挑战时,个性好斗,马上产生敌对情绪;希望在较短时间内有更大成就,工作常常过分投入;没耐心详细说明自己的见解或听懂别人意思。

⑩ 开玩笑常常不顾别人的颜面或利益,以自我为中心,大量地使用"我"、"我以为"、"我的"等字眼。

⑪ 认为睡眠是一种浪费,绝不轻言休假。即便休假时也是满脑子公事。

A型的人往往要求完美,很喜欢强调正因为自己是完美主义才能有今天的成就。其实,A型人是典型的高危人群——事业的风险、人际上对他人的冒犯、家庭关系、身心健康出毛病。完美主义者的优点是容易少年得志或很早就获得事业上的成功,但是要适可而止。不但要避免成为完美主义的奴隶,更要舍弃以往处处以完美主义者自居的心态。要告诉自己休闲不是罪过,只有懂得休闲的人才能获得高效率、高产能的人生;要学会调整身心,让自己的思维更加富有弹性和变化,才能减少患病的风险;要调适自己的期望,实事求是地估量自己,学会尊重别人,多听团队意见,加强团队合作,注意劳逸结合,预防过度疲劳,学会宽容、理解、换位思考。与人相处时,少去挑剔,戒急躁,多关心别人,建立良好的人际关系;否则,就如同迈耶博士所说的,A型性格其实是一种心理疾病,他们只会全速前进,严重影响心理、生理健康;人生不光要赶路,还要学会放慢脚步,看看风景,享受过程;不要只追求功利导向的目标;除了享受快活,人生也要学会"慢活"——放慢生活的节奏,学会等待。

① 学会体育锻炼

A型人每天会分泌出比一般人更多的应激荷尔蒙。运动能够改善心肺功能,但过量运动也可能影响心脏等器官的健康。这类人要提防自己走向极端而变得喜欢太过剧烈的运动。因为 A 型人一旦决定干什么事,就雷厉风行,而且适得其反;一定要懂得循序渐进,寻找不同模式的锻炼,要和风细雨型的滋润,而不单单是电闪雷鸣的激烈活动。

② 学会等待

看到大长龙或排队等待,A 型人就皱眉、咬牙、咒骂。要学习放松,否则频繁出现的不耐烦就成了高压锅,总有爆炸的时候;学会事情的推迟,拖延也要安之若素;有时候刻意找一个最长的队伍去练习分散注意力、做白日梦来放松、克服自己抵触或不耐烦的情绪,多想想对自己有利的一面,就当做在这里可以认识新朋友,来改变自己的作风和习惯。绕远路走回家也是一个方法;散步、走路、浏览商店橱窗,不要总是尽快达到目的。最近在欧美流行的"快活不如慢活"就是针对这类 A 型人的。

③ 静坐

④ 瑜伽

★ **A 型性格测试问卷**

以下各项请分别打分——经常出现的打 2 分,偶尔出现的打 1 分,几乎没出现过的打 0 分。

① 说话时刻意用"必须"、"只能"等加重关键词的语气吗?

② 吃饭走路都很急促吗?

③ 认为孩子自幼就应该养成与人竞争的上进心吗?

④ 当别人慢条斯理地做事时会感到很不耐烦吗?

⑤ 别人向你解说事情的时候你会催促他赶快说吗?

⑥ 会被路上开车、餐厅排队、银行等候这些缓慢的过程激怒吗?

⑦ 聆听别人讲话,会一直想着自己的事而不能专心吗?

⑧ 会一边吃饭一边看报,同时一心几用吗?

⑨ 休假之前赶着完成所有工作吗?

⑩ 稍微停下工作休息的时候会觉得是浪费时间吗?

⑪ 与别人闲谈时,总是提到自己所关心的话题吗?

⑫ 是否宁可务实投入每天的事项而不愿意从事创新或改革的事情?

⑬ 是否觉得全心投入工作而无暇欣赏周围风景是一种常态或美德?

⑭ 经常试着在有限时间内做更多的活吗?

⑮ 与别人有约的时候是不是绝对遵守时间,对别人迟到也很不能容忍?

⑯ 表达意见的时候是不是紧握拳头,加强语气。

⑰ 是否有信心再提高自己的工作效率?

⑱ 是否觉得有些事等着你一定要马上、立即完成?

⑲ 是否对自己的工作效率一直不满意?

⑳ 是不是觉得跟别人竞争的时候,不管是运动还是工作,都非赢不可?

㉑ 是否经常打断别人的话?

㉒ 看到别人生气或攻击时,是否会跟着马上生气或反击?

㉓ 往往吃完饭就匆忙离席。

㉔ 心里经常觉得过得很匆忙。

㉕ 对自己的表现常常不满意。

以上各题的分数加起来,如果总分到了25分以上,就表明受试者是偏向A型性格。如果40分以上,就要非常注意长期以来的压力对生理与心理的伤害。

美国白领阶层中A型的人患心脏病的比例是B型人的3倍。不过,性格类型在好好调整心态后是可以改变的。

(2) B型性格

与A完全相反的性格:容易相处,不容易激动,社会适应性较好,遇困难想得开,对不顺心的人或事不会耿耿于怀,对自我价值有种确切的坚实感,对生活随遇而安或态度随和;更能自我调节,脾气多半平和;事业、个人生活较能取得成功。他们的特点是:

① 更平静、易相处,不会常常有时间的压力;

② 享受比赛过程的快乐,并不是以获胜为唯一的重要目标;

③ 讲话速度较慢,较会闲聊,也容易被人理解,态度温和;

④ 讲话的声音比较平和、稳重;

⑤ 不会同时做好几件事;

⑥ 懂得自嘲,适度自信;

⑦ 目标是去做值得做的事,但不是为了占有;

⑧ 较有耐心;

⑨ 珍惜闲暇时间,有效地恢复体力和心力;

⑩ 效率较高,擅于授权给别人,同样取得成功。

B型固然很少患病,但也不妨参加一些社交和社会活动,多培养事业心、增加积极进取心,对那些嗤之以鼻的竞争活动,可以偶尔参加,激发自己的活力。

(3) C型性格

C型性格是德国心理学家在20世纪80年代提出的,主要特征是:童年形成压抑性格,如丧失父母,缺乏双亲抚爱,过分的合作、忍耐、回避矛盾、自生焦虑、忍气吞声,生闷气、克制自己、克制悲伤、愤怒、苦闷的情绪;重点是过度的克制;往往在人们的心目中是大好人,其实内心不是无怨、无恨,只是能够克制罢了。患癌症的危险性比一般人高3倍;因为抑郁心理打乱了体内环境平衡,干扰免疫监控系统,所以C型也代表了cancer或concern(抑郁、委屈)。心理学大词典对癌症的定义,开宗明义就说,是心生疾病的一种,也就是过强的心理应激造成躯体的生理变化;因此产生强烈的不良情绪,例如焦虑、忧愁、愤怒、悲伤。而过度压抑这些不良情绪,使这些负面情绪无法合理宣泄,就易引发癌症。脸上很少有笑容,紧缩眉头,按中医的说法就是五劳七伤,长期的苦瓜脸。疾病其实都是灵魂与自我矛盾的体现;疾病真正的意思就是"内在的不自在"(inner uneasiness)。每种疾病都是一种信息的表达,如果压抑某些东西,使它不能理智地得以表达,就会在生理层面加以呈现,成为疾病;每种疾病的初期都是身体

的某一部位在对自己呐喊"不对了"、"不行了",如果不早早地倾听这些信息,它们就不得不用破坏的方式再次告诉我们,很多人不去听或听不懂,最后付出了生命的代价。有人通过生理的不适,聆听到身体的呼声,最后理智地判断、适宜地因应,最后身体得以康复,继续享受健康的身心。

★ C型性格测试问卷

以下各项请分别打分——非常符合打2分,一般的打1分,不符合的打0分。

① 是否很难在别人面前表达自己的情绪?

② 内心是否总是伴随着难以解脱的压力感?

③ 心情紧张焦虑吗?

④ 怕面对人群吗?

⑤ 很怕被别人伤害,因此谨言慎行。

⑥ 表面上小心翼翼、沉默寡言、态度温和,内心却十分压抑,挣扎痛苦。

⑦ 当面对不成功的事情时,常常自责、悔恨、懊恼。

⑧ 觉得自己很有才华,对自己、他人期望很高,内在的求全与好胜心很强。

⑨ 会对有创新的计划或变动有怯意,容易持悲观态度。

⑩ 完美主义,极端惧怕失败。

⑪ 患病时不太肯求医,一味坚持隐忍,当发觉自己可能患病时,一拖再拖,拒绝告诉家里人。

⑫ 觉得自己不如人的时候很沮丧,甚至于很不安。

⑬ 有很深不安全感,常怀疑别人在捉弄自己。

⑭ 心情懊恼或不愉快的时候强颜欢笑,喜怒不溢于言表。

⑮ 季节变换、亲人离散的时候,情绪容易波动和抑郁吗?

⑯ 人际关系中没有密切来往的人,而且也不把心事向人倾诉,因此沉默寡言。

⑰ 常常舍弃自己的爱好,委屈求全,顺应现实。

⑱ 常常觉得自己根本无力改变现状,不知道如何向人倾诉或开口,甚至认为这是软弱无能的表现,宁可激烈冲突、折磨自己,却装作没事一样,不愿表露。

以上各题分数加起来,总分≥18分就是C型人倾向,≥24分指典型的C型人。

这份心理小测试不必完全当真,但里面透露的信息可以作为参考,消极的心态与抑郁的情绪应适当加以注意;C型人容易患癌症,是因为消极心态会严重妨碍体内的免疫功能,不能好好地去发现机体内突现的癌细胞,使得癌细胞倍增繁殖,发生癌肿;不良情绪也会直接降低细胞免疫力与体液免疫功能,致使癌症趁虚而入。应对措施:多交朋友,学会开阔心境,偶而发脾气时就痛快地发一次火,来感觉那种酣畅淋漓;在关心别人的时候也要真诚地关心自己,不要忘掉自己,更不要老是委屈自己。要知道人生本来就是一个充满矛盾的过程;无穷的忍耐只会使自己更加郁闷;解决矛盾时学会打开天窗说亮话,找到一个平衡点,给不良情绪找到出口,不要老憋在心里。心理学家斯宾诺莎认为心理活动与生理活动同等重要,也是一个过程的两面。C型性格的这些特质告诉我们不良心态需要有合理的宣泄;精神上的封闭、压抑会导致生理活动消极,心理是脑的机能,是脑对客观现实的反应,脑的活动影响到生理的活动,癌症就应运而生,癌症的诱因60%以上是心理因素就是这个道理,也就是消极心理直接诱发了消极的生理活动。

(4) D型性格

1998年,比利时心理学家德诺烈特介绍了D型性格特征,发现D型人具有孤独的性格,容易患有心脏病和肿瘤,发生心绞痛或心机梗塞的几率比别人多52%。D型人心脏病再次复发导致死亡的人数是其他类型的人的四倍;他们的特征是孤僻、沉默寡言、对人冷淡、缺乏自信、没有安全感、爱独处、不合群、情感消极、忧伤、烦躁不安。

对D型人的劝解:多跟社会发生联系、改变离群独处的习惯,多参加社交、多结交新朋友,增加更广泛的兴趣活动,打开心扉,不要精神洁癖,要乐于向自

己所信任的人倾诉。

（5）E 型性格

E 型的人感情丰富、擅于思索、很少有攻击性、很少找别人麻烦，但情绪消极、自我悲观、容易产生神经官能症；生活点滴小事就可能引起焦虑；一焦虑就产生一系列心理紊乱，如心悸、头晕、失眠，又称为神经质型的焦虑症。

家族因素是这种焦虑模式的主要成因，是遗传性的，甚至于应对压力的焦躁模式也可能遗传；焦虑会产生罪恶感与无用感，认定自己无用或抱以疑虑的态度。其实要改变的是自己的生活习性，不必怨天尤人或逃之夭夭，不能控制事件，但可以控制自己的情绪。

1967 年，美国精神病学家霍尔姆斯发表了一篇"社会再适应评定量表"，列出了 43 种人生过程中较常见的生活事件或变动，既有积极事件也有消极事件，但都是带来紧张与压力的挑战，都是需要人们在生活与精神上全力以赴地去调整与适应的。他给每一个事件都打上一定分值，简称 LCU。这是指像青霉素的抗菌效力的单位一样，说明这些事件所带出来的刺激强度，也代表着这个生活事件对人们的影响程度或要求人来重新调整的力度。夫妻关系是人类最重要的关系，最严重的事件莫过于配偶死亡，因此被列为首位，数值是 100 分；离婚固然不属于稀奇事件，但也令人充满压力与需要调适，分值为 50；被老板解雇，因为这事件除了令家计收入减少，更是一种心灵上的被否定、被伤害，被评为 47 分,；退休占 45 分；子女离家在欧美的分值是 29 分。在一年中如果有几件不同的生活事件发生，就要把它们的分值累加起来；比如，子女离去的空巢期加上心脏病多年的母亲去世，那分值就超过了 150 分。总之，霍尔姆斯教授的调研显示，如果一年内生活事件加起来的分值，也就是受到刺激与压力的程度超过 300 单位，70% 的人在第二年可能发生明显的健康问题。如果总分在 150—300 分，48% 的人可能在生理或心理上会发病。总分在 150 分以下的人，第二年会比较平顺。

但在，这套计量列表毕竟是建立在西方人的社会风俗、价值体系上。在中国,对婚姻、家庭、亲子、事业、人际、财务、死亡等重要领域有着迥异的期盼与价值观。例如,如果夫妻间长年以来不是那么亲密、依存,一方的去世就不见得带来那么深的悲伤;现代的家庭育有独生子女,他们反而成了家庭运转的轴心,所以,"空巢综合症"带给孤独老人们的凄凉、无助、孤单的感觉,可能会比西方社会有着更高的比重;与上司相处不好,在国外的分值是23分,可是在国内可能占50分,因为在中国的特殊体制里面,如果与领导处不好、与领导有矛盾、失去了领导的青睐,那就等于自己的前途无望,因此所造成的苦恼与压力的分值就比这个量表原先的计分高出许多了。

除了上述富有中国特色的特殊化以外,这些表格不但不能包罗万象,也充满主观性,不能个性或个别化,不能一味迷信或套用。不过这个量表的思维与结构的确有它的参考价值,它提醒人们对自己生活中的重大事件对身心健康的不良影响要提高警觉。尤其有几件负面生活事件同时发生时,对于自己的身心健康的叠加分值、积累效果与影响就更要特别留意了。要了解的是,良好的情绪疏导能力与社会支持网络才能有效抗击焦虑和危机。例如,面临亲人的去世,除了要利用娱乐、交友、阅读、宗教、音乐、运动等健康的方法来分散孤独的心,更要领悟一心想要征服孤独其实是很难实现的目标。人只能容许如影随形的孤单来相伴,学会与孤独和平共处,尝试着从孤独那里感受生命的常态,获取独乐的动力,培养直面无常人生、更加强大、知足、充满激情的平常心,来获得更加幸福的人生。

6. 缓解与调试压力

人出现自卑、哀伤、担忧、恐惧、焦虑的状态是很普遍的,唯有直面人生挫折,有效疏导或排除,改善自己的心理健康,调适自己的心态,一生所追求的幸福感才能不被干扰,才能拥有一个舒畅的心情,享受当下的快乐与幸福。

要想立即减少负面事件压在心头令人喘不过气来的难受感觉,最简单快捷的方法就是调整呼吸。紧张的时候,准备动作是深深吸入一口气;需要放松的时候,则必须要学会从呼气来开始;先把能呼出去的气都呼出去,再慢慢地、深

深地吸进一口气;屏息,慢慢数到三,然后再呼出去。所以每天坚持3次,每次坚持5分钟,就会发现自己的紧张感在慢慢减少。古语提到体验、体察、体悟、体恤、体现、体念,都有个身体的"体"字,就是提醒我们,在领悟一个理念时,只靠思想是不够的,身体也要参与,因为身体是整个系统不可分的部分。

其次,要从以下几方面调试恶性压力:

(1) 生活习惯——运动、静坐、缓慢深呼吸。

(2) 注意饮食——少油炸、烟酒。

(3) 良好睡眠——睡前半小时,安静环境,光线昏暗。不要因害怕失眠而失眠。睡不着无妨,只要轻松躺着,心情放松,也有休息效果的。

(4) 平和情绪——展开自我疗程,调整认知,减少忧虑。

第三节 心理治疗的重要学派

多去了解近代心理学所发展出来的几个重要的心理治疗学派理论与内容后,会领悟出调整个人不良情绪的诀窍:

1. 理情疗法

心理疗法中的理情疗法(rational emotive therapy,RET)强调人们是因对事物的错误看法而受到精神上的困扰。该疗法的前提假设是人的思维主要包括了理性与非理性的两种。要帮助人们面对与摆脱情绪困扰,必须找出与排除烦恼的主要来源——思维中的非理性信念(irrational belief)。

艾利斯(Albert Ellis)的ABCD理论认为,逆境会使人们(A—adversity)透过内心的思维与信念(B—beliefs)加以解析或解读,所产生负面情绪的结果(C—consequences),需要加以反驳(D—dispute)才能够排除不良结果,进而产生好的心理感觉与效果。他认为这个世界上没有绝对不会犯错的人。例如,对于为自己犯的错而深深自责的人,以及得不到爱而否定自己价值的人,他会强调"即使你得不到所有人的爱,你的价值也不会因此有一丝丝的改变或减少"等,从而粉碎患者心中的这种非理性信念,引导患者接受新的见解。

艾利斯总结出人们常存在11种非理性信念:

(1)取悦——人都想取得周围人,尤其是他认为重要的人的绝对喜爱和赞许。

(2)成功——个人的价值取决于自己能否在人生的每一阶段和环节都有所建树。

(3)惩罚——世上那些邪恶、可憎的坏人都应该被严厉惩罚。

(4)不顺——事情一旦不如意时,感到极度恐惧和悲伤。

(5)逃避——以逃避的方式面对可能的困难、艰难、责任。

(6)不悦——自己不愉快的感觉都是外界造成的,所以人是无法控制自己的悲伤与困惑的。

(7)危险——人应该非常担心和思考危险和可怕的事物,要随时留心它们发生的可能性。

(8)过去——此时的行为往往由过去的经历决定,这是永远无法改变的。

(9)依赖——每一个人总得依赖他人,也需要找到一个比自己强大的人来让自己依靠。

(10)关心——每个人要关心他人的问题,要为他人的疾苦感到悲伤和难过。

(11)答案——人生中的每个问题必然有一个精确的答案,得不到答案时是很痛苦的。

艾利斯建议三种方法粉碎患者心中的非理性信念,代之以合理信念获得较佳心情:

(1)将患者的"僵化信念"浮上台面并加以曝光,接着针对这种思维来辩论或挑战,逐一用逻辑上的批驳,来质问患者这种思维的实际根据是什么。

（2）针对总是追求完美的人,来挑战与质问"你这个期冀的背后其实就是在追求完美。请问你所坚持非要、绝对、必须的事物或内容,在世界上真的存在吗?"用现实中的现象来粉碎对方的过分期许与失望带来的不良情绪。

（3）"一次对重要客户的陈述失败或高考失败,人生就完了吗?"从帮助对方想明白实际上事情会怎样发展,来使其明白这些都是僵化的思想,只会把自己逼上死胡同或窘境。

2. 认知疗法

教导人理性地面对烦心事,改变非理性的思维方式。例如,对于失恋后有自杀倾向的人,引导其与自己的不合理信念进行辩论,重新认识自己的情绪和态度,获得良好的情绪。

咨询师用一连串的问答来问对方,"女友抛弃了你,你是否还爱她呢?""她也爱你吗?""她离开后你为什么痛苦并怨恨她呢?""你遇到她以前有别的女孩喜欢你吗?""为什么没有和她们继续谈恋爱?""你曾经选择了离开你以前的女友,这可以说明你相信自己有选择的自由与权利,是不是?"再问:"每一个人都该有选择对方的自由与权利,你的女朋友也有,对不对?""如果她进行了她的选择,你应该恨她吗?""她行使了自己的权利,你还恨她吗?""她的做法和你拒绝喜欢你的女孩的做法,本质上是不是一样呢?""你有选择的自由与权利,为什么她就不能享有呢?"这一连串问题是用来帮助患者去察觉自己对这件事件极为不满的情绪之下所存在的非理性思维,接着就较乐意转换自己的不合理思维,换来积极正面、较为舒畅的看法与心情。

为了让认知疗法更加有效,也让问话在设计上更加合乎逻辑及针对性,这个疗法列出了 11 个常见的认知扭曲。长期处于认知扭曲下的情绪状态,就会因笼罩着长期紧张、不安、不满、怨恨、苦读、愤怒、委屈的负面情绪而可能患上心理疾病。这 11 个认知扭曲,也就是很容易产生负面感受的负面认知的思维:

（1）两个极端性的思考——完全成功或完全失败,只承认其中某一项。

（2）过度概括——一旦发生一点不幸的事,就会感觉自己整个人生都是不幸的。

（3）悲惨思维——凡事总往最坏处想。

（4）消极思维——即使遇上好事，也觉得这是"纯属偶然"的否定性思维。

（5）负面或否定性预测——总是一味考虑否定性或负面结果。

（6）自我关联——总是觉得每一个人都在注意自己、评估自己、责备或嘲讽自己。

（7）过度自责——一旦发生不好的事情，就觉得都是自己惹的祸或认为这是自己造成的，自己应该负起绝对的责任。

（8）"绝对"、"应该"的想法——对事情的成因、后果，总是坚信不疑"绝对是……"、"应该是……"的看法。

（9）选择性提取——无法全面客观地看一件事，总是拘泥于事情的特定角度或解读方式。

（10）自我评价低——总认为自己事事都比别人差。

（11）夸大或缩减——思路很夸张或很琐碎、狭隘。

3. 眼球运动脱敏与再加工（eye movement desensitization reprocessing，EMDR）

这个疗法对于"创伤后应激障碍"（又称"重大灾难后压力症候群"，post traumatic stress disorder，PTSD）非常有效。尤其在用来配合其他疗法时，能够发挥相得益彰、相辅相成的效果。针对PTSD的传统治疗大多偏向于一再要求患者详细说明造成这种症状的起因事由、背景故事，经常会使患者如同伤口上一再撒盐，遭受二次伤害，使得病情进一步恶化。而这里的EMDR只是询问一下起因事件的大概情景、由此所引发的否定性自我评价，回想一下当时产生的情感、心理强度和身体上的感觉。接着，手臂伸直，目光专注地跟着食指左右来回运动，这种快速进行的眼球运动要反复25次。它的理论基础是通过眼球的反复运动，人的脑海中会自然形成情绪和认知，促进脑内信息处理，也就是说这时所灌输给患者的积极正面的信息较容易被接受，有助于患者克服精神伤害。

EMDR的医疗效果主要来自两个方面：

第一,一般人在思想上受到打击时,部分大脑会立即活动起来,以救援受伤的地方。但过度沉重的打击会毁掉大脑的这一自然机制,从而造成精神创伤。

第二,运用某种条件,如眼睛的运动,便可以激活大脑救援创伤的机能。重新激活大脑这一机能,把沉重打击变成平常事,从而不再沉浸于痛苦的回忆当中。

4. 叙事疗法(narrative therapy)

看待一段经历或事件的心情其实是很受描述的角度、语气、字眼所影响的。人们如何解读与理解一段刻骨铭心的事实,会深刻地影响着他的心情与心态。这一疗法就是帮助患者构筑更乐观、更积极与更具建设性的事实。在构建的过程中,尤其要帮助患者避免用消极的字眼、眼光与角度叙述自己的过去。协助他们转换观点,以一种积极的方式来叙述自己的故事,好让自己重拾生活的信心。叙事(narrative),又称说故事(story-telling),是一种脱离语境进行有组织表述的语言能力,是对时间上相互承接事件的叙述。

此疗法强调没有客观事实,只有一个人的视点来理解的现实,是后现代主义的观点。目标是从崭新的角度理解自己过去的人生,来构筑一个更具有建设性的现实。例如,不再用"我这个失败者所遭遇失败的一段失败故事"的说法,学会用"问题外化"(externalize)来描写人生中消极的事情。强调的是用外在因素造成这个消极事件的方式来改写故事。

例如,针对原生家庭因经常指责孩子"你真懒"、"你真笨"、"你一无是处"而形成的一些不健康与没自信的心理状态,引导他们在叙述自己的失败时,不要再以"懒惰的"或"愚笨的我考试不及格了"来理解问题。学会以"是懒惰心理拖垮了我,使我考试不及格"来叙述与理解问题。重点是把箭头与归因转到自己以外的某些因素上,进而学会用比较积极的态度来看待这些事件。例如,常常强调小学时代因为没交家庭作业而挨打,但是用积极的眼光与角度就是指引他转而想到一些自己曾经被老师表扬过的事件。又如,步入社会后,从强调"我的营销业绩是小组最烂、倒数第一名"改成"我的营销业绩相比于上个月,其实是有所增长的"。这种语气会无形中促成了"只要我想做,我就能够做成"的积极自信心态。

5. 自我放松法

通过自我暗示来放松自己。慢慢躺下,然后闭上眼睛,专心地想着,接着在心里说两三次"我现在很放松"。然后在心中默念"我的后背很重",并确认自己是否能够真实地感受到后背的重量。之后,用两三分钟的时间在心中重复上面的过程,体会放松下来的感觉,最后伸一个大幅度的懒腰,使意识恢复到清醒状态。

还有一种渐进性肌肉松弛法。坐在椅子上,闭上眼睛,屏住呼吸,全身使出百分之六七十的力量,几秒钟后,呼吸一下,使紧张的肌肉放松下来,再屏住呼吸,闭上眼睛,全身用力几秒钟,拳头紧握,放在膝盖上,最后在闭着眼睛的状态下全身放松,反复深呼吸。

也可以用下面的几个程序达到同样的效果:① 穿好宽松衣裤,拿掉首饰。② 使自己有一种毫不受拘束的感觉。③ 选择一个安静的环境。④ 想象自己舒服地躺着。⑤ 排除杂念,用积极的心态去体验放松的感觉。⑥ 微闭双目,心中默想自己从双手到双臂沉重而发热,双腿、双脚沉重而发热,腹部温暖而舒服,呼吸深沉而平稳,心率平稳,额头冰凉。⑦ 暗示自己在最后睁开双眼后,就一定会获得松弛和精力恢复的良好状态。

这种方法强调的是"不安的心无法存在于放松的身体当中",也就是肌肉的紧张程度一旦能够降低,肌肉细胞传向脑部的信息就会减少,脑部的兴奋也跟着会镇定下来,心理上就会得到全然的放松。就是把肌肉的紧张从高降到低,肌肉细胞就会向脑部发出信息,说紧张已经减少,脑部的兴奋也会降低下来,心理就会得到放松。

6. 渐进性肌肉松弛法

慢慢躺下,先闭上眼睛;摒住呼吸,握紧拳头,将注意力完全集中于握紧的感觉,心中慢慢默数1、2、3、4、5,几秒后,缓慢呼吸并放松拳头,清楚地感受由紧到松、慢慢松弛的感觉。完成后,慢慢深呼吸两次,接着逐一针对全身不同地带

的肌肉,从肩膀、颈部、脸部、背部、大腿、小腿到脚趾,重复以上的由紧绷到放松的动作,尤其是专心与清楚地一次又一次去感受这个由紧到松的过程,便会带来意想不到的身心松弛效果。

总之,压力是日常生活中不可避免也是十分重要的部分。压力管理的诀窍就在于学习如何提防那些原本可以帮助我们获得精神和身体动力的良性压力转变成为导致生理、感情或行为紊乱以及带给人们不良影响的恶性压力,从而产生较为正面、积极的思维,实现状态的良好转变。

第六章

心境管理
——寻找快乐之源

快乐基因的比较

在20世纪的后半期,科学界普遍认为,人的性格像是一张白纸。后天的经验逐渐丰富了这张白纸,不断发生的经验与际遇也塑造了人的性格。从20世纪90年代到如今,学者们对于影响人类性格与其乐观与否的因素进行了更有系统性的研究。对于"快乐学"的研究,大多由下面几个领域来探讨。

一、经济学家

每一个个体的满意度和主观的快乐程度究竟是由哪些经济因素决定的?是公司、福利、劳务市场、失业还是通货膨胀?他们发现,在这些因素中,失业是带给人最多不快乐的因素,远大于通货膨胀所带来的不快乐。

二、社会学家

他们从社会因素,包括年龄、性别、种族、婚姻状态、亲子关系、社交网络、政治与文化、民主程度、宗教等因素来研究,发现年轻和年长的人普遍比中年人快乐;受教育程度高的人及已婚人士平均比较快乐,但离婚者相对就很不快乐;觉得在工作中创造了社会价值,以及有宗教信仰的人普遍比较快乐。

三、内部因素

人内在的性格,例如外向与自信的人明显比内向和悲观焦虑的人更快乐。但这些研究都有一定的局限性,例如快乐究竟能持续多长时间,对整个人群的总体快乐程度是否产生影响等,就要纳入更多的因素来考虑。

四、遗传基因

近年来的研究则明确地把快乐的概念和遗传基因联系在一起,证明了人是否快乐,在很大程度上受到遗传基因的影响。2011年10月由哈佛医学院、加州大学圣地亚哥分校与苏黎世大学三地的科学家们联合针对1 000多对美国青少年双胞胎做了深入的检测,确定了影响人类快乐程度的因素当中,有三分之一都是与遗传基因有关的。伦敦城市大学学者内维博士总结了这一看法,在"基因、经济和快乐"论文中,提出快乐和悲伤是通过基因表达出来的。

Decoding the Heart

实验的结果发现,人是否感觉到快乐的外部和内在因素中,遗传因素占了33%,也就是说基因占了三分之一,其余三分之二是由外部环境所造成的。他们发现基因编码的五——羟(qiǎng)色胺转运体蛋白,它扰乱了大脑信息通过细胞膜释放羟色胺的过程,还要检测这种基因的变化在什么程度上影响快乐。大脑羟色胺转运体的基因存在于大脑细胞膜当中,和情绪调节有关,它的变化部分决定了人快乐的程度。这种转运体基因有两种不同功能性的变体,一种较长,一种较短,长型的转运体基因会比短型的促成更多的"羟色胺转运蛋白"出现。有的人的这种基因全是长的,有的人全是短的,有的则是有长有短。

内维的研究先让受调查者为自己感到快乐的程度打分。他们发现带着一个长型基因的人和没有一个长型基因的人相比,称自己非常快乐的人数要多出8%,而两个相关基因全是长型的,感到非常快乐的人更是多出了17%。这个实验包括了各个种族,结果显示亚洲裔美国人平均带有0.69个长基因,美国白种人则平均带有1.12个,而非洲裔美国人最高,平均带有1.47个长基因。

这个实验印证了从"快乐基因"来比较的话,亚洲人是先天最不快乐的族群。2009年发表的一篇论文当中指出,亚洲人当中的中国与日本两个国家的人群中,这种特殊基因普遍较短,而这两个国家情绪失调的人数也较多,人群的焦虑倾向也比较高。相对强调个人独立的文化中,则出现相反的现象。

总之,内维的研究结果总括了影响人类快乐因素的研究,包括了社会学、经济学、文化研究与基因学,但最重要的是,也肯定了后天的环境与际遇对人类乐观情绪的影响。我们对快乐的经营与研究会偏向于后天、环境、际遇等因素。

第一节 解码快乐

1. 认识人生的真谛

心理学大辞典对于快乐的定义是:个体体验到的一种愉快、欢乐、满意、幸福的情绪状态。家财万贯的丈夫与妻子大吵一场的时候,好像自己活在地狱一样。一个乞丐拿到一碗饭,在角落安安静静地品尝,感觉很快乐。快乐是一种开怀、美妙、幸福的心情体会。幸福是一种持续时间较长的、对生活满足、感到巨大乐趣并希望持续久远的愉快心情。快乐是短暂的幸福,是由外面的事物来激发内在的情绪反应。快乐和幸福的区别在于,幸福是长远的快乐,是较持续的一种心境。

有人梦中遇见上帝,问上帝:"我很想采访你,但不知道你是否有时间?"上帝笑笑回答:"我的时间就是永恒,我有的是时间回答你的问题,你尽管问吧。"那人问上帝:"你觉得人类最奇怪的特色是什么?"上帝回答:"① 小时候,急于长大,到了老年,又渴望自己返老还童。② 年轻时牺牲自己的健康来换取金钱,到了老年又花掉大把金钱来买回失去的健康。③ 对未来充满了忧虑,却忘记了活着的现在。人类既不生活于现在之中,也不生活在未来之中。④ 活着的时候好像从未想到自己总会死去,可是死去的时候又好像从未活过。"

一生中最有价值的不是拥有什么东西,而是拥有怎样的人生,也就是自己所处的情境和心情。每个人的一生都应该是在争取幸福、让自己的幸福最大化的一生。真正的幸福,不仅是生活中每一个时刻都快乐,而且是生命所存活的整个状态。即使偶有痛苦的时刻,但洞悉这些痛苦的真实意义之后,依然指向幸福。痛苦经常是幸福的一部分,只要人生整体而言,依然是幸福的,那就是美好的人生。幸福就是意义与快乐的结合。在这个发展迅速的网络时代,许多人对幸福的渴求却沦于追求短暂欢愉,只图眼前肉体与感官的快乐。其实,如吃、喝、嫖、赌、腐败、网瘾等,如果罔顾长远的目标与所赔上的代价,是损人不利己的。如同《圣经》所言,"即使赚得了全世界,却赔上了自己的性命"还值得吗?幸福不仅是意义与快乐的结合,也是和谐的平衡。

人生至高的财富,生命最高的意义就是谋求幸福,每一个人都要为自己的幸福负责,而不是由他人来决定自己幸福的纲领或步骤。这个过程是如人饮水,冷暖自知,是自己用日子和时光来亲手书写出来的。幸福是一种感觉,是一种灵魂的成就,但如果有人说拥有某种东西之后,或目标达成以后就好像坐上一条船,直接抵达幸福的彼岸,千万不要相信。如同吗啡或毒品一样,它们都是山寨版的幸福模拟物质,是快速得到快感,但最后抵达地狱的垂直电梯。所以,一定要了解幸福的真相,构建自己的幸福体系。确定争取幸福是人生的终极目标,了解种种拦路虎和陷阱,绕过这些路障之后,来争取到最大的幸福。

2. 内啡肽——快感荷尔蒙

人在快乐的时候会有一种激素分泌,性激素只是激素(hormone)的一种,音译为荷尔蒙,希腊文原意是"奋起活动",对于人的机体代谢、生长发育与繁殖起重要的调节作用。现在把通过血液循环或组织液起传递信息作用的化学物质都叫做激素。激素分泌有一定规律,受机体内部的调节,又受外界环境信息的影响。激素分泌量对机体功能有重要的影响,要学会控制自己的荷尔蒙。

饮食、性生活、读书、运动、实现心目中的理想或工作上获得升迁等都带来喜悦。这些快感都来自神经分泌的内啡肽。

内啡肽(endorphin)是脑下垂体分泌的类吗啡分化合成物激素。由脑下垂体和丘脑下部所分泌的肽(氨基化合物)产生与吗啡或鸦片一样的止痛效果与快慰感,是天然的镇痛剂。它可以减少疼痛、缓解焦虑,是使人快乐的物质,让人安宁;还能调节体温、心血管、呼吸功能。肽能参与感情、应答的调节作用,是人体亢奋系统的组成部分。在内啡肽的激发下,身心处于轻松、愉悦状态,免疫系统强化,能顺利入睡,内啡肽也被称之为"快感荷尔蒙",能使人保持年轻快乐的状态,是人们得以感知幸福的物质基础。

吗啡是从罂粟花的汁液中提炼出来的,和世界上存在的所有其他物质一样,如果错误地使用,会给人类的生活带来伤害。吗啡如同魔鬼的手,会把吸毒的"瘾君子"牵引到地狱。心理学研究容易上瘾的人不见得是头脑简单或愚蠢透顶的人,很多是聪明伶俐、好奇心强、害怕孤独、喜欢出人头地、追寻人生快乐的人。

内啡肽是人自身产生的激素,也是一种能量,可以对抗恶劣环境。如果身

第六章
心境管理——寻找快乐之源

体能稳定地保持生产内啡肽的能力,使其源源不断地存在于身体的细胞中,就可以年轻、有活力、身心愉悦。可惜内啡肽的产生是很吝啬的,是要人们付出艰苦的努力才能获得的。年轻学子经过十二年寒窗苦读考上理想大学,收到录取通知书的一刹那,除了脸上露出灿烂的笑容,体内也会分泌大量内啡肽。这些幸福时刻,得来不易,要付出体力与精神的双重努力。相比之下,吗啡带来的"伪幸福"在身体里产生的快乐与这种物质极为相似。1806年,法国化学家泽尔蒂纳首次采得吗啡,他吞下这些粉末后长睡不醒,于是就借用希腊神话中的睡眠之神 Morpheus 的名字将其命名为吗啡。

吗啡是假的幸福物质,它模拟了幸福时的人类所分泌出来的物质与系统,使人不费吹灰之力,取得原本需要长期艰苦奋斗、努力才得到的欢愉。吗啡给人廉价又速成的幸福的错觉。在短暂的"伪幸福"的刺激下,人的身体会进入成瘾的状态,对吗啡的渴求、贪婪、失控越来越烈,成为不可遏制的依赖性。没有了这种刺激,身体会有一系列痛苦的症状。这条悲惨道路的入口处,却写着斗大的两个字,"幸福"。任何事如果让人感到痛苦,人就会本能排斥,因此可能反而没那么危险。可怕的是,人们误以为它能带给自己快速的幸福,却不知道要付出沉痛的代价。

一个人的生命历程,完全是由自己来创造的,要为自己负责,做自己内啡肽的主人,学习和自己的内啡肽系统对话,让自身成为一个和谐的身体,也就是要学会训练和控制自己的荷尔蒙,学习掌握自己内啡肽的规律,保持身心愉快。

正面积极思考时,大脑会分泌内啡肽,活化细胞,在大脑中形成活泼的神经网络联系,脑电波也出现低缓、融合连贯的模式,使人保持轻松、连贯的心情,充分发挥体力和脑力的潜能。相反,当人处于紧张、烦躁、发怒状态时,会分泌出肾上腺素等物质,肾上腺素长期存在是有毒的,让人脑电波不稳定,人变得疲劳和衰竭。情绪就是这样影响着大脑,大脑反过来影响身体。成为自己的主人就是学会弄清这些规律,掌握适当的方法。

第二节 击败快乐的"拦路虎"

1. 习得性无助

在通往快乐的道路上,会遇到许多路障,只有经过艰辛付出,才会最终到达快乐的天堂。有人一生都用积极、乐观的精神来管理自己的人生和心情。也有些人总任由过去的失败和疑虑支配自己的心情,大多时间悲观、失望、消极和颓丧,认为自己根本就不享有幸福,对生命采取破罐破摔的态度,放弃了对幸福的追寻,最后就像自己所预估的那样迎来失败。

Self fulfilling prophesy——预期的自我实现,把自己的心态、心境瞄向"终于失败"这个结局的方向。

1967年,心理学家塞利格曼通过狗的电击实验创造出了习得性无助这一名词。原本可以选择主动逃避痛苦,但由于以往的痛苦经验所产生的绝望情绪,而出现被动地等待痛苦来临的情况。形成的过程是频繁体验挫折——产生消极意识——无助感的产生——出现动机、认知与情绪上的损害。很多人就是这样丧失了对幸福的感知与追寻的动力,一再拒绝幸福。幸福不是天然而来,是奋斗与努力而得来的。因为害怕失败,拒绝奋斗与挑战,根本上拒绝幸福,就是负面的、消极的幸福观。

应对习得性无助,需要消除自己的消极意识,跨越失败的经历。换个角度看失败,从失败中找出自己所得到的利益,把失败看成使得自己更加成熟和增加手中资源,并借以调整方向和策略的经历。曾经有一位前辈这样跟我说过:"每个人都会走错路,都会遇到挫折。普通人和智慧人的差别在于:普通人在错误里打转。明知道是错的,可是没有勇气和毅力从错误的轨道里走出来。人生的乐趣在于它的起起伏伏和它的不可预知性。智慧人会把错误当成通向新道路的垫脚石,及时从错误的旋涡里跳出来,开辟新道路。"人生成功或失败,幸福或坎坷,快乐或悲伤,取决于自己的心态。美国心理学家威廉说:"我们这一代人最大的发现是,人能改变心态从而改变自己的一生。"心念一转,世界可能从此不同,人生中,每一件事情,都有转向的能力,就看我们怎么想,怎么转。举个例子,美国某公司项目经理由于疏忽,使公司亏损了100万美金。估计一定不会再被公司继续雇用,他自己也感觉惭愧,便向公司提出了辞职。提交辞职信时总经理却对他说:"公司刚为你付了100万元的学费,你是比以前更优秀的员工,我怎么能轻易就把这样的资源浪费了,怎么能放你走呢?"总经理能够把失败看成下次成功的宝贵经验,转换消极的认知,在危机中找到转机的信号。

2. 自卑

婴儿出生的第一件事情就是啼哭。这是对寒冷、对孤独的第一声惊恐的告白,也是被迫独立生活的宣言。从此在同自卑的抗争中成长壮大。孩提时代,每个人潜意识里都有些自卑感。但成长和成熟的过程,就是要去掉轻视怀疑自己能力的负面思维。自信随着能力的增长建立起来,人在独立的过程中成长。

自卑情结是幸福的最大敌人。自卑的反义词是自信。自卑的人自己看不起自己,自信的人自己相信自己。他们的区别是遇到事情时,前者说"我办不了或得不到",后者说"我能或我可以得到"。面对一生,前者说我只能随波逐流、被外力摆布,后者说"我能成为理想中的人,我要掌握自己的命运"。

一个时时忙着沉浸在自卑或消极中的人,没有机会体会幸福的滋味。自卑就是自我的消极信念过多,影响了成长,充满了对自己的不良信念与不适宜的评价。

心的解码
Decoding the Heart

阿德勒(Adler)是奥地利精神病学家,被称为"现代自我心理学之父"。他从一个从小驼背、丑陋、体弱多病的孩子成长为医生。因为自身的残疾,他发表了有关身体缺陷引发心理自卑的论文,他不赞成弗洛伊德的信心决定论,强调社会文化因素的重要。认为追求卓越是人类动机的核心,如何追求卓越,取决于每个人独特的生活风格。人天生有一种内驱力,驱使人努力地趋向完善,但人总是会有缺陷,所引发的自卑,既能摧毁一个人,使其自甘堕落,另一面,也能使人发愤图强,力求振作,弥补自己的缺点。

自卑最主要的误区在于认定自己不配享有真正的幸福。自卑的人有几种显而易见的特征——大家聚会时格外安静或特别喧嚣,要么弯腰驼背,要么趾高气扬,语速特别快或特别慢,服饰特别夸张或不修边幅,看人时目光不愿与人正面接触。人的瞳孔无法接受人意志的支配,会反应真实想法。瞳孔变化范围很大,直径可以小于1mm,极度扩大又可以大于9mm,自卑的人潜意识里觉得自己不如人,目光游离闪躲,怕被别人窥破心事,就更不愿意正眼看人。自卑的人易被激惹,抵抗外界刺激的能力较低,内心深处潜伏着一个幼稚而常常出来吵闹的孩童。自卑的人多半很少发表自己的意见或很爱轻易做出承诺。自卑的人会夸大自己的成绩,贬低别人的成就,常为自己辩解,但辩解无力而苍白。自卑的人多半不会很好地照顾自己,生活起居、饮食比较容易放纵。比较容易通过沉迷网络、吸毒、性泛滥来排解压力。

想要克服自卑的心理,就要把眼光和思维聚焦在自己成功的经验上,渐渐增加自信。承认自己有自卑的感觉,但决不让这种感觉控制自己。像心理学家Alfred所说的,"适度的自卑会变成发愤的动力"。所有的人都有其优点和弱点,要以平等的眼光看待每一个人。看清自己的长处和短处,也知道长处和短处其实是相对的。伟人之所以伟大,是知道自己会犯错,懂得去修正自己,使自己的优点增加。将自己的长处加以发扬,对于自己的缺点改进之余要有宽容。告诫自己不要有完美的期待,要知道每一个人都有双重性。实事求是的人会坦荡地对待自己的缺点,不担心自己的恐惧感被别人看到。知道自己不是完美的,但果敢地依照自己的本性和特色去发挥,拿出勇气革新自己,突破自己。

第三节 做情绪的主人

托尔斯泰在《我的忏悔》中描述一个人被老虎追赶而掉下悬崖,抓住小灌木,低头看去,又发现两只鼠在咬灌木的根,这时,他突然发现嘴边有几个又大又漂亮的野草莓,他张嘴咬了一颗,多甜呀。也许这个人已经死亡,如果一定要死,至少他享受了美味的草莓,而不是在担心和恐惧中死去。

快乐最大的敌人,往往是自己的心态。心态等于认知加感觉。人的心态和情绪是可以随时随地转化的。快乐是一种对心态的管理和支配。我们不能控制际遇,困境随时会来临,但却可掌握自己应对困境的心态和感觉。我们无法左右变化无常的天气,但可以调整自己的心情。想要使自己快乐,就必须经常认定和宣告自己是个很快乐的人。从最坏处去着手准备,向最好处去着想。抛开令自己恐惧、沮丧和悲观的消极情绪,做自己情绪的主人,管理与控制自己的情绪。

1. 知足是快乐心态的前提要件

知,就是认知,是人性面也是精神面;足,往往是悟性。用认知来带动内心的满足。知足是源于内心精神世界一种充实、丰富、快乐和平静的感觉。人生有时被逼迫处于极不情愿的境遇时,会生出万念俱灰的感觉,但继而想到自己幸而拥有的一切,便觉得自己很满足。人的资源有限,但欲望却无穷。知足是深刻理解生活真相之后的选择,是协调内心无限欲望和现实有限资源的良方。

不知足是顺情的、任性的,身边一辆尊贵的轿车经过时,心中产生羡慕嫉妒之情,不知足便不招而至。摆脱这种不知足情绪的纠缠,换得一心安宁,才是一种竭力进入安息的功夫。

2. 快乐的心态可以用创意来创造

弗洛伊德认为人的性格在幼年时期已经完全定型,可改变的空间很少。但心理学家法兰克的父母、妻子和兄弟都死于第二次世界大战,本人更被纳粹关在集中营里严刑拷打,朝不保夕。有一天,他顿悟而产生全新的感受,心境完全从面临的困境超脱。之后他将这种内心脱离现实环境的自由命名为人类终极的自由。

从客观环境来看,法兰克完全受制于人,但他发现有一种自由是任何人都不能剥夺的——他的自我意识是独立的,超脱于外界环境的阻碍,他可以自己决定外界环境对自己的影响程度。他发现自己永远掌控着选择对外界刺激如何反应的自由和能力,他在脑海里设想各种情况,凭着想象和记忆不断操练和提升自己的意志,直到心灵的自由终于完全超越了肉体的禁锢。与囚犯甚至狱卒分享他在苦难中所找回来的生命的意义、自尊和对今后的憧憬。他发现人类都有"自我意识潜伏",每一个人都有选择的自由。

人类特有的四种天赋包括自我意识、想象力、良知和独立意志。快乐的人不会受外物束缚,会用自己的想象力和独立的自我意识创造出内心自得、自在的状态。

3. 快乐是一种欲望管理

快乐的人不一定拥有最多,而是将自己的需要降到最少。很多富人的生命其实很贫穷。反而有一些贫穷人,生命中充满着各种心灵的自在、自由所产生的快乐。自然给了人类那么多的美德,但也让贪婪、虚荣、忧郁、恐惧、嫉妒、愤怒、自卑、孤单等种种弱点侵入了人们的心里。

人都有满足欲望的倾向,可是却往往被寻欢作乐的心理带到痛苦的境遇。室内设计大师发现简约的空间美学和设计远比复杂和多样的设计难度高很多。

控制欲望也是有难度的,竭力进入安息是指我们要努力减少生产力的心理因素。放手往往是很困难的,需要我们能抵御急躁和鲁莽所产生的冲动和行为。

4. 珍惜当前,享受过程

越来越多的人感觉不到快乐,理由大多是"工作压力让我喘不过气"、"经济负担沉重"、"我的工作使我无法兼顾生活品质"等。很多人认为,那些能够挣脱世俗框架、做自己的人,都是衣食无忧的物质贵族,但事实真的是这样吗?从经济学的角度来看,其实不然。每一个人的决策都是理性和自由的,不是被迫的,每个人的抉择都来自取与舍,一定要先舍才能得。关键不是拥有的够不够多,而是人都想拥有一切的美好,舍不得放弃。根据人生观和价值观的不同,每个人内心都有一个效用函数,可以画出一条无差异曲线,反映出对于各种事情的偏好程度;有一条预算线,来衡量目前所拥有的事件、金钱、人脉等资源。每一个选择都落在这条预算线与无差异曲线的交点,当客观环境不能改变的时候,只能改变自己的偏好,才能改变交点。也就是说,即使一个人没有高职位,没有丰厚的薪水,但只要改变自己的效用函数,降低物质欲望,照样可以找到幸福的生活方式。既然成功不等于快乐,又无人能保证努力卖命可获成功,那何不在迈向成功的岁月中,设法使自己开心起来?千万不要在朝自己设定的成功目标一步步迈进的过程中,一心只盯着目标,满脑子期盼获得成功所带来的成就和幸福感,而应在过程中享受生活和生命本身。这就好比垂钓者,若一心只盼着钓到鱼,很可能几小时后,不但没鱼钓到,还把自己弄得满腔怨气和焦虑。不如静下心来,欣赏湖光山色,耳听柔和音乐,思索人生乐事,同时等着愿意上钩的鱼。所谓"钓胜于鱼",钓到时快乐,没钓到时也享受到了过程。如今国人富裕起来,度假旅行渐成时尚。有些人谈起度假,常以假期的长短、旅行的花费、购买了多少纪念品来攀比和炫耀。而有些人,即使只是躺在自家后院晒太阳,也觉得满足愉快。那种真正自心底油然升起的自在、潇洒,就代表了他们内心明白自己活在世上的真正价值,珍视心灵的宁静和自由,这也是健康自我形象的益处。

5. 珍惜所有,知足常乐

世俗的名利价值观成为了决定人生意义和价值的终极检验标准,外在的期望与周围的声音相互交织,成为一种权威的力量,促使人们向着同一个成功的目标努力。很多成功者都是在尚未享受到真正的幸福时,就成了"所有躺在墓地的人士中,最有钱或最有权的",这实在没有任何意义。很多人认为,"活出自我"是有钱人的奢侈,大部分人都要"为五斗米折腰"。但仔细观察周围亲友,那些每天都轻松快乐的人,不见得一定拥有很多财富或很高地位。他们之所以幸福快乐,只是缘于倾听内心呼声,并做出回应,懂得珍惜、享受和满足自己已拥有的。人只活一次,人生的长度也不可预知,如果最后发觉,活出的是别人所期望的自己,只求赢得别人掌声的自己,那这一生岂不遗憾?有智慧的人会明白,生命的广度和深度绝不能单纯寄望于外在环境来满足自己的内在需求,必须内心知足常乐,品味当前和享受幸福。

第七章

思维管理
——六项负面思维扮演心灵隐形杀手

第七章
思维管理——六项负面思维扮演心灵隐形杀手

一点小事情都可能导致情绪上的巨大变化。然而,面对这种不安、不满,很少有人意识到自己的不开心并非是由这些不如意或不完美的事件或人物所直接导致的,其实是自己的习惯性负面思维方式所致,这就是所谓"自己应该对自己的情绪负全责"的真意。情绪不好其实都是自己的思维所致,实在不应怪罪别人,自己应该负起调整认知与疏导自己情绪的责任。一些潜伏在下意识里的情绪杀手总是把一丁点的小事扩充成世界末日,导致自己情绪落入谷底,心情经常处于焦虑、沮丧的状态中。

日常生活中与人交谈或交往,稍加留意就不难发觉有六种不同的负面思维方式隐隐约约地流露出来,进而影响到情绪、人际、对事物的理解能力甚至生理或心理的健康。其实,这六种负面思维几乎在每个人的心里都会出现,只是深度、程度、频繁度与严重度有所不同而已。它们如同癌细胞,潜伏在每个人的身上,就等待着遗传基因、不良饮食、生活习惯或恶劣心情共同发挥作用,直到促使癌细胞的变性、病变或扩散到形成癌症而已。这六项负面思维与童年经验、从小习性、性格特色、思维模式相互缠绕,唯有借着了解、警觉、察觉它的存在,一一"解码"、小心因应、疏导并排除所产生的不良情绪。否则,这些思维也会像大榕树的气根与根茎交互缠绕,轻者,使人被不良情绪所扰;重者,会造成精神疾病,需要求助于心理咨询师或心理医生。

第一节 六项负面思维

1. 极端思维

极端思维,也称为"非黑即白"的思维。倾向于用极端化的思维看待事物或评价自己。总觉得事情不是完全、完美就是非常糟糕、极差劲,两者之间毫无中间状态。这种要么全有、要么全无,要么最好、要么最糟的思维,容易形成自

卑或自大的极端心态。办事顺利时会觉得自己无所不能,稍遇挫折,就觉得自己一无是处。身处感情关系当中,亲密时就觉得对方是我最爱的人,自己与对方在一起就是世界上最幸福的;偶有口角,就一下把感情全部抹杀,突然发现对方成为自己最恨的人,觉得自己是世上最痛苦的人。人际关系中,很容易将周围人划分为两类——要么是亲密朋友,要么是敌人。这样的思维会导致情绪大幅度波动。

这种极端思维带着绝对主义的色彩,忽视了人认知事物有其绝对与相对面,单单认定其绝对性。拥有这种负面情绪的人,经常会转化为完美主义者,使自己在面对失败或不完美的情况时感到沮丧,在遇到失意时,易生挫败感,觉得自己毫无价值或是个失败者,灰心丧气。其实,问题出在其认知与实际情况有很大距离。凡事总有两面性,生活中很少有绝对的好坏,看上去很糟的事,有时也有其有利的一面;好的事,有时也有不好的一面。单单强调不利面,可谓损人不利己。

这种思维最大的问题在于使得自己沉浸在消极的气氛中,认知内容根本不吻合现实状态。要减少这种思维的杀伤力,唯有让自己明白:① 我的"感觉"不等于"实际"的客观存在。我的感觉是一回事,实际存在的状况压根儿不是这么一回事。② 任何事物总有多面性或利弊得失。没有完美或一无是处的事物。没有一个人是完美、绝对的善良或邪恶、聪明或愚蠢。看事情或评论人不必两极化。"塞翁失马,焉知非福"的道理人人皆懂,但如果能真的把它纳入到思维中,作为警戒和提醒,会使自己对事物的评价更加客观,心胸也就会更加豁达,活得也会更加自在。

2. 消极思维

消极思维,是指在毫无事实根据的情况下,看事情或人物时满脑弥漫悲观、负面的思维与感觉,形成消极体验,严重影响对事物的客观评估,并引起自己或旁人的负面情绪。

消极思维会忽略或拒绝接受正面体验。一件好事来临就从骨子里认为纯

第七章
思维管理——六项负面思维扮演心灵隐形杀手

属偶然或侥幸,而且深信这种好运以后不可能再发生。例如,何某正庆幸交到一位很优秀的女友。虽然没有任何事实证明女友对自己的不满,何某莫名其妙的悲观思维油然升起,内心认真地嘀咕:"我的条件不够好,根本配不上她。我实在想不出她有什么理由会喜欢我。"

悲观的消极思维如果不及时察觉、调整、制止的话,负面情绪就会如同发酵般加剧,自己给自己洗脑,进而出现更过分的想法。"我觉得她现在还跟我交往肯定是还没看清楚我,或是她还没遇见其他优秀的男孩。一旦认清我的真面貌,或者遇到其他男孩,她就会立刻离开我的。"何某这种消极思维使得自己既担心感情陷深了有一天自己会受伤,同时又因担心女友会随时离开,而怀疑和胆战心惊。两人的关系因此很难正常化。又例如,高中学生吕某正准备高考。看着同学们都在全力以赴地冲刺,他越看越紧张。他内心的想法是:"从小我就很笨,我再怎么准备,也一定考不好的。"每次打开书本,内心就好像已经考完高考而且考得一塌糊涂,越念心情就越糟。这种考得彻底失败的感觉,像一幅越来越逼真的图像充斥心头,使得心情越来越紧张烦躁,无法专心,书也根本念不下去,那些"我很差、我很笨、我根本进不了大学"的内心语言就好像自我诅咒逐一兑现,把过度消极的意念外化为真实。最后,高考落榜,人弄得更没自信、情绪低落到影响睡眠、人际。

人生总会遇到失败、痛苦、吃亏,这些负面消极体验存在记忆中,往往会提醒或警告自己不要重蹈覆辙,这本是大脑正常的自我保护机制。但是,当这种提醒和警示过于强烈或出现得过度频繁时,就可能转化为对消极信息的轻易接受和对积极信息的排斥与不予采纳,不断进行负面暗示的同时,还自动屏蔽了一切有益的正面暗示,就像对正面事物自动"打折扣"一般。日久会导致过度消极的思维与负面情绪,甚至陷入持续性的抑郁,失去生活的动力。

如果与人进行交流时发现对方有这种消极思维,不能断然地以粗暴、不屑或指责的口吻去否定或纠正。应该尽量耐心、和颜悦色地提供一些客观、积极的信息给对方参考。比如,何某因高考落榜而失意沮丧时,可以举出成绩中较

好的科目客观适度地赞扬他,再具体告知该如何准备来确保重考时的胜算。鼓励其再辛苦十个月,继续努力,一定可以进入大学,到时候有自己喜欢的专业学习、丰富的社团生活,有的是开心自在的时光。总之,举出事实加以客观分析,让他觉得自己可爱、自信、被肯定、被器重。一旦心态改,心情就会改。

3. 自我牵连

我们的文化很重视周围人对自己的评价。但是如果过了头,认为人人都在对自己议论纷纷、指指点点,甚而不满、嘲讽或指责,便成了负面思维的自我牵连,即在一件负面事件发生后,总是认为周围人都注意到了,而且武断地认为周围的人都对自己带着嘲讽、轻视、责备、猜疑等有色眼光或负面评价,从而产生自卑、哀伤、恼怒的心理。比如,A公司业务大幅下滑,面临裁员的需要,员工也都人心惶惶、议论纷纷。业务部门的孙某上班时,发现同事们不但在窃窃私语,眼角余光也都投向他。当他走过时,又立刻停止议论,一副没事的模样。孙某当即认定他们的谈话肯定是针对自己,他们一定知道什么小道消息却又一副不想让自己知道的样子,那肯定是关于自己即将被辞退的消息。孙某越想越担心,更觉得大家一直都在谈论自己的遭遇,与同事交谈时,就觉得大家都一副嘲讽、轻视的眼神与语气。其实,真相是大伙的议论与孙某一点关联也没有。可是,孙某却因自己的猜疑与担忧,工作热情和动力大减,频频出错,终于上了第一批被裁员的名单。再比如,演讲人站在讲台演讲时,看到台下有人在窃窃私语,暗暗发笑,就联想到他们是在议论自己,不认同自己的演讲,顿时丧失了激情,越讲越糟。其实,事实果真如此吗?有人可能在谈待会听完讲演要去哪里用餐;有人可能在说这个人的演讲真精彩,不知是自己的创意还是转述别人看法。张口笑则可能与讲演毫无关联,而是彼此在分享一个笑话。

人们在成长过程中凭自己的经验或感觉,渐渐形成了一套自我的"测心术",用来臆测他人对自己所作所为做出是非优劣的评判。由于太过重视或担心他人评价,加上又想尽力讨好人,更易主观揣测周围人的行为、表情,对别人的评估做出有失偏颇、毫无依据或完全错误的分析,承担了巨大压力,被负面情绪所累。

长此以往,受到自我牵连影响的人就容易多疑、自卑、紧张、易怒或孤僻。更有甚者,长期受这种错误思维的支配,情绪失控,言行失常,逻辑错乱,工作或人际出错,会出现预言自我实现(self-prophecy)的可能,陷入糟糕的恶性循环。

要帮助这种具有妄加揣测思维的人,首先,要使其明白每个人其实都只顾自己,忙于自己的事,并非人人都在观察或评估着你。其次,人心比万物诡诈,人的心理复杂难测,只通过他人一句话或一个表情是很难准确推测出其真正的含义或动机的。何况,即使我们做得再完美也总会有人不满意,所谓众口难调,自己只需尽心尽力,学会释然,不要太挂怀别人的看法。

4. 过度自责

过度自责,体现在即使客观事实并非如此,也总是将自己看成负面事件唯一的起因。主观上认定全是自己的言行导致了不良的后果,应该负起全部的责任。不但承认自己有错,还一直谴责自己。例如,孩子在学校打了别的孩子,母亲得知后,陷入深深的自责当中,认定过错完全由自己造成,心想"都是我对孩子失败的教养造成的","我这个不称职的母亲真该负起全部的责任"。又如,老人因病去世后,子女们可能会体会到一种莫名的自责情绪,"都是因为我太忙,如果早点带他去检查,就不会到今天这个地步了"。当这种情绪越陷越深,发展成为过于频繁、过深的自责时就可能产生抑郁。

所谓"吾日三省吾身",本意是针对忠诚、守信与学习的自我修炼来提升自我,借反思来不断修正自己的言行思维,实现自我完善。然而,适度的自省与过度的自责是截然不同的两码事。评价自身,既要看到不足,亦要常看自身所长。人或人生,总是有强有弱,有得有失。有失偏颇的评价,走入一味自责的迷局,形成偏激的思维模式与习性,经常产生负面情绪,会引发负罪感和痛苦,徒生自责与自卑来困扰自己,也会影响人际和谐。

适时适当地开导拥有过度自责情绪的人的方法是帮助他全面分析问题,建立正确的"因果关系"思维,了解事情的发生往往有很多的原因。准确与全面

地评估自己的功过得失,意识到自己并不需要为不顺或不幸的事件承担全部责任,将自己从沮丧的心境中解放出来。

5. 绝对化

心中认为应该做的事,绝对要完成的目标或期盼,能够化为行动与努力,便是毅力与魄力的象征。但是,思维或言行出现过度绝对化的人,当事实发展违背主观期望时,不但难以接受,还极易陷入情绪困扰之中。这种绝对化思维惹出的祸害,轻者让人觉得很固执霸道或顽固不灵,重者会形成伤害身心、引起不良情绪的绝对化思维。这项负面思维是指人们从自己的主观愿望出发,认为某一事情必定会发生或不会发生,即在事前预测或事后检讨时的一种主观、武断、顽固、毫无变换或转折余地的绝对性想法。这种思维通常表现为"我绝对必须"、"你绝对应该",如"我绝对相信是……造成的"。比如,"我儿子虽然成家了,但是他绝对应该孝敬我"。"我妻子应该理解我,在我开口要求之前,她就应该知道我的需要。等到我来要求时,就证明她绝对没把我当一回事。"伴随这种绝对思维而来的问题往往是毫不接纳别人的思维或换个角度思考问题。这是心理学上强迫症的一种来源,容易导致对自己或对他人过高的标准或要求。

绝对化的思维更会成为其他负面思维的"放大器",如同数学中的乘法,例如,"就凭我这次糟糕的模拟考试成绩,从小我父母骂我是个大笨蛋绝对是对的。大学与我无缘,我怎么准备也绝对考不上的"。"我又失恋了,我这辈子是绝对不可能过上幸福的日子了。"又如,佟女士的母亲咳嗽咳出血好一阵子了,因佟女士工作很忙,只能带母亲到附近县城医院看病。大夫诊断为肺炎,拿了药后,佟某又得匆匆上路,出城几周去拜访一连串公司安排的客户。一个月之后,看母亲的咳血未好转,佟某只得抽空带母亲到省城的大医院诊治。不料,大夫看了X片子后说是肺癌末期,而且断言她可能只有三个月可活。这个消息如同晴天霹雳,令佟某焦急万分,三个月后母亲去世,更令她心疼如刀割。经常流着眼泪说"我母亲绝对是我杀死的。我是谋杀犯,就算法院判我刑,拉我去关都不足以抵罪的"。其实,她的自责与难受可以理解,不过,一来即便当时是带到

> 第七章
> 思维管理——六项负面思维扮演心灵隐形杀手 >

省城医院,因为病情的复杂度,大夫也不见得一下就能诊断出肺癌。二来,佟女士也不是故意耽搁,家中还有好几位兄弟,为何就没人带母亲去复检?她这种过分自责思维又被绝对化思维弄得更夸大、更严重,对别人的劝说也一概听不进去,更加自责、悲伤,以致身心俱疲,严重影响到睡眠、人际与工作。

日常生活里经常可以看见这种思维的出现与影响。比如,程某向众人宣布说"我就算不吃不喝,无论如何我绝对要在一个月内减掉5公斤体重",然而在她持续了一周,体重却丝毫没减轻时,她就陷入沮丧并开始讨厌自己。如果这种绝对化的思维是针对他人的,就会心生恼怒或怨恨。再如,父亲接到老师通知自己的孩子在教室里与同学打架严重违反校规时,怒不可遏地大吼:"只要是老师的规定,就绝对不可以违反。你这个坏孩子,应该好好教训你。否则,再不严加处罚,以后你还了得?"满肚子委屈也吓得大哭的孩子想申辩,却被父亲大吼:"没有理由!你绝对是在给自己找借口。看你以后还敢不敢不听老师的话!"平日对话当中也不难听到这类"绝对性"武断主观的话语,"我绝对相信你这个道歉是毫无悔意……""我有绝对的把握,你是存心想与我作对,故意想伤害我……""我绝对相信你是明知故犯。""你弟弟都快破产了,你绝对应该掏出几万元来帮他救急,否则我跟你保证你绝对会成为邻里亲友的笑柄,你父母也绝对会因你这种对弟弟的无情无义而丢脸,你会害得他们二老以后绝对不敢再走出家门一步了。"

拥有这种僵化思维的人,将事情的预估与期望看成固定程序。不但不听别人劝解,也失去了了解事实真相或换个角度思考的能力。结果常是给人压力、惹人怒气、怨天尤人、责己怪人。规劝这种思维的人时,首先要点出这种"绝对"思维会令自己与别人难受。何况,凡事总有利弊,分析事物也都有不同角度。这种绝对性的看法或期望固然有道理,但纯属个人见解,也是自己的角度,不妨换个角度,听听别人的意见或想想别人的立场。对别人的动机或目的的揣测要留点余地与空间,不要一副斩钉截铁、自己说了算的态度。提醒因为达到预期或目标而自责、发怒、绝望的人,生活中总是充满了各种变数与不确定性,

我们周围的人或事物的表现及发展不一定会依我们的意愿或期盼来改变,不如把精力投入其他更有价值的目标,心情自然会转好,不值得为了已经发生的过去耿耿于怀、垂头丧气。

6. 过度概括、以偏概全、夸大化

这三者在相互支持、交互作用之下,大大加增了负面情绪的效果,伤害了自我感觉,也破坏了人际关系。这三者乍看之下好似同一概念,但是,尝试弄明白这三者在心理学上的不同定义,区分与理解其差异,有助于对付与排除这三个隐形杀手对自身情绪、有效沟通以及和谐的人际关系的负面影响。

(1) 过度概括

遇到事情出了点小问题,就习惯性地把问题的严重性、频繁度夸大、推广、渲染。这种过度概括的思维会使自己一下子觉得整个事件,甚至整个人生都糟透了,更易让他人不平、恼火、气馁。

这是一种认定事情一定会失败或很糟糕的负面思维模式。比如,男友偶尔迟到一次,女友陆某心里充满着委屈或气愤,男友出现时,陆某脱口而出:"你为何老是迟到?你难道就不能准时一次?"男友急着辩解:"我今天是遇到从未见过的大堵车才迟到这么一次,你有必要发这么大的脾气吗?"陆某拉高声音嚷着:"你从来就不准时!我看你何时才能准时一次?"男友觉得她简直太夸张、太过分了,便大吼回去:"你这千金小姐上星期不也迟到了吗?干嘛小题大做?"后来,两人闹得不欢而散。

从客观事实上来看,男方大多数时候是很守时的。女方因为拥有这种负面思维,不但给对方贴上了不合乎事实的负面人格标签,自己也被这种标签的负面暗示所洗脑,变得很不客观,以致陷入自己打击自己,又同时打击别人的情绪怪圈。

要克服这种情绪,碰到挫折时,首先不要用惯性思维去负面分析和匆忙给自己或别人扣上一个"失败"、"糟糕"的"帽子"。要告诉自己事情总有远因与近因、诱因与成因,要冷静、客观地分析。学习着眼于公正评估全面事实,提醒自己避免一概而论。比如,有人习惯一遇挫折就说"我真笨",这时应学会问自己:"我什么没做好呢?"进而庆幸"下回再遇到这种情况,我终于知道该如何处理了!"以后真的再碰到这类挑战,就能心平气和、不慌不忙地处理了。

要摆脱这种先入为主的消极情绪,不妨提醒自己,点就是点,线就是线。看不惯一个点,就针对这个犯错的点来评论、检讨、责怪,不要扯到一条线。也就是说,避免因满足一时的情绪便借着点来概括到线。要明白每一个人都是很复杂的生命体,思想、感情、行动都难定论,不要用一两个标签就盖棺定论。更何况人非圣贤,孰能无过,不管是自己还是别人,一个错误或过失不能反映出一个人的本质、判断一个人的功过。判断一个事件的因果关系,需要客观、合乎事实、抽丝剥茧地了解或分析其多项或多重的成因,要提醒自己不要简单地、仅凭直觉或情绪地用一个原因或标签任意批评或下结论。

(2) 以偏概全

以偏概全是一种严重的偏见,它是人在与别人短暂接触或尚未了解全盘事实之前,根据一个特定事件就在心里产生一个误判、与事实不符的推理、结论或预估,进而内心产生喜爱、憎恶、怀疑、鄙视等强烈情绪。

这种思维就好比根据一个"点",没根没据、未经查证就凭感觉、猜测与假设来影射、暗示、渲染出一个"面"的结论,产生鲜明的喜欢或厌恶的情绪,甚至把它当成今后预测或判断事实的根据,形成习惯性的偏见。

接着前面例子,男友偶尔一次迟到,女友居然怪他从没守时,这是"过度概括"的思维。但如果进而随着错误思维的升级与负面情绪的升高,女友责备男友"就凭你这么不守时,人品怎么可能可靠?我嫁了你,怎能托付终生?"由一个守不守时,一下子"升级",武断地扯到男友的人品不值得信赖终身,这就是"以偏概全"。不仅弄坏自己的情绪,武断评断别人的人格,也把对方弄得懊恼甚至受到伤害。

这种思维最严重的问题在于只看到事情的一小部分,就依据这一局部现象来推断全部的现象或最终的发展与结局,心里坚信自己的负面看法最后必定发

生自己预估的糟糕结果。也就是把一个小小或片面的负面事件毫无章法、不合逻辑地放大。这其实也是过度概括的一种极端形式,也经常表现为给自己或别人贴上"不当标签"。例如,郑某与美国某一公司做了一次买卖,发现受骗,自此打从骨子里就认定美国人都是很不诚实的,也发誓绝不再与任何美国人来往。这种以偏概全、用片面思维看待整个事物的思维,一旦根深蒂固在脑海之中,用来评价自己,把一个缺点或不当之处视为完全的否定,就可能带来深刻的自卑感和挫败感;用来分析他人,则难免产生敌意或抗拒。

当发现有人具有这种"乱贴标签"的思维趋向时,首先要点出这是属于个别或特殊情况,不要一竿子打翻一船人。其次,要提醒他这一事件或特征毕竟不能代表个人或事物的全貌。

(3) 夸大化

夸大化,俗称"世界末日症候群"。中国古语"杞人忧天",指的就是类似的心态。

犯了错误、遇到不顺心的消极事件,将一件本来很平常的小过错不合比例地夸大,致使心底夸大了后果与自己的不良感受。有的人甚至将其无限放大,武断地预期灾难的必然来临,往往在事实根本没发生前就产生内疚、愤怒或惶恐,不但成了这种夸大化思维的受害者,有时甚至会一语成谶、导致悲惨后果。

孙某在工厂生产线上担任领班。在上个月的绩效考评中得到丙等成绩后,心里深信"同事里没有一人看得起我","我的工作表现烂得一塌糊涂,迟早会丢掉饭碗","我到哪里也做不好的,我的人生就这么完了"。弄得茶饭不思,失眠连连。再比如,男朋友有一天因加班忘记去接刚下班的女友。女方对这件事的解读是:"在他心目中我什么也不是,我居然还没有他的工作重要,他完全不爱我,我相信很快他就会要求与我分手的……"当然,带着这样的情绪和预测,

第七章
思维管理——六项负面思维扮演心灵隐形杀手

女方的心情与言行也不会好到哪里,他们分手的可能性反而会增加很多。

人人都会遭遇失败,都会难过。但重要的是能否尽快走出沮丧感,设法正确分析事情的发展趋势与可能后果。夸大化的思维就是悲观地认定这种最糟的预测或评估一定会是事情的唯一结局,使自己灰心沮丧,垂头丧气。

一旦发现自己经常有过分夸张的消极想法,应该让自己去掉心中的放大镜,避免习惯性地将糟透了的感觉升级为灾难性的预估,学会对事件进行客观分析。如前文中提到的例子,可以告诉自己:"一次评估不好,我先不用乱猜原因。明天带着好好学习的态度去与领导谈谈,看看自己该如何改善。谦虚的聆听,搞不好反倒给领导好印象,以我工作上一向的认真、负责,下个月一定会得到好评。"

"做好最坏的打算"有时是未雨绸缪、谨慎从事。但对于有过分夸大思维的人,便会加大了"放大镜"效应,陷入比杞人忧天更糟的情绪。

过度概括、以偏概全、夸大化这三者的确不容易一下子区分清楚。但是,以下的例子可帮助我们理解。但即便分不清楚也无妨,最重要的是了解它们经常穿插、盘错于人们的脑海中,交互作用,使得情绪越陷越糟。

陶君大学毕业后待业了三个月,好不容易等到了一个看起来很有希望的就业机会。他满怀希望却也战战兢兢地去参加面试,不料过于紧张,把面试经理问"你最喜爱的人物"听成"你最喜爱的任务"正在侃侃而谈时,冷不防被考官打断,说了一句"话都听不明白,怎能做好工作"就结束了面试,不久便收到未被录用的通知,陶君未被录用的失望与难受可想而知。以下有三种内心对话与状态:

① 过度概括——陶君心里出现很强烈的声音,告诉自己说:"在这么关键的时刻,我怎么连这句话都听不明白?我的能力实在太差了。以后没人会雇我

的。我再也不可能找到工作的"。这是由一个点看到一个面、由一次求职失败断言自己今后找不到工作的过度概括思维。

② 以偏概全——陶君脑海里又出现从小犯错时常被父亲责骂没出息的声音,就对自己说"这次真是被爸爸说中了,我真是没用,我这辈子注定是没出息的!我这一辈子是废了!"面试发挥失常,是每个人都可能会遇到的小挫折。但在他的思维里,会以这样一件谋职上的疏忽事而以偏概全地否定了自己的人生机遇、运气、能力甚至整个前景。

③ 夸大——"我真是倒霉,我的人生注定是个悲剧。"

大多数人可能分不清或记不牢这六项负面思维的定义与差异。但是人们又不能轻视这六种思维在日常生活与心态健康上的严重影响。依循以下几个很实用的原则,能够降低这六种负面思维在健康情绪、人际交往、沟通倾听与解读时的影响或伤害:

首先,要保持警觉性,察觉它们的存在。一有负面情绪,尤其在遇到严重的不良情绪时,要马上留意是思维里的哪一个环节中了这些负面思维的"毒害"。

其次,要判断这些毒害的存在,除了用上述的专有名词群去扫描、探测以外,还可以借助于了解这六个负面思维的十大通性,加以"排除病毒"。这十大特性包括:

① 过分单向、简化、武断。

② 过分、过度、离了谱。

③ 欠缺全面性或逻辑性的思考。

④ 不当的因果关系观念。

⑤ 与事实的差距很大。

⑥ 悲观、钻牛角尖、往最坏的一面去想。

⑦ 夸张、夸大——有一点可能,却坚信一定会发生。

⑧ 信到骨子里——不是单单宣泄情绪或单单表达悲情,博得同情,而是自

己很深的想法。

⑨ 很固执地坚持自己的观点,不肯听劝。

⑩ 几个不同思维相互缠绕、交互作用,使得负面情绪扩张放大。

一旦察觉任何一种或多种思维出现在自己或别人的言行或思路中时,要加以否认或用心理删除法将之立即删除,学会立即用另一个正面积极的思维或心理图片代替。否则,一旦这些思维得逞,陷入了重重的负面情绪,就会像阳光下的大树,浇了水、施了肥后就会快速成长,弄得负面情绪泛滥一发不可收拾。其实,当发现内心出现某种严重不良情绪时,一旦加以剖析,就不难发现,其成因已经包含了好几个不同的负面思维。

第二节 案例分析

以下是男女朋友在分手前后经常发生的现象,也代表两人关系中的矛盾和危机。了解与剖析这个案例,可以进一步学习应对多项负面思维情绪同时袭击心头的方法。

与A君交往一年多而且双方关系相当亲密的女友B有了新欢。B坦率地告诉A自己已经与A没有"感觉"多时,也要求与A从此分手,分道扬镳。失恋的A很无奈、很伤心,浮现很强烈的自杀念头。一来觉得B背叛了他,又怨恨、又气愤,二来觉得自己很失落、很伤心,B的离去证明了自己并不可爱、比别人差劲、毫无价值,这辈子完蛋了,不可能享受到幸福的感情。A越想越觉得只有一死了之,既可以对B的无情无义加以报复,又可让B一辈子难受、愧疚、永远无法享受幸福的日子。

本案例涉及三种负面思维:

(1) 过度概括——女友对自己没感觉,也就是没感情的事实,就推断出自

己"比别人差劲"、"自己毫无价值"、"这辈子完蛋了,不可能享受到幸福的感情"的结论。

（2）绝对化——虽然交往了一年多,但也是双方的付出。A深信B背叛了他,潜台词就是A觉得B"应该"对自己忠心,"绝对"不能移情别恋。其实,感情是两情相愿,无法勉强。双方无婚约,仍是自由身,B觉得没感觉,不再相爱,与其无趣地交往下去,不如坦诚相告,早点分手,各自奔向自己前途。

（3）夸大化——把人生中一次感情受挫,夸大成整个人生不可能再得到幸福。把这件事看成断绝自己一生幸福的爱情悲剧,丧失了好好检讨自己与努力找寻另一个伴侣的机会。

多项思维同时交叉出现,会促使人的负面情绪像陷入泥沼般越陷越深。就如同古时酷刑"五马分尸"一般,几个思维共同以惊人的"合力"将情绪驱赶入万丈深渊,负面思维千头万绪涌入心头,使人陷入思绪零乱、痛苦焦虑的状态。也就是说,一件事端会促使几种负面思维一起围剿人们的情绪。首先应该意识到自己的情绪变化,把不合理思维从潜意识带到意识来加以"审问"与查证。逐一辩驳、驳斥、推翻,刻意避免掉入这些情绪陷阱,逐渐让客观、理性、正确的思维方式内化成为自然产生的思维。

如上面的案例,A首先察觉自己的不良情绪,由潜意识做主进入到意识做主。分析自己不良情绪形成的原因,发现自己有过度概括、绝对化、夸大化三个负面思维的倾向,马上把自己所依据的逻辑、经验或认知放在阳光下,否定掉这些不合逻辑、不合乎事实的观念与认知,用正确的正面思维代替。操练几次以后,一定会形成新的、健康的思维与习惯。

这一事件实际发展的结局是A打电话给B要求会面被拒绝后,向母亲诉苦,母亲劝他想开点,说"天涯何处无芳草",A觉得母亲不了解自己,转身愤而离去。未料他轻生的念头已定,竟然走向公寓顶楼,纵身一跳,当场身亡。A母白发人送黑发人,不但伤心欲绝,日夜想着一连串的"如果"——"如果我少讲两句"、"如果我能好好多听听他的心声"、"如果我多问一句你去哪里"、"如果

第七章
思维管理——六项负面思维扮演心灵隐形杀手

我答应他的请求去找B谈谈,他就绝对不会去寻短见,我这宝贝儿子的命绝对不会枉死的。是我害死了他"。从此茶饭不思,彻夜难眠,日渐消瘦,神情恍惚,深锁屋内,对来访亲友不理不睬,旁人怎么劝也没用。

A母的这种情绪始于"过度自责"与"绝对化"思维的相互缠绕。要疏导这种负面情绪,就应当劝导与安抚A母:

① 客观地看待问题、评价自己。就算当时没有让A独自出门,只要A自己没有努力摆脱情伤,以后也有可能轻生。

② 关上身后的门,活在当下。一切都会过去。抛开令自己恐惧、沮丧和悲观的消极情绪。现在自责和忏悔已无补于事,应该把关注点转移到当下的生活。

冲突管理
——不打不相识，增加软实力

> 第八章
冲突管理——不打不相识，增加软实力 >

第一节　化解冲突的经典案例

这是一个1995年发生在东南亚佛教地区的真实故事。

县政府办公楼旁边约一百米是一座有着百年历史、香火鼎盛的古老庙宇。政府为了招商引资，需要将其扩建成更体面的大楼，在扩建计划里，必须将这座老庙迁址才有足够土地来建新楼。消息一经传出，立即引起了众信徒的担心。在协调会议里，尽管市政府一再表示愿意拨出一块比原址面积更大的土地来让信徒们建个更富丽堂皇的新庙宇，但信徒们却一致坚决反对。原本以为庙方一定会让步的政府协调人员最后发觉庙方住持真正反对的原因是认为动迁庙宇等于惊动神明，必定会触怒神明，万万不可。官员听后觉得这些人迷信至极，不可理喻，根本无法接受这些理由，便在谈判破裂后，发出强制动迁令，责令庙方在期限前自动迁移。政令既出，扩建经费也已到位，在市政府动迁日期快到之前，庙里住持又来请求宽限。政府官员表明政令已出，不可能更改，更暗示庙方是敬酒不吃吃罚酒，结果弄得双方不欢而散。

强行动迁的前一天，下午三点，突然有近一百名愤怒的信徒聚拢到政府办公楼前的停车场。大家高举标语、抗议示威，牌上写的是"勿强奸民意，请尊重神明"。他们不顾警方一再宣布的"各位，有话好好说，请派代表到我们里面好好商量，否则，请明白你们这是非法集会，如果再不自动解散，就要依法强制解散或进行逮捕"，而要求县长亲自出来，立刻宣布动迁令撤销。多次警告无效后，人们开始变得不耐烦，扬言干脆走上街头来引起社会大众的关注。群众的愤怒越发明显，双方僵持不下，剑拔弩张，到了眼看快要一发不可收拾的地步，旁边围观的民众也越来越多，停车场门口的道路也都堵塞了。

Decoding the Heart

就在群众一再要求县长出面解决问题时，县长终于缓步走了出来，站立在抗议人群前不到四五米。人群里有人鼓噪"这些官员，就靠一张嘴，肯定又要来讲那一套什么政策政令、尊重民间宗教、关怀百姓、为人民服务的陈腔滥调，咱们不要理他！咱们绝不低头、死也不让步！"未料，县长并没有展开大家原以为的高谈阔论或满是口号的演讲。只见他缓缓抬起头，看着天空，满脸虔诚，口中喃喃自语起来。群众们看得满头雾水，渐渐安静下来，目不转睛地看着县长，看看县长卖的是啥膏药。县长看大家安静下来，举头望着蓝天，慢慢抬起双手，表情真诚，言辞恳切地说："亲爱的老天爷，谢谢您这一百多年来这么照顾我们的善男信女。我们这些信徒对您非常感激，也很尊崇您！不过，这几年来，县城里人口增加，参拜的人越来越多，大家都觉得把您一直窝在这个小庙里其实是很委屈您的。现在我们想建造一个更大、更宏伟的庙宇来供奉您，好让更多人来参拜。可是，我们协调不出结果来，而且还闹得很不愉快。今天我们就正式到您面前来请示，看看您的意愿是什么。我们人算什么？要您说的才算数。我们人怎敢违逆您的意志？搬或不搬，要您说的才算。搬到哪里才合您的心意，也是要您说的才算。今天，我代表政府，也代表百姓，到您面前来，请您明白地告诉我们您的想法，我们一定遵照办理。如果您不想搬，我们是绝对不敢妄自行动的。"

这时，只见全场鸦雀无声。大家先是愤怒、猜疑，继而，看到县长的真诚、尊重，心里挺感动。但又看到县长口口声声请示神明，心里都很纳闷，也很好奇，想看看县长到底怎样来获知神明的旨意。

县长声调渐渐拉高："现在，神明啊，我们想请示您，如果把您的庙宇迁移到离这里往北两里以外的一块学校用地，您同意吗？"接着县长从口袋里掏出两个他事先预备好的筊（佛教徒在请示神明的时候，最通常的方法是抽签或掷筊，又称掷杯的方式。筊是成对的、以竹木斩削，如弯月形，外突内平，外称阳，内称阴。占卜时，掷于地上，一阳一阴为"圣筊"或"圣杯"，表示神明赞同或认可；两阴为"怒"，表示神明怒斥，凶多吉少；两阳为"笑"，表示神明冷笑，吉凶未明也),说着"我们就用这筊来请您做出指示!"他拿起筊向空中抛去,接着筊就掉落于地面。紧挨着县长站在人群前面带头示威的人们急着趋前一看,"哇,一阴一阳,是圣筊,神明许可了!"众善男信女一阵欢呼雀跃,气氛顿时得以缓和。县长慢慢收回筊,辞别了群众,接着庙方与政府的谈判与协调就非常顺利。不到几周,顺利拆除,扩建工程也很顺利。

这个发生在我们周围的实际案例,显示出县长作风民主,避免动辄动用强势强权镇压或收押招惹民怨,更因引用对方背景、思维、习性所能接受的沟通方式,显示出对于对方信仰的尊重,最后皆大欢喜,动迁得以顺利进行。不但妥善处理了冲突,更因此展现出他的能力、值得信赖与喜爱的性格、兼顾双方利益的办法,赢得民心。此后,县长不但选举上取得连任,更在政府推动改革或新政策时获得了民众全力的支持。这就是"软实力"的最佳表征。

不过,这事件还有以下的发展。

几个月之后,县长与几个领导和当地好友聚餐。酒过三巡,有一个新闻记者(也是县长多年好友)过来敬酒时,悄悄地靠近县长耳边问道:"县长啊,那天庙里的信徒为了动迁的事在非法聚集,正要惹出事的时候,我被报社紧急叫到现场去报道这件很罕见的示威事件。我看到您居然选择了掷杯的方式来解决这个一发不可收拾的局面,我暗地里为您捏一把冷汗啊!您怎么可以用这种孤注一掷的方式来赌运气呢?除非您在抛杯之前,已经很有把握神明的指示会对动迁计划有利,否则您怎么敢这么冒险呢?"

县长神秘地笑了一笑说:"哎呀,担心什么呢?山人自有妙计啊!"记者迫不及待地说:"什么妙计?说来听听嘛!""哎呀,天机不可泄露啊!你自己猜猜吧!"记者脑筋一转,就说"县长您真是英明啊!如果我没猜错,您一定是在杯上动了手脚才这么有把握吧?我猜您一定是事先在筊上面动了手脚。把一个筊做成两面全是阴,一个做成两面全是阳,所以您怎么掷都是'一阴一阳'的圣筊,对不对?"县长回答:"你人就在现场,一定可以体会到当时的人们对我是何等的愤怒、猜疑。记得吧?他们离我这么近,不到五六米,只要有信徒趋前顺手

心的解码
Decoding the Heart

把我扔的筊翻一下或当场要求验证，马上抓到我作弊，用这么一个低劣手法，要了他们，一气之下，万一他们把手中的棍棒朝我脑袋一打，岂不大难临头？不值得如此冒险的。何况，现今社会，高举民主，讲求民意，我哪敢用这种卑劣手法愚弄老百姓？我们活在脚步快速、人与人之间充满猜疑、不满的工商社会，民心也都积累着一些怒气与怨气，加上网络的畅通，这种冲突一旦处理不妥当，不但容易引起公愤，恐怕还会丢了乌纱帽，得不偿失啊！"

记者听了县长一口气说了这么一堆话，满脸狐疑："那您是说您没有动手脚？那恕我冒昧地问，如果您掷出两个都是阴的筊，神明说不可的时候，您打算怎么办？"县长笑了笑说："我决定用这掷杯方法之前，当然算过我能一次过关的几率。我知道我只有百分之五十的机会可以一次幸运过关。所以，我又做了充分的准备。我利用他们在大楼示威的几个小时，好好思考他们究竟为什么不肯搬到一个更大的土地上盖一个更大的庙。我终于弄明白他们根本不是不服从政令，更不是故意刁难政府。不过，当时群众那么激动，根本没有跟政府谈判的意愿和耐心。在那种紧张的情况下，我们再坚持拿法规或政府规划来压人，只会闹得更僵，局面会一发不可收拾。后来我终于想明白了，原来他们是很怕得罪这个祖宗几代相传下来的神明。虽然我知道他们满心是恐惧，担心冒犯神明，原本我想劝告他们不要再如此迷信。但是，继而一想，我何德何能，怎么可能凭我的口才将他们从多年的封建迷信中解放出来？最后，我一下子想通了。一方面，我只有用群众习惯或喜欢听的语言、愿意接受的方式来与他们沟通，才能行得通。我决定用向天祈祷的方式来说服他们。另一方面，我赶紧召开会议，协调了不同部门，参考了新的城市规划，我总共找了六个适合建庙的用地。当我面对他们时，我的笃定来自于我心中早已备好的六套方案。到时一扔，二分之一的机会，如果是'怒'筊，我就再抬头、望天、诚恳地开口祈祷'老天爷啊，我们上回协调失败以后，我就纳闷为何更大更好的地，您的百姓会拒绝呢？难道他们不想为您盖一栋更宏伟的庙宇吗？我就去请教懂宗教的专家，他们说佛教是很强调风水的，可能是风水出了问题。我们赶紧找了风水师去量测，果然

> 第八章
冲突管理——不打不相识，增加软实力 >

他们回来说这块地风水很普通。我们就继续努力找到了这里往南三里路的一个风水相当好的公园预定地。如果把您迁到这里,请问您愿意吗?'我就再扔筊。如果到时神明仍然不同意,我就再祷告问神明是否愿意迁到四公里以外的仓库预定地,理由是那里的交通便捷,利于信徒们常来膜拜。总之,我不但准备了六套方案,最重要的是每一个新的地点,我都备了不同的理由。你想想,连续掷六次都还过不了关的概率是多少呢?六十四分之一。所以,总有一次会过得了关吧?这才是双赢的心态、创意的做法呢！对信徒而言,神明是绝对不能冒犯的。我们如果单用法令规章或强制力打压,肯定会引起公愤,代价会很大的！但是如果我们给神明足够选项与空间,神明也会给我们更多好运的。西谚不是常说'每当上帝关上一扇门时,同时也会开启另一扇门的'。凡事各有利弊,事情总有好的一面的！我经常把这概念用在冲突解决上,还真是屡试不爽呢！"

第二节　语言与备案

　　这个相当精彩、高潮迭起的事件,在发生与处理的过程中,有很多值得借鉴与深思的地方。首先,在道德层面,县长所为究竟属于高超的谈判技巧还是违背了一些人的道德与诚信原则？也就是谈判中道德与现实利益孰轻孰重？道德的最低标准何在？这些问题的答案和考虑因素因人、因事、因时、因地而异,不可一概而论。这恰恰说明了谈判不是可以单纯模仿和学习的一套急就章的"技术",而是存乎一心、包含心态与价值观的"艺术"。

　　其次,县长处理冲突的过程中最令人拍案叫绝的有两处:①用对方熟悉的语言、习惯向天祈祷,因引人注意、令对方觉得有安全感、被尊重,从而及时化解了对方的敌意。②准备了几个备案、选项,更绝妙的是他为每个新的选项都想好了充分的理由。要知道,万一第一次没过关,他又来掷第二乃至第三筊的时

候,极有可能遭到质疑,不满他的要诈。他备妥了令人心服口服的理由,不但可以过关,还可以进一步赢得民心。

矛盾发生需要协调谈判时,如果一味重视或强调己方的底线,心里就常会出现"否则……""否则,就走着瞧!""否则,咱就法院见!"这就很容易制造更多的紧张与负面的情绪。如果多去思考选项或腹案(alternative),就可以少去想到触及底线的对策。另外,要能够想出更多的备案,前提是心情与情绪要保持冷静。所以,好的情绪管理是创意的温床。

第三节 双赢心态的十层步骤

真正的谈判或协调高手一定是先能处理好自己的不良情绪,这样才不但能增加理性思考的空间,更能营造和谐良好的沟通气氛,奠定成功谈判或愉悦谈话的基础。即便谈判或沟通结果不能尽如人意,但是双方留下信赖与好感,以后总有再碰头或打交道的时候,届时又有再度合作的机会,所谓的双赢心态便是如此。做好情绪管理,增加理性思考空间,有三个重要的心态以及实践时值得依循的步骤——双赢心态、催化机制、换位思考。

1. 双赢心态

2005年的诺贝尔经济学奖得主托马斯·谢林(Thomas Schelling)提出,人们在长期利益冲突当中,不但利益重叠,而且也是荣辱与共,比一般常人单单想赶快化解冲突更有动机和动力去设法接触、展开沟通,增加共识,进而产生信赖,共同合作,最后还能谋求与创造出最大的共同利益。

这个理念其实是在阐述一个极为理性与非常态的思维模式。它与人的本能反应是很不相同的。人,与动物相似,当受到冒犯、侵犯或利益受到伤害时,本能反应是心里很不舒服,产生厌恶感、排斥感。顺着这种不良情绪,接着所产

> **第八章**
> 冲突管理——不打不相识，增加软实力

生的行动，不是闪躲就是迎击。也就是当人受到冒犯、侵犯或利益受到伤害时，本能反应通常有二：第一，"算了吧，忍一忍，离你远一点，不要理你"或是"算了，算了，我走开吧，我实在得罪不起你"。第二，哇，你敢惹我？你侵犯我，你冒犯我，你再过来，我们打一局！看看谁怕谁？这叫迎击。

人性的本能反应与动物的本能是一样的，一旦遇到侵犯或冒犯，不是闪躲就是迎击，否则就会遭殃。但是，如果顺着这个本能迎击而与人大打出手的结果，不是你死我活，就是鱼死网破、两败俱伤，更糟糕的是同归于尽。谈判学里"双输的囚徒困境"，就是说两个人关在牢里面，不肯理性合作，结局不是你死就是我死，不是你背叛我就是我背叛你。法官总要判定一人是凶手，承担死刑的结果，为了避免自己被判死刑，直觉便是自己来告发对方，以致弄到最后，两个囚犯相互告发，法官可能将两人都重判。这就是在提醒冲突的双方要避免发展为双输的结局。

心理学研究证明，因为每一个人的认知模式不同，对于同样的刺激会产生不同的解读、不同的感受、不同的情绪与不同的对策，也就是不同的内心对话与不同的情绪感应会产生不同的对策与行动。要保持冷静与理性，一定要从认知模式下手来加以调整。

以上述县长的事例来看，一样的抗议示威，可能有的领导会一下子大发雷霆，认为太岁头上动土，岂有此理，国法岂容得这番百姓来挑战？究竟谁怕谁？要好好教训这批顽民一番。顺着这种情绪与思维，很容易接着动用警方对示威人群加以镇压，甚至收押。

这个县长一看到这些屡劝不听的抗议民众，也可能一下心急恼火，但继而一想，我火什么？他们并不是冲着我个人来的，他们是冲着他们所不满的政策或动迁令而来的。就算他们对我表示不满或不屑，也是冲着我县长的身份，不是针对我的人格、能力或为人来的。我何必如此气愤或难过？如果一味地气恼，力求宣泄与快速解决，就很容易运用迅速见效的镇压、打击等方式，但这样一来，冲突马上就会升级，很可能把这些不满民众逼上街头，做出更多对立、矛

盾、攻击、不满、申诉、抗告的行为,到时还要花更多精力去应付网上渲染、媒体炒作、法院控诉等问题,岂不更费时、更费劲?想到这些可能会多付出的"代价"时,就会冷静下来,放慢肾上腺素与愤慨、担忧等负面情绪的相互作用,下定决心来妥协、协调,把首要目标放在尽全力维持关系、和谐,促进沟通与理解上。其实任何时候的人际冲突、不良情绪形成后,多少会闪出妥协、让步的念头。但是,经过了警觉、察觉不良情绪出现,释放了自己过强的自我膨胀,计算过正面冲突的代价后,会有一种坚定的觉醒与决心,它会产生毅力、耐心来沟通、倾听、理解、协调、妥协,到这一阶段才刚刚打好双赢的基础,才能称之为双赢思路的雏形。

下一个步骤是将形成不良情绪的情绪焦点或情绪关注点(emotional focus)加以转换或转向。情绪的形成与看事情的角度、焦点息息相关。既然已经形成了不良情绪,就必须对藏在情绪背后的思维加以转换,否则,不良情绪会越陷越深。想要抽身而出,唯有借助思维转换。情绪焦点一被转向,良好的情绪与理性思考空间才会产生。修养或情绪管理能力都是人生的智慧,与学历、能力、财力不相关,是一种懂得将自己的心态或看事情的角度转变一下的本领。一旦消弭了不良情绪或减少了它对自己的影响,心情好转、理性思考空间放大,产生创意、战略、战术、策略的能力必然随之提升。

看事情的角度、情绪焦点,全然是受自己的思维控制。不良情绪的背后一定有不良思维,也就是看事情的角度与解读造成了不良情绪.这个思维或角度若不转换,不良情绪不但会一直存在,还会在脑海里一直盯着对方的差异并越来越感觉到对方的敌意,如同钻入了死胡同,越陷越深,一发不可收拾。这时最关键的是必须转换情绪的关注点,理性思考的空间才会跟着加大。

其实,人必有异,冲突难免,但由于人与人之间不够了解与信赖,一旦被冒犯,很容易先假设对方是不怀好意、是故意、甚至是怀着敌意的。其实,有时好好查证之后,会发觉全是假想或臆测的。仍以那位县长为例,他可以试想,如果能够顺利动迁,县政府盖成大楼,招商引资更加顺畅,庙里的信徒高高兴兴地盖个更富丽堂皇的大庙。这个皆大欢喜的镜头出现在心头,即便只是几秒钟,心情也会稍微冷静一下,接着就必须提醒自己解决矛盾与冲突最重要的原则是"解决事情得先解决心情"。但是自己下一步该如何做,才能把这个重要原则或技巧付诸实现呢?

解决心情最重要的是有一方必须让另一方清楚地感受到自己的诚意与尊重。当双方不合、不安、不满,需要沟通与相互理解时,首先要解决心情,否则任何理性的谈话都容易被曲解。唯有自己主动显示出真心真意与表现出敬意、凸显对方在自己心中的分量,才能解除心防,形成安全感与尊重感。

只有能够让对方感受到自己的诚意与尊重,才能培养出信赖的气氛与和谐的心态,一旦双方有了信心与耐心,沟通的品质与效率就会大大提升,协调也会有效率,这就是双赢心态的结果。

双赢心态并不能保证谈判的结果令双方皆大欢喜。很多的协调最后仍然"无功",但是并没有"徒劳"。因为,当双方在利益上的冲突或是情绪上的矛盾化解之后,即便双方沟通最后的结果只是差强人意或无法各自得到预期的结果,但是至少,第一,双赢心态使得双方在矛盾时,先是能够成功避免深化敌意、冲突升级或两败俱伤的双输结局。第二,借着自己能够让对方清楚感受到的真诚与尊重,促进了双方的沟通,增进了双方的好感与相互理解。第三,如果双方可能有别的机会再次合作,便会因彼此曾经留下的好印象而提高成功的机会。对谈判者个人来说,借此表现出来的冷静、合理、尊重给对方留下很好的印象,也会为自己赢得对方真心的信赖与好感,以后可能在别的地方或项目中又碰头,此时所建立的人脉关系与"社会资源"(networking & social capital)便可派上用场了。

2. 催化机制

很有修养与智慧的县长成功地缓解了自己气愤与担忧的不良情绪,恢复理智与冷静之后,也明白当务之急是展示对抗议群众的真诚与尊重。如果依照一般人的沟通模式,很可能就步向民众,往大伙面前一站,利用自己的平台,迷信

自己的口才,滔滔不绝地开始演讲"各位百姓,我们政府对你们是绝对尊重的。你们的需求我们也很了解。你们的困难我们也很体谅。我们绝对很有诚意来解决……"这里有几个很严重,但一般人不太留意的问题值得深思。

首先这些"我们"、"你们"的说辞会在双方心中下意识地形成一个鸿沟。最好在解决矛盾的沟通里多用"我们"这个有点黏合剂功能的字眼。"我们今天面临的问题是搬迁。我们可能因此会得罪神明。我们一起来思考如何解决。我们……"

其次,在当今大家下意识里其实挺反感和厌倦这些口号与空洞谈话。演讲者要注意自己一厢情愿的谈话有时会适得其反。对方会将这种挂在口头上的诚意理解成一种推脱、敷衍,认为实际上是不会拿出诚意来制订具体解决方案与行动的,因而增添了怒气,减少了和谐解决问题的几率。

因此,冲突之际,有别于令人反感的官腔官调演讲,一个富有创意性的方法或催化机制更能使对方清楚地感受到自己的真诚与尊重。像县长独创的祈祷式讲演就能够在已经愤怒、猜疑的对方心里突显出自己真诚的眼神、表情、语气,对神明的虔诚,对百姓宗教信仰的尊重。但是,如何获得催化机制的灵感来确保对方会很感动、感激呢?换位思考是不二法门。

3. 换位思考

换位思考,又称"同理心"(empathy),是高效沟通的情绪管理中最重要、最实用也是最难学的功课。很多人误以为换位思考就是在争执时要求对方多站在自己立场想想。有些人习惯于在意见不合甚至争吵时,要求对方"我求求你帮我想一想好不好?""你也为我想一想,如果你是我,你会怎么办?"这是误解或误用了换位思考。其实,当对方或双方已经动了气、情绪化、不满、不安甚至动怒时,不但双方已经难以专心倾听,而且已难以要求对方心平气和、冷静客观地为自己着想。

正确的换位思考是一旦察觉自己的不安、不满的不良情绪,马上沉住气,把握在所谓的"黄金20秒"中不要立即发火、报复、攻击,要先去理解对方的感受。

> 第八章
> 冲突管理——不打不相识，增加软实力

尤其是能够要求自己进入对方的背景、思维、习俗、用词习惯等，看看对方为何如此做。让别人接受自己的看法之前，先要多去了解对方，让对方体会到自己在这方面的努力与自己对于对方的了解。它是一种修养，需要长期的训练来培养成自动反射与习惯性思维。

情绪管理的第一要件是先懂得觉察与排解自己的不良情绪，进而疏导对方的不良情绪。当对方的不同看法或做法令自己不安或不满时，EQ 低的人是任由下意识的不满来主导，急着宣泄、辩解或攻击对方。健全心理或 EQ 很高的沟通高手，会懂得不要急于说服或改变对方，而是先来对付自己的不良情绪。先吸一口气，沉住气压住舌头、耐住性子来了解对方。力求冷静地用专注的眼神、表情与注意力来专心倾听。也同时努力让对方感受到自己的理解与尊重。试着理解对方的思维、角度、立场、利益、心情与感受，从对方的角度了解为何对方是如此的观点或切入点。知道对方虽与自己的道理不同，但对方也有其道理，绝非毫无道理。即便到头来自己仍然坚持原先的看法，但在沟通过程中借着换位思考，先是能够防范自己油然而生的不良情绪，避免因猜疑、愤怒产生误会、鄙视或不满，同时能够让对方清楚地看到自己的倾听、理解、尊重与宽容。即使沟通到最后，双方因立场差异太大或利益大相径庭，无法达成共识甚至谈判破裂，至少在过程中，首先能够成功避免激怒对方、伤了和气；其次，还因自己在换位思考时所展现出来的诚意与努力，赢得对方的信赖或好感，留下以后再沟通或协调时的空间与机会。

换位思考的结果，是县长得以深思与发觉原来信徒们从谈判以来，内心已经完全被害怕神明因搬迁会发怒、降下天灾人祸的"恐惧感"所笼罩。而这个恐惧其实是由长年以来的迷信所导致的。如果县长又迷信自己的平台与口才，可能会走到群众面前，大声疾呼"风雨雷电都是自然现象，不是神明所致。我们一起来放弃迷信，从迷信中解放出来！"这种乍看之下挺精彩的演讲未必能发挥作用，也很难将老百姓的封建迷信一下子破解。

县长的换位思考进一步发现"我何德何能，怎么可能借着一个几十分钟的

讲话来消除迷信？这是人们历世历代以来的习惯、信仰,一旦变动必然引发不安、不满与抗议。我不如顺着他们的思维、价值观、信念、信仰,用他们熟悉的语言、习俗去与他们沟通。顺水推舟嘛!"所以,县长才想出这一系列有德有能的做法,双方皆大欢喜。

换位思考能够产生四大积极效果。

（1）人与人由于价值观、需求等的差异,很容易对意见或利益不同的对方,产生不满、鄙视、抵制、不平、自卑的情绪。及时换位思考使自己较易脱离负面情绪,对方发现自己的思维、背景和立场被了解,感受到被肯定、信赖时,对立、攻击和抵制感会降低。

（2）在安慰或鼓励一位在升迁、财务、情感或健康上遇到挫折的人时,单单表达同情还不够,只有感同身受,维护对方的尊严,以共同语言交流,才能与身处困境的对方拉近心理距离,让他产生安全感和亲近感。接着对方才容易接受具体建议。

所谓共同语言,有一个很实用的方式,就是"重述"（paraphrasing）——对方每讲完一段关键的话,听者就用自己的话去解释别人表达的想法,把听到的内容与其中包含的情感简单重复一遍,这是减少防御意识和防止心不在焉的高效倾听技巧。

（3）当对方不太愿意就某个话题深谈,或在谈及某个话题,突然顾左右而言他、躲躲闪闪、含混不清时,不要立即断定对方是城府很深或没诚意。有时是触及对方隐私,使对方有所顾忌。坦诚以待固然是诚信的表现,家人、好友之间,也期盼能够无话不谈。但是,每个人都有自己对隐私的界定和感受,必须尊重和体谅对方。一味强求别人坦诚,过分介入对方的个人空间,反而容易引起厌烦或摩擦,失去了原有的安宁,破坏了彼此的信赖感。遇到对方不愿谈及的隐私时,要懂得换位思考,多去体谅,提供给人一种安全、宁静感。不要因为对方未对自己公开隐私而觉得自己不受重视或信赖,心生不满;更不要在这些话题上追根究底,以免尴尬或反感。

(4)换位思考是一种想象力、感受力、推理能力和判断能力的综合。需经常练习,累积丰富的经验后才能得心应手。它不但有助于降低敌意,舒缓紧张对立的情绪,更有助于深入了解对方立场,洞悉对方利益,判断对方虚实。在陈述、演说或谈判中,可以有针对性地找到差异的根源,进而采取相应策略,实现高效沟通与协调。

总之,双赢心态要通过以下十个步骤,环环相扣地实现:

① 察觉负面感受。

② 提防过强的"赢者通赢,赢者通吃"的强者心态和自我意识膨胀。

③ 计算一旦冲突升级后的处理代价。

④ 下定决心妥协——确保沟通效率、维持关系。

⑤ 情绪专注点——思维、角度、解读的认知转换——避免专注于差异与敌意——共同目标、利益、共识。

⑥ 协调的要领——要解决矛盾,必须先解决心情,再解决事情——首先要展示进而使对方清楚地感受到真诚和尊重。

⑦ 避免第一误区——迷信平台和口才。

⑧ 催化机制——加速与扩大让对方感受到尊重的效果。

⑨ 换位思考——避免第二误区——避免要求对方为自己着想,要求自己去感同身受、理解、感受。

⑩ 生出耐心与信心,营造沟通良好的环境。

总结:

双赢心态并不能保证所有的协调谈判结果是双方都"赢"得了自己当初所期盼或坚持的诉求或目标。双赢心态发生矛盾冲突后,想要避免"双输",靠的是提升双方沟通与理解的效率。最需化解心情,减少因欠缺信赖与尊重而生的攻击或抵制的心态。唯有借着上述的十大程序,培养双方的信赖与喜爱,提高信心与耐心,将沟通的有益结果进一步提升为尊重忍让、集思广益,为协调沟通奠定良好的基础。经过和谐氛围铺垫后的协调谈判,即便谈判破裂或双方对最

后的协调或妥协结果都不尽满意,但是因为被尊重、倾听、理解,即使是失望或绝望,却没有一方会带着"极端愤怒或仇恨"(bitter feeling or hatred)离开现场。即便碍于政策或制度,无法让请求方如愿,双方私底下也能彼此留下好感,至少增加了个人的社会资源,也是另一种意义上的"双赢"。

第四节　心理舒适区

三十多年前被人们推崇的哈佛谈判术很强调情绪管理,认为成功的谈判始于正确的心态及灵活的创意。首先,谈判这类字眼很容易使人下意识产生对立、紧张和矛盾的情绪。不妨使用沟通或协调等字眼。其次,如果不把双方的对立与矛盾看成一种吃亏或认输、零和的厮杀或你死我活的决斗,而将之看成交换信息、探索对策乃至扩大双方利益的头脑风暴,就能有良好的情绪并制造和谐气氛,使双方少消耗情绪能源,将省下的精力放在灵活思维、找出解决纷争的创意上。这就是谈判所首要强调的制造"心里舒适区"的概念。

构建心理舒适区的十个要领

1. 事前准备工作,除了收集和查证信息,还得对对方的性格、思维、情绪、背景、诉求、心理需求等多加分析,既要研读材料,也要研读人,才能备好不同选项和对策。

2. 以双赢心态、增加互信、互谅的机会来看待冲突,营造积极、正面、良好的气氛来促进创意与合意。除非万不得已,切勿立即使用高压、强制、胁迫或威压的手段。

3. 妥善安排会场环境、座椅、座位,营造良好气氛。

4. 缓和紧张气氛,增加信赖与赢取好感,尽量不要在谈判时力争是非对错,避免站在道德制高点的教条式说教。

5. 感到不良情绪升起时,努力判定是否违逆了人类"能力是否受到肯定、是否被器重、是否赢得对方喜爱"的心理三大需求,思考该如何弥补。

6. 设法使对方看见自己对对方信念或想法的理解和尊重。

7. 使用对方熟悉和感到亲切的情境语言、肢体语言,了解并利用对方熟悉的传统和习俗,拉近双方的心理距离,有了安全感与信赖感,协调才会有理想成果。

8. 把可能牵涉或谈论到的全部议题排好序,容易解决的议题排在会议的开始,先制造出一个积极正面的氛围。

9. 不要总是着重于"否则就谈崩"、"要不行就法院见"等谈判底线与底牌,这些会影响情绪,要把重点放在制造谈判选项和灵活思考上。

10. 避免在已起争执的议题上坚持不下,如同上述案例中的县长将"搬或不搬"的争论议题打住,悄悄转换为"搬往哪里",将迁庙原因从"政府扩建之需"转化为"建更宏伟的庙供更多信徒参拜",设法巧妙地转变双方的纷争点。另外,双方僵持不下时,换个时间或地点也会转换心情,利用新的心情会减少双方紧绷的气氛。欧美谈判术经常使用的"重新界定议题"(reframe the issue)就是由此产生的,非常有利于降低不良情绪,化解僵局。

第五节　协调谈判中情绪管理的策略与技巧

1. 谈判时的语气、气氛、模式、效率、进展受主谈者的影响极大,应慎选之。首先,能否疏解会场不满或焦虑的情绪,以正面的、积极乐观的神情与语气,让对方清楚地感觉到合作解决问题的决心和能力,为谈判的成功奠定良好的基础。其次,权位高者担任主谈,只表示个人与定夺的分量,有时话语一出反因失

去回旋余地而误事。如能用"必须交给领导定夺或最后拍板"等理由,反而更有回转空间。应选专业能力、协调能力、亲和力、个人魅力与形象较佳、情绪管理能力高的人来主谈,营造高效率的沟通环境。另外,座位安排让己方主谈者直接面对对方的决策者,有利于其发挥说服力和影响力。

2. 事先选出情绪管理能力强的团队成员来扮演强硬、讲重话、放狠话功能的白脸。但是,当对方犯错、被抓到把柄时,应避免得理不饶人的冷嘲热讽、穷追猛打、急于造势、激化对方情绪。最好是以坚定立场、委婉指出对方错误,卖个面子。遇到讲理的对方,会心生感激,促进彼此间的信赖。

3. 事先选出谈判中适时地表达认同、增加良好氛围的"红脸"。经常有意朝对方点头、微笑、表明诚意,使用"这一点我很赞成"、"这个提议很有新意"等语句,会增进协调的效率。

4. 律师在场的利弊要视情况而定。首先,带着律师出席,有时会让对方产生一种挑衅、彼此不信任和随时准备打官司的感觉。其次,律师具备法律素养,却未必懂得专业内涵、协调技巧。最后,律师出于职业思路,常需设想各种可能发生的最糟情况。虽有助于制定更周详的合同,但也经常导致双方一味谈论各种最糟情况,使气氛紧张及双方相互猜疑防范。若双方缺乏信赖或了解,谈判破裂的几率大增。主事人要拿捏得当,对律师的警示功能适度掌控与决断。

5. 针对双方的虚实、优势、劣势、机会和威胁(SWOT)做出知己知彼的分析、评价并制定谈判策略。

6. 谈判的胜负,不仅取决于谈判桌上的功夫,而且懂得利用会前和会中私下的沟通协调与运作也极为重要。

7. 服饰和谈吐攸关第一印象,非语言信息诸如眼神、动作也在谈判中发挥重要作用,影响着谈判气氛。

8. 一旦媒体介入,应传达关键信息,避免让对方掌控镁光灯和麦克风形成舆论优势,导致己方居于被动、劣势,失去话语权。

9. 经常用简明扼要的语句复述对方要点来让对方感到被倾听、被理解、受

第八章
> 冲突管理——不打不相识，增加软实力

尊重。也为自己赢得思考时间与澄清对方本意，避免误解，也可借观察对方的表情来判断对方的真实性与坚持度。

10. 谈判时，愤而离席有时可以达到威胁和宣泄情绪的目的，但要考虑因此使谈判陷入僵局、失去回旋余地的代价。双方动怒，谈判难以进行时，不妨委婉建议："对不起，我们能否暂时休会，改天再谈？"并约好下次谈判的时间、地点。

11. 谈判触礁往往是双方的责任，如果能够在触礁之前，有技巧地使对方感觉谈判触礁的真实原因，便较容易使对方软化或让步。

12. 应否先报价或提出具体诉求，要因时制宜，因案而异。一般来说，自己占有优势或对方存有依赖性时，先报价会决定谈判初期的范围与方向，较有主动权。但也要明白先报价的风险。如果报得过低，容易被对方探清底线，占了便宜；报得过高，对方可能会认定报价者狮子大开口而怀疑其谈判诚意和成交可能性，对谈判失去信心或兴趣。

13. 让步的幅度与速度也需了解利弊，视情况而定。一下让很多，使人感受到诚意与决断力，但也会使对方期望更多让步，到时看不到更多让步就会失望。一直坚持不让，得配合好的理由与证据，免得对方认为没诚意。谈一阵子后再让步，会使对方觉得终于说服对手，很有成就感。不过，拒绝人时所说的"抱歉，不可以"、"不行"、"实难照办"容易造成负面情绪，使谈判气氛与信赖度降低。不妨多用"好的"、"行！不过我们希望你们也能够给予我们……，配合……的要求"（"Never say NO. Always say YES, But……"）

14. 谈判对方提出过分要求或玩弄手段时，要了解"兵不厌诈"，不要将其看成对自己的侮辱或挑衅，要知道人性就是将自己的利益最大化，人都难免会情绪化，但要避免情绪失控，不能一激动就忽略了这个事实或对人性一下子有过高的期望。更要避免过度"个人化"（personalized），把对方期望利益最大化看成对自己的人身攻击或对自己人格的贬低。必要时可以暂时休会，择期再谈，给自己思考与恢复冷静的时间。

15. 谈判就是一种相互让步，应清楚地了解自己所处的境界及有哪些可交

换的筹码。遇僵局不能达成共识时,保持冷静,多思考替代办法,最终得出双方同意的最佳选项(best alternative to negotiation agreement, BATNA)。

16. 使用"绝对"二字,固然可以表明坚定的态度,但是一旦开口,例如,"这一点我们是绝对不可能让步的","我们绝对是要求明晚前必须达成协议,否则,我们绝对会做好法院见的准备",不但断了自己的退路,把双方逼入死胡同,更容易使谈判陷入僵局,应尽量避免使用这种不容易收场的字眼。反之,谈判时多用"如果"这两个字,例如,与其说"我们是绝对不可能道歉的",不如改用"要我们登报公开道歉实在很困难,如果我们董事长亲自到府上道歉,您觉得可以吗?""如果你能考虑承担空运费,我们就可以多付……"这种"如果"所带出来的语气会使对方减少被压迫感,增加自己的选择空间,也有被尊重的感觉。也因此更能了解对方的真实想法。

17. 对方有成员因紧张或试图以强势压人,表现出过度情绪化的言行时,应避免针锋相对,正面冲突。对特别无理或难缠的人,应立即避开其锋芒及在此人身上花费大量时间精力,避免自己的情绪随之起伏,可以转向其他成员,冷静讲出自己的立场和主张,争取理解和支持。

18. 以时间紧迫施压对方,可以迫使对方早作决定,更可测试对方真实想法与决心。但提出时限之前,要先确定有时间上的迫切性,否则不但徒增双方压力,一旦需要延期,会降低施压者的诚信度。反之,当对方以时间紧迫为由对己方施加压力时,应客气地要求讲明原因,辨明虚实。

19. 陷入僵局时,可考虑通过可靠的第三者充当调解或仲裁人,对于化解尴尬、打破困局会有意想不到的效果。

20. 双方立场和利益须加以区分。立场代表组织的依据、主张与诉求。利益是谈判背后真正的个人或组织的需求,例如钱财、声誉、权利、面子、是非对错、程序的公正、信仰自由、人身安全、健康等。

21. 立场和利益又可分为可放弃的、可作为交换筹码的和绝不可放弃或交换的。例如,县政府需要扩建是不可改变的,但动迁日期、费用和划拨的土地等都是可作为交换筹码的。卖方对房子的卖价可以坚持不再退让,但是可以就赠送家具、家电、付款日期等细节多做让步。

22. 开场白可以使用众人关注的焦点或热点问题,当天新出炉的新闻或消息,与对方在背景、兴趣的共同点,比较生动或独特的经历来吸引注意力,更要展示真诚、尊重,完整地传递信念与诉求。例如医疗纠纷的谈判,诉求的家属有时也可用静默无声来表达悲伤以吸引注意力。

23. 评估与选择谈判人选时,要留意其情绪管理能力、性格特色、其他成员与之互补与否、信息资源、专业素养、可交换的资源、本身权力的多寡程度、谈判能力、倾听与表达能力,还要评估与之打擂台的对方的背景、思维、性格特点等因素。

第六节 建设性和破坏性的冲突解决办法

人与人之间难免会有差异,差异就容易产生冲突。冲突并不可怕,重要的是面对冲突的态度与如何解决冲突,也就是冲突双方用什么心态与方式来沟通并解决冲突。首先,双方是否对彼此的冲突很认真地看待并真诚地想解决;其次,对如何处理冲突有共同的看法和方式。最后,有的冲突会产生很有破坏性的结果,但是,有的冲突的解决,不但有积极建设性,还促进了双方的互谅互解,强化了彼此的信赖与友谊,建立更深一层的关系,比单单强调隐忍或表面的融洽相处产生更好的效果。因此,心态决定一切。首先,不要把冲突当作竞争、战斗,避免差异与敌意的扩大。其次,带着探索事情与对方真相的动机与"好奇心",甚至带着一点学习的心态,尝试着把冲突看成学习处理差异的机会。如此不但能避免心烦意乱的敌意与负面情绪,更能加强双方的信赖与好感,更深一层地相互理解与达到共识。

建设性的心态就是把处理冲突的重点放在增进彼此相互理解上,调整出双

方都能接受的方式、风格与技巧,发展成建设性的争执,建立友好关系与增加自己的社会资源。破坏性的心态表现出来的就是翻陈年旧账,只表达负面情感,会降低彼此的亲密感和信赖感。两者所产生的冲突解决办法有着截然不同的内容与效果,如下表所示。

建设性与破坏性的冲突解决办法

关注内容	建设性的冲突解决办法	破坏性的冲突解决办法
问题	提出问题,说出问题	翻旧账,算老账
情感	正负两面的情感都表达	只表达负面的情感
信息	提供实事求是的完整信息	提供经过选择的信息
焦点	对事不对人	对人不对事
指责	接受相互的指责	指责别人并要求别人来负责
集中	集中在共同点上	集中在分歧与差异上
改变	促进改变,防患未然	没有改变,增加矛盾
认知	认知到必须双赢	没认知到一胜一败或两败俱伤的危害
亲密	解决矛盾,增加亲密感	矛盾升级,减少亲密感
心态	建立信赖	产生怀疑

第九章

沟通管理
——通往和谐人际关系之门

第一节 影响沟通效率的隐形杀手

语言是人类最重要的交流工具,语言的表达体现了人们的思维和决策的重要作用。彼此的理解程度主要是受到语境、解读模式、经验、情绪与记忆等因素的影响。在信息沟通的过程中,人们常常会受到各种因素的影响和干扰,使沟通的效率大大折扣。下面列举了18种沟通陷阱,堪称影响沟通、倾听、正确解读的十八罗汉隐形杀手:

一、彼此印象(impression)

人与人互动或相互影响的时候,通常都是在展示着彼此的能力、性格、动机。可信赖度和受喜爱度越高的人,影响力也越强。而彼此留下的第一印象和长久印象会具体地影响沟通与倾听效果。

第一印象指的是一个人的穿着、神情、肢体语言、谈吐等都在表现这个人的能力、个性以及是否值得信赖与喜爱。这种主观印象作用在同一件事、同一内容的谈话中,对于不同的人,将产生不同的情绪。好的印象,如自信、开朗、优雅、漂亮、坚强、正直、诚实、规矩、礼貌、干练、机智、创意、口才或善于倾听及善解人意等,都有助于引起对方好感和增强谈话说服力;反之,坏印象则容易使对方一开始就产生不信赖、反感、反驳或防御的心理,使得沟通的效率降低,甚至失去沟通的动力。

以教授群体动力学闻名的哈佛大学海菲兹(Ronald Heifetz)教授曾强调,一个好的领导者,无论是在协调沟通还是领导一群跟随者经历重大变革时,心理上都要经常"走到阳台上"去好好观察正在客厅或舞池里的自己的表现("stepping out to the balcony")。这是提醒我们在与人互动或协调谈判时,不妨在心

理上想象着自己像灵魂出窍般脱离现场，走到阳台上，客观、冷静地观赏、评估自己在人群里正在与人互动的模样，包括自己的举止、表情、神情、肢体语言、语气、语速、语调与心态等，多去留意正在与自己交谈的对方会如何感受、解读，自己给对方留下的印象，尤其是能力、性格、动机三方面会得到怎样的评估。

关于印象，在日常沟通中值得留意七件事：

1. 自己给初次见面的人通常留下什么印象？

2. 自己想给别人留下什么样的第一印象？虽说做人要表里如一，但是，有时受形势所迫，在不同性质、不同主题，或在一些性质较为特殊的场合中，我们需要留意展现给别人的印象是什么？有无需要特别凸显而因人因事做出调整的地方？例如，在道歉的场合，要留意自己的表情或语气是否让对方感受到自己的真诚与尊重；又如，调节双方冲突，尤其面对双方都很冲动或情绪化时，要特别注意给人留下公正、客观、仔细聆听的印象。

3. 为达到这些目标，自己应该或能否做出一些具体的努力或改进？

4. 与人相处久了后，自己大概留给别人什么印象？

5. 自己希望在亲友圈里，给别人留下什么印象？

6. 自己是个很受第一印象影响的人吗？如果察觉自己对对方不良的第一印象已经影响到自己的专心聆听或正确解读时，如何才能少受第一印象的影响？如何才能更客观地了解对方？

7. 多留意自己的性格特质——先了解自己带给别人的印象与感受；然后，了解哪些类型的人容易引起自己的好感或反感。一般来说，高人际型与高掌控型的人较容易受对方的第一印象影响。高人际型的人很在意与人初识时对方是否欣赏或喜欢自己，高掌控型的人对冗言、拖拖拉拉、未能专注、较强势、未表现敬意的人较易情绪化，从而失去聆听的客观性与效率。

二、诚信度(credibility)

人在自己经常出现的交往圈里，一定会留下口碑。不妨多去了解自己在一般人的心中是否值得信赖,人们是否觉得自己是个能说到做到、有责任感的人。好的诚信度有助于树立良好的个人品牌,别人感受到自己沟通的诚意,协调沟通的效率自然就高。管理层尤其需要透过各种渠道,多多留意与评估下属对自己的信任度,以免滔滔不绝地讲演或训话,最后流于讲的人白讲、听的人白听的毫无效果的沟通。

三、注意力干扰(attentative)

双方在沟通时,应避免外在环境,包括灯光、桌椅、资料等的干扰。要为谈话创造一个安静与舒适的环境,以确保沟通效率。重视沟通的人懂得恰当地布置会议场所,包括座位的设计与安排、灯光,甚至留意会议地点墙上的照片,这些细节都会影响会议氛围和与会者的参与度及讨论效果。例如,哈佛大学政府管理学院大多教室的桌椅从高度、角度的设计上,要求让坐在教室内的人可以看到彼此的表情与眼神。一来促进了人们互动的讨论气氛与效率。二来也提醒了教师们避免单方向的一言堂,在坐有高层管理人员的教室里,应当是老师与学生们对话的场所,从而达到热烈讨论与教学相长的作用。

有时,发言的人滔滔不绝,以为对方听到、听懂、赞同。其实,听者的注意力却因为环境干扰受到影响,理解力大打折扣。例如,音响效果不好,座位距离过远,灯光过强或过暗,讲话者口音较重,会议室外的噪声,在座者交头接耳的轻声讨论,与会者接听手机与进出会场的走动等视听障碍,都会使听者听不清楚或听不明白,在不便或不敢要求重复澄清的情况之下,沟通效果会大打折扣。这时,若不能及时觉察听众受到干扰并及时做出矫正,很可能产生误解。

另外,会议场所的布置不理想,也会干扰参与者的聆听和交流。比如,时下很多的"会议室",座位都是从前往后一排一排的,后面的人只能看到前面的人的后脑勺,视觉受阻加上距离远,不但干扰了听众的专心,影响了自由讨论的氛围,也维系了"会而不议"、只是单方向传递信息的传统现象。

四、成见（stereotype）

从社会心理学来看，成见就是观察者强加给某一特定群体全部成员的一组固定不变的属性。成见或偏见会影响个人在与他人接触时的感觉、想法、行为。归类、分类是人类认识世界的一种方式。哈佛大学有一个全球首屈一指的婴儿大脑研究实验室，在三十多年的研究中，研究小组发现，人类不仅生来就掌握许多技巧，而且对于性别、种族的偏见早在出生后的前几个月就已经渐渐形成。

对某一类人的成见使我们有了先入为主的观念，对他们尚未了解就已经有了归类与结论，比如"女人就是小心眼"，"男孩子怎么可以随便掉眼泪"，"身上有刺青的人一定不是正派的人"，"我明白他为什么心胸那么小，因为他是日本人"，"那么有攻击性有什么好惊讶的，因为她是个律师"。尽管成见无可避免，但要尽量避免沟通或倾听时过于主观地评价对方人品，失去客观、兴趣或准确度。

另外有一种偏见，是指大多数人都会建立以自我为中心的"自利偏见"（self-serving bias），替失败找借口或推托责任，将成功归功于自己，用来维持自尊和抵抗外来的打击。据调研，澳大利亚有86%的人认为自己的工作表现为"水准之上"。这种偏见使人认不清楚真相，见不得别人的好，也会疏于防备因自己的行为或选择而可能造成的不利后果，甚至总觉得不幸的事不会发生在自己身上，变得更敢冒险去赌博、开快车或拿自己的健康当赌注。

五、语义差异（definition）

在一家高级餐馆里，一位客人点了一道汤，当侍者把汤送过来给他的时候，他看了看，不满地说："这个汤怎么喝呢？"侍者听了，紧张地说："对不起，我马上给您处理一下。"然后把汤端下去加热一点，又端了上来。

顾客一看，又说："这个汤怎么喝呢？"因为是高级餐馆，即使是最挑剔的客人，侍者也会尽一切努力来满足。侍者马上回答说："对不起，对不起，给您换一碗。"于是把海鲜浓汤换成了牛肉汤,端了上来。

顾客一看,不耐烦地说:"这怎么喝呢?"结果,一次又一次,客人还不满意,最后经理过来问:"对不起,我们会尽力让您觉得满意,但是您能不能告诉我们,到底您认为这个汤是怎么不好喝呢?"这位顾客回答:"不是这个汤好不好喝,而是你们连汤匙都没给我,让我用什么喝呢?"

这位服务生一味假设顾客是对汤本身不满意,却未多问两句来查明顾客的原意。这位顾客一方面不讲清楚究竟要什么,一再用模棱两可、引起争议的词句——"怎么喝"误导了对方;另一方面也没有留意对方解读和假设的偏差,双方徒然耗费了时间和精力。这种现象经常存在于沟通当中,引起很多原本可以避免的误会和冲突。

在日常对话所使用的词句中,存在着许多"多重含义文字"。这些文字在不同的用户心中常常存有截然不同的定义,产生这些差异是由于人们的成长环境、教育背景和用语习惯不同。双方如果不用心提防彼此因定义而造成的差异,都以为对方使用的这些词句有着与自己相同的定义,而继续畅谈,便容易发生"说者无意,听者有心"的后果,导致许多原本可以避免的误会和冲突。

例1 买卖合同中有一则条款提到:"甲公司保证在11月18日前交付乙公司手提电脑100台。"结果,甲公司到了17日深夜仍未交货,乙方控诉甲方违约。但是,乙方却认为18日下班之前送货即可。甲方究竟是否违约?这句"18日之前"是含18日还是17日晚上就到期了呢?另外,这句"交付乙公司"大家很清楚地同意了。但是解读时却大相径庭。究竟是指甲方应把货送交到乙方所在地,还是乙方应自行到甲方所在地提取货物呢?法律上的界定"含18日当天"是很清楚的,但是因对定义不加以小心求证,造成了很多冲突。

例2 甲邀请乙下周三到国际会议厅参加一个论坛,乙没兴趣参加,但又不便当面拒绝,便回答:"哎呀,真不巧,那天我已安排了活动,不过,到时我会尽量看看能不能抽空参加吧。"甲不但没弄明白乙实际上是委婉地表示拒绝,反倒解读成原本不能来的乙到时会"尽量"抽出时间来参加,甲甚是感动。到了周

三,甲找遍会场却发现乙没来,很不谅解。这句人们经常用的"尽量"到底是一种承诺,保证会去见面,还是委婉地表示困难?各人有不同的解释,需要澄清。

例3 在村长选举时,记者问一位投票的女士:"这次选举的结果对村民今后的影响大吗?"答曰:"影响不大。"记者便借着这句话大做文章,写了不少村民并不看重这次选举的负面报道。

这句"影响不大"是指无论谁当选,村民的生活都不会有多少改善,还是指选民根本不在乎候选人的水平?记者用这种方式提问,暴露了两大问题:第一,使用"影响"一词,定义不清;第二,未以开放式的问题提问,例如,"请问你的看法如何?"而采取了封闭式的提问,"对不对?同意不同意?"逼得对方只能以"对"或"错"、"是"或"不是"来回答。若未警觉其中的混淆不清,提问者很可能误解,而被问者很容易被误导而造成误会。

对同一词句,人们可能有完全不同的定义,做出截然相反的解读,褒贬之间,所产生的情绪也不同。最糟糕的是,双方根本未能察觉彼此在同一词句上已经存在着极为不同的定义,一厢情愿地认为对方与自己定义相同。事后才发觉误会一场,人与人之间的很多矛盾和对立便由此产生。

说者应该留意所用的词句对方是否会用同样的意思做出正确解读。应该尽量避免使用具有混淆、笼统含义,容易引起理解偏差的词句。反之,听者也要保持警觉,时时提醒自己和对方,避免落入语义混淆的陷阱,将有争议和混淆性的词句,委婉耐心地予以界定和澄清,适时减少误解,避免无谓争执,达成真正的合意与共识。

六、语境文化(context)

美国的语言学家爱德华·霍尔(Edward Hall)提出了"语境文化"的概念。指出不同国家或地区的人们在进行语言交流时,往往不自觉地受到文化背景、民族心理、思维方式、语言习惯的影响,从而采取不同的表达方式和理解模式,因而形成了不同的语境文化。依照语境的内涵繁复程度,也就是语言交流方式对语境的依赖程度,可以将语境文化分为"高语境文化"(high-context culture)和低语境文化(low-context culture)。高语境文化强调遣词用字时较为含蓄委婉,听话人多需根据当时情况、历史文化、传统背景、社会习性、宗教信仰等因素,配合当事人在沟通中的语气、表情、肢体语言等状况,揣测与判读说话人真正的意思、想法与意图。低语境文化的表达特点是直截了当、精确明白、易于理解,字面含义与心中含义大致相符,倾听者无须结合其文化传统、历史背景等因素来解读和判断,更无须揣摩和猜测说话人的言外之意。

语境的高低与道德、能力或文化素质的优劣无关。但不同语境文化的人在交流时,会有不同的表达和理解模式,同时也假设对方的沟通模式和逻辑思维与自己的语言习惯相同。因此,每当低语境文化的说话者期望倾听者能够以直接的方式理解自己所说的话,或因不了解高语境文化的特色,而执著于字面,忽略了人情风俗、社会关系、地位等因素,未能真正理解讲话人的本意,或高语境文化的人过分揣测低语境文化的说话者的"弦外之音"时,因人们对于这些语境差异所造成的误会和不满大多毫无认知和警觉,误会与冲突便很容易发生。

"高语境文化"国家以中国、日本、韩国为代表。"低语境文化"国家则以德、法、英、美为代表。随着全球化的推进,中国不但在政治与商业活动方面走向国际舞台,民间的跨国交流活动也日渐频繁,尤其在与欧美诸国人士交流时,必须了解不同语境文化对语言的制约程度与双方的期盼有所差异,谨慎察觉它给人们的沟通造成的误解和障碍,才能更好地实现交流和沟通。

这里顺带提一个双方因语言不通而借助于翻译时容易产生的问题。双方因都专注于翻译人员的翻译内容,而忽略了讲话人的语气、表情、语速、强度以及其中所隐藏的情绪,以致无法正确地理解。一个优秀的翻译应该不但能准确地翻译谈话内容,更要尽量放下自己的风格,全力配合谈话者的语速、音调、语气,另外也要提防因双方的"语境"不同而造成解读时产生误差,才能促进双方的高度理解。

七、身心疲累（tiredness）

身心疲累会影响专注度、理解力及良好的情绪，降低倾听效率。应对其多加留意，及时做出补正。

八、价值观差异（values）

越战前，一个美国人来到西贡（现越南胡志明市），闲暇之余，到郊外散心。在乡间路上，他看到一个越南人骑在一头驴上，轻松自在，哼着小调，而那人的妻子却扛着沉沉的稻谷，紧紧跟在驴的后面，吃力地走着。

这个美国人来了几次越南，心中早已对东方的文化产生鄙视，看见这种场景，更加不满，便拦下那个越南人，质问道："你怎么这样对待你的妻子呢？一个大男人骑着驴舒服享受，却让老婆背着那么重的东西，太没风度了！"

那个越南人很不屑，看着美国人，冷冰冰地回答了两个字："传统。"

几年后越战结束，这个美国人又来到了西贡，在同一条路上，又看到同一个农夫骑着同样的驴，与上次唯一的不同是，他的妻子背着沉重的稻谷，走在了驴的前面。

美国人感到很奇怪，问道："哇，一个战争居然改变了你们的价值观，开始懂得重视女性的社会地位，所以让妻子改走前面，表示对女性的尊重吧？"

农夫如同以前，不屑地回头看着美国人，冷冰冰地又回答了两个字："地雷。"

美国人听了哭笑不得，想到这些无可救药的东方人，欲言又止，悻悻地走开。回到他居住的美国后，每逢社交场合便再三引用这个例子，强调东方女性受到的歧视和不平遭遇，对于自己的文化，言语间流露出不可一世的优越感。

第九章
沟通管理——通往和谐人际关系之门

这是美国人从自己的价值观出发,认为越南农夫自私,歧视女性,不爱妻子,没有绅士风度;但从农夫的价值观来看,这就是传统,男尊女卑,自己作为一家之主,生命与地位更可贵,自己得到优渥的待遇是天经地义的。

对于同一事件,人们产生截然不同的看法,有时是源于彼此价值观的差异。若是以自己的价值观去批评苛责别人的价值体系,就容易招致反感,引起冲突。

以下是一些价值观对立、对同一事件有截然不同看法的例子。沟通时,要特别留意因这种差异而引起的冲突。

1. 有人辛辛苦苦挣了不少钱,却只知道拼命攒起来,不懂得如何改善生活的品质。这种理财方式,是勤俭节约,持家有道,应值得赞扬呢?还是属于嗜钱如命的守财奴行为,叫人不屑呢?

2. 对于网络红人"芙蓉姐姐",有人视其为自信叛逆的代言人,值得推崇;也有人批评她的行为,认为她过分张扬,表现欲太强而对她嗤之以鼻。

3. 对于同性恋的行为,有人嘲讽谩骂,也有人同情赞同。究竟同性恋是因先天的遗传因素所致,值得同情或赞同?还是后天的行为抉择,应予批评嘲讽或打压反对?虽然见仁见智,各有不同,但也可能因彼此意见分歧而造成家庭、组织甚至整个社会的不安。

这些在日常生活中出现的问题,由于价值观不同,本身就容易产生争执和对立,再加上有些人因自卑、自怜、偏激或顽固,以及对定义差异和价值差异缺乏认识,不懂得换位思考和包容体谅,攀比心理过强,尤其涉及政治、宗教、道德、文化等主观性抽象议题时,一旦对方表达不同意见,很容易单凭直觉和成见而心生优越感,轻率和粗鲁地鄙视、抵制和打压对方,从而使矛盾进一步尖锐化。

当今多元文化造成了多元的价值体系,加上个人主义造成自我膨胀的心态,人与人的道德观、价值观和人生观可能有很大的差异,想要减少人与人之间的对立或矛盾,保持内心平静与和谐,可以参考以下三点:

第一,个人的价值观多有差异,但是价值观或差异的本身有时不见得可以

分出是非善恶或孰优孰劣。不应怀着优越感去歧视对方。何况,人其实都是环境、教育之下的产物,很多人的价值观是必然、无奈也是无辜的。

第二,在谈话中,要提醒自己留意因双方价值观差异对情绪和解读造成的影响。

第三,培养自己换位思考、理解同情、包容体谅的宽容心胸和能力。

九、时间压力(time pressure)

自己或对方受到时间的限制时,沟通的方式、内涵与效率有时会大打折扣,造成沟通的障碍。尤其是需要沟通的问题还有很多也很重要,偏偏剩余的时间又十分有限时,双方产生焦虑、急躁或压力,造成分心和解读误差。也可能因时间紧迫而草率讨论。有时也要提防对方利用或滥用时间优势施压。

十、缺乏兴趣(interest)

有时单方面急切地提出想法,发表评论,却未留意对方对这条信息或主题所表现出的乏味或漠不关心,所谈论的内容根本未传达给对方。发表看法或在沟通时改变话题,一定要留意对方对这一内容的兴趣。

十一、冗言(wordiness)

冗长、啰嗦的表述不但会使聆听者难以集中注意力和捕捉重要信息,渐渐丧失谈话的激情,而且会被人看扁能力,影响可信度。对对方形成这种印象时,也要提醒自己尽量保持客观、聆听的态度,避免将不耐烦或鄙视的不良情绪形诸于色。

十二、隐私(privacy)

有些人,尤其是人际型的人,喜欢对人倾诉自己人生的坎坷际遇、对别人的不满批评或自己内心很深沉的想法等具有隐私性质的信息,一则表达或宣泄感情,二则博得同情、好感、信赖或友情。未料,如果对方是一位只希望就事论事、少谈个人隐私的人,便可能因为对方未能发表对应的内心想法,就觉得自己一番热诚没有受到重视而觉得委屈,或是觉得对方城府太深,不宜深交,甚至结下梁子。其实,究竟是否属于个人隐私,这是因人而异、很有相对性的。对于隐私有各自不同的定义或期待时,也容易形成沟通障碍。

十三、不良情绪(negative emotion)

在心情很好或很差时沟通,效果会有很大差别。要留意自己的不良情绪给别人的感受,以及对方带着不良情绪时,自己可能误以为是冲着自己而来的。更要注意,不良情绪会影响双方信息的正确解读。

十四、常会错意(mis-interpretation)

沟通时除了留意自己的表达(内容、表情、语气、肢体语言)与聆听的专心与客观度,思考如何因应外,还得留意对方的专注度、兴趣度、客观度,尤其要分析对方的理解度。有些人带有很深的成见、不满或是很难专注、经常解读错误,对这类很不善于倾听的人,先是要警觉,一旦觉察到这类问题,一则要防止自己失去耐心、流露不满或不屑;二来要了解沟通过程中对方落掉了哪些重点,及时加以澄清。

十五、辩驳(rebuttal)

当人被拒绝、批评、否定、责备时,心里总会思忖着如何辩解或反驳。即便后来觉得不想冒犯人或觉得反驳也没用而忍了下来,总是已经分了心。沟通者除了要留意双方的情绪变化,更要及时补充被错过了的信息。

十六、早下结论(conclusion)

《圣经》中说:"你们当快快地听,慢慢地说,慢慢地动怒。"就是提醒人们要

随时给别人表达的机会,专注聆听别人的意见,不急于发言,更不要轻易认定对方的差异或敌意而轻易动怒。当我们与人交流沟通时,不要急于对对方的言行和人品下结论,应给自己和对方多留一点空间与时间。

十七、记忆(memory)

"记忆,它可能是天堂,我们无须担忧会被驱逐;记忆,它也有可能是地狱,怎么逃也逃不掉。"很多人会健忘,甚至会忘记了自己的健忘,反而指责对方没有说清楚。

艾宾浩斯是第一位对记忆进行科学研究与测量的心理学家,他提出了著名的"艾宾浩斯遗忘曲线",对于记忆和时间的关系做了探讨。他的研究发现,人与人沟通与传递信息时,借着倾听、观察、解读来汲取信息。记忆对语言的表达体现在提取,它的功能如同一个自动取款机,依照以下三个步骤进行:

1. 加工过程

人脑所得到的信息,先是信息编码,包括反复思考、感知、体验和操作,新知识与已有的知识形成联结,得到巩固。

2. 存储

将感知过的事物、体验过的情感、做过的动作、思考过的问题保持在头脑中,可以是图像,也可以是概念或命题。

3. 提取

从记忆中查找已有的信息,人记忆力的好坏就是由信息提取来表现的。

进入倾听者脑中的信息,依其存留在脑海里的时间长短,可分为三种类型。

(1) 瞬间记忆

又叫感觉记忆,储存时间约 0.25—2 秒。例如,人们看电影时,虽然看到的都是一幅幅静止的画面,但是由于瞬间记忆的存在,人们就感觉自己看到的是连续不断运行的图像,这就是瞬间记忆作用的结果。

（2）短时记忆

保持时间约5—120秒,又叫工作记忆。短时记忆对把握语法、结构有很重要的影响。它将得到的信息编码,容量加大,与长时记忆中已存在的信息发生意义上的联结,有一部分会转成长时记忆,在必要时可以取出来解决当前问题。例如人们可以在短时间内记住一个电话号码,马上拨出这个号码,但过后很快就忘了。

（3）长时记忆

信息经过充分和一定深度的加工后,在脑中长时间保留下来的永久性储存。保存时间从一分钟到终身,容量没有一定限度,这就是为什么记忆力是可以锻炼与拉长的。信息来源多为对短时记忆的加工或一次印象深刻的经历。例如,人们到年老时还能回忆起童年的往事。倾听者对于自己很感兴趣、被触动心弦、牵动重要利益、事后加以复习或实践的信息,较容易长存脑中而成为长时记忆的内容。反之,已吸收的信息容易被遗忘的原因包括:

① 记忆消退

记忆的内容随着时间流逝而逐渐消失。

② 前摄抑制的干扰

和建立第一印象的首因效应类似,"前摄抑制"是指先前所学的材料对于后来学到的材料的干扰。或者"倒摄抑制",是指后来学习的材料对于先前学到的材料的干扰。

③ 提取失败

明明知道某件事,却一时想不起来,事后还能回忆起来,这个叫做舌尖现象,因为这次遗忘可能只是暂时性的。从信息加工的观点来看,就是一时难以提取需要的信息的现象。如果有了正确的线索和寻找的方式,所需要的信息就可以提取出来。长时记忆是永久性地被保存着,提取失败可能是失去线索或线索错误所致。

④ 被压抑的痛苦往事

人们不愿想起一些可怕、痛苦、损害自己自我价值的事件。这些记忆大多

与羞耻感、罪恶感相关,不能被自我接受。人们在回忆童年事件时,不愉快事件比愉快事件更易于被遗忘。同时,人们记忆中美好的时光可能是加进了个人情感,有时不见得是生活的记忆。

总之,记忆力的特点是:没专心听或一旦被分心,刚听进去的话语只能保留在记忆里面两三秒钟,接着这个刚听到的信息就自动消失得无影无踪。即使很专心地听,没被打断或分心,听者挺理解也接受的信息,经过24小时之后,有百分之九十的内容也会掉入"自动遗忘曲线",完全消失。只有百分之十的内容可以被牢牢记住。这百分之十就是指自己觉得很重要、很感兴趣、很受感动、很有利害关系或拿出来实践的内容。所以,说话者在讲演或训话时,一来不要太冗长,免得别人失去兴趣与专注;二来要把自己的核心概念事先想清楚,精简扼要、生动精彩地讲出来,别人不但听得明白,也能记得牢固。

十八、选择性(selective)

人在沟通时,心中的"价值观"一直在引导着思维——自己或对方最在乎什么?最想得到什么?最怕失去什么?最喜欢什么?最厌恶什么?最看重什么?大脑在运作时会选择性地过滤自己认为重要的信息。价值差异也会导致每个人对同一段话的解读与记忆的重点不一样。在价值观的影响下,每个人都是在选择性地表述、听话、解读、记忆。即便被要求全面、完整地说明一个事件的前因后果及内容全貌,也可能加上自以为很客观、很全面的评价。其实,发言者都是从自己认为重要的事实或要点出发来描述事件或看法。倾听者有时注意到一些没被描述到的事实时,就很容易一口咬定对方没有完整陈述一个事件,认为对方有所隐瞒。其实,说话者是依其认为的重要性或对方应该了解的角度在表述,毫无隐瞒之意。

倾听者这一方也是如此。自以为很专心,其实仍然用自己认为重要、在乎的兴趣或利益的角度选择性聆听与解读,以至于常常漏听到一些陈述者的要点。这种情况就容易导致事后双方相互指责没讲明白或没听明白。

记忆也是带有选择性的。人的记忆也是对于自己认为重要、兴趣、感动的事情才能记得清楚长久。

第二节 高效倾听的六个要项

一、三大情绪需求

马斯洛的需求层次理论指出,每个人在人生的各个阶段,虽然面临不同的环境,却有着相同的五大需求——生理需求、安全需求、感情与归属需求、尊重需求和自我实现需求。

马斯洛的需求层次理论在运用于沟通时较为抽象复杂,若将其归纳为"沟通的三大基本需求",便可因通俗易懂而变得实用,也可大大提升沟通效率。

"沟通的三大基本需求",简单说来,是指人与人在沟通、谈判或解决冲突的过程中,除了信息的不断交换,每个人内心时时刻刻都有着被对方认为是"有能力"、"被器重"和"被喜爱"的期望和需求。唯有这三个期望被满足时,沟通才能平和、理性、顺畅地进行。

在一些较为重要的谈话或会面场合,例如:
- 代表公司进行重要的贸易纠纷谈判;
- 合伙人之间为解决矛盾的最后摊牌;
- 官员面对满腔愤怒的上访人群;
- 调解邻居或家人间的误会或纠纷;
- 朋友间对于重要问题发生分歧或争执;
- 向上司要求升职或争取福利。

人们通常特别留意谈话的内容和逻辑、语气、表情和肢体语言。其实,更重要的是,如果能让对方清楚地感受到被器重、被信赖和被喜爱,他便能更加理性地思

考我们传达的信息,这样我们不但能够获得对方的好感,也更容易说服和影响别人。

在理解了"沟通的三大基本需求",并借助其来提升沟通效果时,还要注意以下两点:

第一,自己在这三方面也有强烈的需求,如果未能从对方的言谈中获得满足,是否已经引起了自己的情绪波动,如一定程度的不平、不满或挫败感?如果是,则应尽力自我控制或调整,告诉自己"我得忍一忍,再多了解对方的真正动机"、"这没什么"、"他是无意的",帮助自己继续耐心和冷静地倾听和表达。

第二,理论上,我们都希望尽量满足对方这三大需求,但在实际生活中,尤其是在对方理亏或冒犯自己时,心中一有不满或愤怒便会急于发泄,难免情绪失控、言语失当,而忽略了对方三大需求的某一或某几方面,使对方情绪受挫。此时,必须马上辨别自己的言行影响到对方的哪些需求,设法有针对性地加以弥补。例如,工作搭档出现失误,自己难免因一时冲动而加以指责,这可能会使对方感到能力被否定,不被人喜爱,情绪变得低落。这时,就要设法加以肯定,帮助他化解自卑、不满或抵触的情绪,让对方因感受到自己有能力、受器重、受喜爱而乐于接受劝告或建议,重新开始积极的工作。工作中领导对下属经常采用"先抑后扬"的指导方式,既让下属意识到自身错误,又让下属感受到肯定和赏识,积极投入工作。也就是说,纠正或责备同事、朋友或孩子时,最重要的不单是证明自己是对、对方是错,更要留意对方的感受。如果在谈话过程中,能够清楚地让对方感受到自己对其能力的肯定与信心,器重与喜爱,从马斯洛的层次需求来看,对方就会发现这个纠错或建议是来自于一个能给其安全感、使其感受到关爱与尊重的人,他相信这个人的建议会使自己提升、自我实现、成为一个更好的人,就会欣然接受建议并付诸实施。

二、换位包容

换位思考是当遇到对某个问题的看法与别人有分歧时,除了继续用自己的

> 第九章
沟通管理——通往和谐人际关系之门 >

角度和立场思考,也要在心理上尽快进入对方的背景(包括文化传统和成长经历)和思维(包括情绪、逻辑、人生观等价值体系),去认知和理解对方为何会产生如此的看法,进而体会他的感受,察觉对方真正的诉求和利害关系。

将双方差异转化成灵感或创意的来源,就必须懂得每个人的价值观必有差异,而大多数差异本身并没有是非善恶、孰优孰劣之分,更不应以优越感去歧视对方。此外,在谈话中,要提醒自己注意观察因双方价值观的差异对情绪和解读造成的影响,进而提升自己换位思考和理解宽容的心胸和能力。

某公司工程部和销售部相处很不融洽,两部门之间经常明争暗斗。一天,工程部的一位经理和销售部的五位职员包了一架直升机,一同出差。途中,机长突然宣布机械故障,直升机动弹不得,只好在机身的底盘垂下一根用粗绳结成的绳梯,请求六位乘客抓着绳子悬在半空中等候驾驶员紧急排除故障。大家正悬在半空中时,机长又宣布了一个不幸的消息:"机身又发生另一故障,现已无法承担这么大的载重量,你们中需要马上有一位自愿松手下去,才可以避免机身下坠,其他人的性命才可保全。"这时,只见大家你看我、我看你,没有一位愿意牺牲自己,松手下去。机长见情况愈发危急,大声催促大家赶快做出决定,否则就只好同归于尽了。这时,工程部的经理先开口了,他说:"各位,我每天早出晚归,辛辛苦苦,兢兢业业,这么多年我为公司做出多少牺牲啊……"他还没讲完,其他五位同事一阵嘘声,打断了他的话,显然没人被他感动或说服,大家仍旧僵持着。一阵安静过后,机长又在催:"你们一定要有一位放手!否则我们大家都没命了啊!"这时只见这个工程部经理又开口了:"各位啊,我上有老母,下有残障的儿子,你们就可怜可怜我……"话没说完,又是一阵嘘声和叫骂,他只好再次闭嘴。这时,机长满头大汗地说:"各位,再不决定松手,一分钟后机身就要下坠,我们真的要同归于尽了!"这位工程部经理又开口了:"唉……各位啊,人终有一死,有轻如鸿毛,也有重于泰山,我现在终于想通了,我已决定,牺

牲小我,完成大我,拯救你们,让你们大家能够安全回去,继续事业、照顾家庭,这样我也死而无憾了……"这时,他话没讲完,周围便响起一片掌声,接着几位同事都掉下去了。

这个故事显然是个黑色幽默,嘲讽人性,但这位工程部经理之所以能够略施小计,使其他人松手,就是靠着站在对方的立场和角度,分析对方的心理状态和所关注的利害,借着表达了体贴别人、为对方谋利的心意,减除对方的怀疑和敌对,从而获得认同,也发挥了影响力。

三、沟通技巧

"知道"一词,在希腊原文中,除了包含"理解",还有"付诸行动"的意思,也就是说,只有能够实践才算真正的知道。所以,除了把上述积极的信念植根于内心,帮助自己获得平和的心态,降低冲突的可能,还要能在双方都略带愠色,或自己面对一位正在发怒的人时,懂得将以下具体的沟通技巧灵活自如地运用于自己的遣词造句中,使双方"降温"、"降压",这样才可算作良好的愤怒管理。

1. 少指责对方的错误,多表明自己的感受。

2. 当对方情绪激动,怒火已被点燃,减少了理性空间时,谈话重点应立即从"谈些什么"转移至"该如何谈";应尽量回避对方的"触怒情景",更要忌讳使用"你这哪是人话"、"岂有此理"、"你简直是病态,懒得跟你谈"等语句来激化对方的怒气。

3. 马上换位思考,试着从对方的角度看事情,理解对方并非毫无道理,便易生出包容的心态,更不会在此时强求对方改变观点。

4. 对方尝试着戒除自己的怒瘾而稍有成效时,应及时予以肯定。如果依然发怒,可以适当转移话题,或用温和的语气提醒他;否则,就最好马上离开现场。

四、倾听技巧

沟通最重要的是学习成为一个会倾听的人,会理解的人。

松下幸之助说:"我沟通时首先细心聆听他人的意见。"

艾科卡曾感慨:"我只盼望能找到一所能够教人们怎样听别人说话的学院。"

美国著名的玫琳·凯化妆品公司创始人玫琳·凯说:"一位优秀的专业人士应该多听少讲,也许这就是上天为何赐予我们两只耳朵、一张嘴巴的缘故吧。"

通过时时观察和满足对方的需求和兴趣,让对方感受到受尊重、信赖和喜爱。做到积极倾听,不仅能帮助自己管理和控制情绪,还能提升个人品牌,成为更受喜爱和信赖的对象。

好的沟通者一定是一个好的倾听者。但是好的倾听者,单单要求自己专心是不够的。必须学习成为一个积极的倾听者:

1. 了解重要性

心理学强调首次印象的重要性,称之为"首因效应"。而各种留给别人的好印象当中,最普遍的是专注倾听与理解对方意思。

2. 查证

了解沟通中充满许多影响彼此正确理解的障碍。不要迷信自己的口才,更不可假设彼此都很专注、能够正确地理解。一定要带着高度怀疑的态度看彼此的理解与解读,多加查证与确认。

3. 发问

好的倾听者一定懂得查证、确认。其中最有效的方法是发问与复述。恰当的发问是问到别人感兴趣、有能力与关系其利益的领域,对方才会欣然答复。复述则是针对对方的要点或感受,简单扼要地重复,令发言者觉得很被理解。

4. 多听少猜

沟通中我们难免需要去解读对方语句的含义,留意是否存在定义差异。但是,如果总是在猜测对方的立场和动机,除了容易过早做出有偏差的结论或判断外,更容易因情绪受到影响试图辩驳而分心。积极倾听,需力求心无旁骛地时时提醒自己,在分析对方的"言外之意"之余,还要避免过早判断对方的对错或动机,应把精力集中于专心倾听。

5. 刻意演出

好的倾听者,首先需要专注倾听对方的语意和感受;其次还要在语气、表情和肢体语言上显示出自己的专注、兴趣、尊重和理解。如同演员需要有好的演技,好的倾听者也要刻意演出,力求让对方清楚地"看出"自己兴趣盎然、全神贯注和心领神会。

(1) 可以通过面部表情和肢体语言,如微笑、目光接触、赞许性的点头、身体前倾等,来表示对对方信息的专注和感兴趣;要避免干扰性的动作,如看表、晃腿、接电话、不时地走动或与周围人交头接耳,这些心不在焉的动作会让人感到不受尊重。要观察对方如何解读自己的表情和肢体动作,尤其要留心那些多疑、悲观的人。若在对方发言时,自己需要做笔记或翻阅文件,也必须配合眼神的接触和感兴趣的表情,让对方感到受重视,以防被误解为不够专心、冷漠或不感兴趣。

(2) 在对方观点陈述完毕后,应使用"嗯,对"、"嗯,有道理"或者"有意思"等语言回应。也可适当发问,要求对方进一步阐明论点,复述对方的话语或用自己的话概括陈述对方的要点,例如,"我很同意,您刚才所说的意思是……吗?"这样不但可以评估自己是否正确理解对方的意思,也可以确保对方看出自己专注聆听、很有兴趣。而且,人的专注度一般只能维持 10—20 分钟,如此发问和复述,更能帮助自己保持兴趣和专心。刻意演出的目的是让对方清楚地感受到自己的兴趣、诚意、专注、尊重、理解、同情和关爱。沟通氛围友善,双方才能更清晰、客观地陈述,进而才能了解事实的真相。不论是争执的双方,还是作

> 第九章
> 沟通管理——通往和谐人际关系之门 >

为调解人,如果能够好好地"演出"上述积极倾听术,先让对方感到受认同和尊重,取得对方的信赖和喜爱,对方在情绪得以宣泄和抚平后,一定会更容易接受自己的补充或异议。

6. 三七原则

目的是避免出现一方多话到几乎占据全部对话或有一方始终沉默。在双方交谈中,有时有一方因谈兴大发、自以为他很懂这话题或是在这个话题上被要求多谈,于是侃侃而谈,占据整个谈话的大部分时间。问题是这种现象很可能导致倾听者失去兴趣或专注,或是想发言而苦于无机会。"三七原则"中的"三"和"七"是代表双方谈话各占谈话总量的比例——发言者提醒自己不要超过70%的交谈时间,一定要留30%给对方回馈。这个要求主要用来提醒主谈的一方,在表述清楚完整后,务必设法让对方开口表达意见,在整个话题结束前,确保对方的发言占到总时间长度的30%以上。"三七原则"并非绝对的量化指标,目的有二:

第一,通过双方的互动,避免有一方因为长久静默而分心或失去兴趣。

第二,通过对方的反馈,检验自己是否被错误解读。当主谈者忽略了双方的互动和对方的反馈时,非主谈方也要主动和委婉地打断,争取表达机会。唯有通过提问、补充、阐明,甚至添加新话题进行互动,方能确保自己始终专注、抱有兴趣、听得明白、受到尊重。

7. 应对不善倾听者

俄罗斯某将军在俄某军事学院担任客座教授。开学伊始,他对班上的军官们说:"我们本学期的重点是研究当今世界潜在的重大问题和相应对策。"一名军官问道:"我们将会遭遇第三次世界大战吗,教授?"

"是的,同志们,看起来你们将会面临第三次世界大战。"将军回答。

"那谁将是我们的敌人,将军同志?"另一名军官接着问。

心的解码

Decoding the Heart

"很可能是中国。"全班一片哗然。

最后,一名军官问道:"将军同志,我们只有1.5亿人口,可是他们有13亿人口,又擅长打人海战术,我们怎么能赢呢?"

"哦。"将军回答,"动脑筋想一想吧,现代战争,关键是质量,而不是数量。比如,中东地区,500万犹太人一直在与5 000万阿拉伯人斗争,而每战都是以犹太人的胜利而告终。"

"但是,教授。"一名军官愁眉苦脸地问道,"虽然第二次世界大战成千上万的犹太人曾躲避到咱们国家来,可后来以色列建国,他们大都重返祖国。如今,我们要到哪儿去找那么多的犹太人呢?"

我们周围总有些人,在倾听和解读别人的语意、目的和动机时,经常有所偏颇,一旦对方予以澄清和更正,却发现越解释越容易引起更多的误会。如果不再说明,会让他难受,但再加说明却更惹麻烦,弄得人们与这种不善倾听的人说话时,总有哭笑不得、左右为难的感觉。这种不善倾听的人,有些是个性自卑、悲观使然,有些则是由于不良的倾听习惯或不当的理解方式所致,例如不专心、早下结论、偏见极深、急于辩驳、过分情绪化、不懂得定义差异的混淆效果等。一个具有积极倾听能力的人,在面对这种不善倾听的人时,懂得:

(1) 辨别

首先辨识出周围哪些人属于不善倾听者,如果对方不善倾听,要留意自己的情绪反应,控制好自己可能产生的反感和怒气。在和与自己的风格、个性、思维格格不入的人谈话时,也要留意自己是否因心生反感、不耐烦等情绪,不知不觉已成为一位不善倾听者。

(2) 评估

不善倾听的人在谈话中影响自己情绪的程度有多大?沟通的哪些"内容"已被遗漏或误解?

（3）补救

不善倾听的人分心、曲解、插嘴时，自己应尽量静默，耐心倾听，一旦发现有内容被误解，要在情绪稳定后，再针对问题关键点用平缓的口气予以澄清。

五、有效表达

杰出的领导者，大多是沟通演讲的高手。以英国前首相丘吉尔为例，当首相之前，丘吉尔因从日渐式微的自由党转投扶摇直上的保守党，被同僚讥为投机分子，加上年轻时一些荒唐行为被媒体大肆炒作，其名望甚低。担任首相后，丘吉尔善于表达观点，且描述生动，引经据典，充满幽默感。凭借其出色的沟通能力，他日益受到人们的拥戴。尤其在战争时期的演讲和广播中，他总是将英国人民摆在世界的中心，当作行动的主角，让人民充分感觉到自尊和自信，从而成功鼓舞了士气，不但得到了人民的支持和爱戴，也为赢得战争奠定了基础。他的魅力就是依靠倾听人民心声，满足人民需求，进而使用人民所认同的方式和渠道传递信息，大大发挥了他的人格魅力与影响力。

谈话过程中，配合真诚眼神及恰当肢体语言的专注倾听，避免使用含混不清、容易引起歧义的字句，机动地调整自己的谈话内容和表达方式，不但能正确地传递信息，而且可以清楚地表现出自信、诚恳、能力和亲和力，从而赢得对方信赖。

第三节 案例探讨

结合以下案例，综合考虑和运用本章要点，将更能理解提升理性思考的途径和价值，不但能使双方在平和的气氛中沟通，最终化解冲突，更有可能因此"不打不相识"，建立新的交情和人脉。

Decoding the Heart

旅居国外二十多年的文女士,近来打算回国发展业务。正当她担心自己对国情、法律、商贸实务不熟,期盼尽快熟悉情况时,恰好听闻某一知名大学开办的 EMBA 班既可广交人脉,课程内容也很实用,便与校方联系,表示对这个课程很有兴趣,想进一步了解情况。

见到国外来的学生,负责招生的副校长格外热情,除了详细介绍学校情况,还请文女士一起吃饭。文女士被校长的诚意所感动,当即决定参加这个课程。按照课程规定,学费总共 15 万元人民币,须预付部分学费。于是,她次日先在网上填写了报名表,接着汇出了 5 万元。隔周,就兴冲冲地到学校上课。

没想到,第一堂财经课,任课老师只是照本宣科,内容乏善可陈,教学形式也死板沉闷,全不是她想象中实用的案例教学。好不容易熬过了两小时,文女士大失所望,更为自己的时间被无端浪费感到气愤,一下课就直奔教务处。

"我不想读这个 EMBA 了,希望校方退还我预交的 5 万元学费。我上了两小时的课,觉得老师在瞎掰,照本宣科、内容空洞,对我没有一点用处,国外可不是这种教法……"

对方略带愠色地说:"啊?是这样吗?可是其他学生反映挺好的,从来没听到过有人说要退学费。"文女士大发雷霆:"什么?那您是说我胡扯了?我只是听了两个小时的课,觉得不适合我,就马上来讲明情况、要求退费,为什么不可以退呢?你们难道打算就这样蒙人,把我的钱给吞了?"

教务处负责人回答说:"对不起,文女士,您已经填完表格注册为学校的学生。那 5 万元是预交款,既然注册了就不能退,这是学校的规定。"

"这是哪门子的规定?我觉得你们的教学质量奇差无比,不能满足我的需求,不想再接受你们的教学服务,要求退款,这有什么不对吗?你们这是学校还是学店?即便是学店,也得讲点商业道德吧?何况,我虽然报了名,却从没有接到学校任何正式录取我的函件,也从未办理正式入学手续,我那两小时只是试听。试听不满意,当然应该退我钱!"文女士是越说越火,嗓门也是越拉越高。

"很抱歉,我想我已经解释过了,那5万元是注册费,是不能退的,我们从没有这样的先例,也不可能特别为你开这个先例。你去打听一下,所有学校都是这样。再者,我们学校的教师很多都是学术界和实务界的大师级人物,我建议您再听几节课,看看问题是出在老师身上还是……"

文女士不等对方说完就气冲冲地说:"你这是什么意思?什么大师?你这是胡扯,再不退我钱,我要到媒体揭发你们的恶行,大家走着瞧吧!"说完摔门而出。

后来,文女士又给学校打过两次电话,每次都是老调重弹,双方各执一词,争论不休,越闹越僵,弄得没有回旋的余地。学校一看,再谈也没有结果,便从此对她的来电一概借口承办人不在而不予理睬。

文女士觉得特别委屈,不但憋了一肚子气,没学到东西,还不知道该如何去追讨这5万元。可是事情到了这个地步,如果到法院起诉打官司,劳民又伤财,校方会如何搬弄说辞也无法预测,法官水平不一,到时究竟能否赢得官司实在是个未知数。

纵观整个事件,文女士任由自己的情绪发泄,未能理性、平和地处理问题,忽略了以下四个方面,最终导致自己在问题的解决中处于劣势。

1. 内心对话——情绪管理 ABCD

文女士先是相信学校的课程会很精彩,继而极为失望,要求退费未果。自己的权益受到侵害,奋起反驳是可以理解的,但是,她在发泄愤怒前,应立即深深吸一口气,检视自己当时的"内心对话"——"学校明知自己的教学差劲,却只会推卸责任,理应为人师表却缺乏诚信,又看我是从国外回来的,在此无亲无故,好欺负,能拖就拖,我要是不凶些,不给他们一些颜色瞧瞧,这笔钱肯定要不回来了……"这时,情绪正在她脑海里鼓噪着,催逼着她发火动怒,在她耳根嚷嚷:"他们这些人都是欺软怕硬,吵闹几声给他们瞧瞧,他们见我态度强硬或许

会做出让步的!"

可以想办法针对由外部情景所引发的内心对话,列出几点加以查证或驳斥,例如,告诉自己:"他们或许真的认为自己师资雄厚。他们校长还热情地招待我吃饭、唱歌,不会看不起人的。说不定,学校已回了我申请函,入学通知书已寄往我家了呢!"如此,在这个针对内心对话的再次自我对话过程中,之前即刻涌上心头的怒气就会削减一半,情绪也会变得容易掌控。

2. 价值观差异

文女士长期旅居国外,对于国内的情况不甚清楚。处理事件的过程中,若能避免意气用事,采取更委婉的方式,找一个借口要求退款,或许能够获得一个圆满的结果。但是以文女士的天真率性和国外经验,她不认为自己是"易怒"的,反倒认为是"义怒",暗示了自己更高的道德或文化水平,"这么差的学校是根本不应该开的,何况,在美国,货物出门,不管是有形的物质还是无形的服务,三五天内,绝对是无条件退钱的。"由于不了解彼此极大的价值差异,处处表现出价值观上的优越感,从言语中流露出的鄙视口气,激怒了校方,影响了双方的情绪,这对双方关系的杀伤力也是很强的。

3. 换位包容

对于学校来说,外国学生对国内文化或作风不甚明了,本应予以忍让或多加说明。但是,面对一个满脸失望、怒气冲冲、毫无根据地指责教学质量太差的学生,学校的直觉反应一定认为该学生无理取闹,必定竭力否认,为自己申辩,学校的做法并未违背情理。

文女士只知道自己要什么,却没有考虑到对方的需求、思维和立场。她追讨学费的依据,首先是"教师素质太差"、"浪费时间,完全没学到东西",如果能够努力地站在学校的立场去想,便会明白一旦学校同意了她的主张,等于默认自己教学质量差,更会损及教职员工的士气和对外的声誉。其次,文女士称"只不过听了两堂课,学校也没啥损失"。而对于学校来说,5万元已收入囊中,怎可轻易拱手送还?而且,同意了退还,也等于同时损失了以后还可以收到的10

> 第九章
沟通管理——通往和谐人际关系之门 >

万元尾款。

文女士若能换位思考,仔细想想学校的立场和相关利害得失,在情理和逻辑上,事先想到学校应该会如何反应,为何会如此反应,再针对这些心态和情绪,准备一套说辞,就可以让学校既能下得了台,又不得不退款。例如可以解释说,她对于学校的课程很满意,只是不巧自己国外的业务临时需要她立即回国处理,短期内难有机会再来中国。耽误了课程的确觉得很可惜,一两年后会尽量找机会弥补,现在恳请学校退回她已交的 5 万元,她今后仍会择期返校就读。

通过换位思考所找出的退款理由,顾及学校的面子,让校方感觉受到尊重,顺利取回 5 万元预付款的机会便大得多了。

另一方面,文女士若能以诚恳的语气和表情,登门向校方道歉和解释,首先表明自己一直旅居海外,习惯了西方的思维方式和表达方式,语气虽重,心中却绝无不敬或恶意。其次,因觉得学校的授课方式与曾经的学习经历不太一样,也不太习惯,对学校脱口而出的批评,请学校多体谅文化上的差异,予以谅解。再者,自己在还没有收到入学通知书的情况下,就急忙从国外汇来这 5 万元,表明了自己的确很有诚意来此学习。现在只是试听了两小时,并没有给学校造成太大损失,5 万元就由校方决定何时方便再予退还。至于自己要诉诸媒体,完全是一时冲动,口不择言,希望双方各退一步,好聚好散,免得把事情闹大。最后,可以表明自己与国外居住地的几所高等学府有些交情,可代为联系校际交流,并恳切地邀请领导们到其所居住的城市考察观光,她会非常乐意尽地主之谊,盛情招待。这样既给足了对方面子,又略施小惠补些里子,便有可能实现目标。

当今人与人距离渐远,愈加缺乏信赖和健康价值观,如果一味地顺着本能反应去自卫或反击,采用强硬的手段打压、抹杀异见,不但不能带来内心的舒畅,反而会使人际关系恶化。而包容并蓄、兼听广纳、换位思考,则如同一剂良药,能够帮助人们增强彼此的尊重、忍耐、理解和宽容,进而促进家庭、组织及社会的和谐。

第十章

角色管理
——提升影响力度

第十章
角色管理——提升影响力度

Anaisis Nin 曾说:"我们看到的不是事情的本来面目,而是我们心里的想法。"

很多人一生都没有下功夫去了解真正的自己——为了发现自我价值,他们经常拿不同的"自己"去做实验——感觉中的自己、自以为别人会如此看待的自己、努力想表现给别人看的自己、公众眼中的自己……

第一节　约哈里窗口理论
——公众舞台上的角色

公众形象,有别于强调自我感受、自我价值的自我形象,而是周围人士对于某人的感受、看法与评估。良好的公众形象代表别人对他的信赖与喜爱。我们常从不同媒体看到公众人物为了不同的目的刻意精心打造出来的魅力,给我们留下的印象,也就是他们的公众形象。依照约哈里窗口理论(Johari Windows)中的约哈里窗户,每个人都是由公开的我、背面的我、隐私的我和潜意识的我等四部分的"我"构成的。

1. 公开的我

公开的我,即人知、己知的"我"。也是我想展示给别人认知的我。比如"我"的籍贯、年龄、学历、经历、财力、具备的知识及技能等。

2. 背面的我

背面的我,即人知、己不知的"我"。是别人对"我"进行观察和认知后,在"我"的背后产生的感觉和描述。"公开的我"是人对己表面和公开的认知,"背面的我"则是人针对自己个性、特点、行事风格和道德素质的评价。

"背面的我"对于产生冲突或是一旦冲突发生,能否顺畅协调解决起到关键作用。平日对自己表面顺从或恭维,却可能内心既不信赖也不喜爱。一旦立

场或利益不同时,原本潜藏于心的不满就会浮出表面。

针对这一问题,首先,自己一定要有意识、主动地与人接触,深入观察和谦虚地请教,了解他人背后对自己的评语。察觉"背面的我"与"真实的我"之间的差距,冷静思考差距形成的原因,恰当地进行澄清和弥补差距。

3. 隐私的我

隐私的我,即已知、人不知的我。民主国家在选举时,候选人为了多得选票,利用媒体制造良好的公众形象。无奈,水可载舟也可覆舟,竞争对手往往千方百计地挖掘对手的不良隐私,利用媒体公布,企图摧毁对手的公众形象。

每一个人在人生舞台上扮演的角色,都在展示不同的公众形象。公众形象不是单单靠自己刻意想表现给周遭看的内容所形成,而是由"公开的我"、"背面的我"和"被曝光的隐私的我"三个部分组成。平日刻意隐藏的不良隐私,一旦走漏风声或被曝光,尤其是当今被网络追讨,即使是一个普通人,其公众形象也会遭到很大影响。

另外,一般人不太留意的"隐私的我"是内心对自己的真正感受,尤其是去除掉外界对自己的褒贬,自己应如何看待自己。如果自己对自己很是接纳、尊重,内心充满自信、自在,则在与人交往或交流时,会散发出一种人格魅力或情绪感染力。

4. 潜意识的我

潜意识的我,即人不知、己不知的我。它是指被隐藏或压制的本能、欲望和冲动。虽然平日的意识里未曾留意,但下意识却不时地在影响自己的需求、目标和性格特征。这些潜意识的自我,有时与童年的重大事件或特殊感受有关。只不过事过境迁,很多时候人们以为已经把这些记忆或感受抛诸脑后,其实只是压到心灵的深处,有时在梦中、下意识的反应或直觉当中又浮现出来。

有人为了更深层地了解自己及命运发展,试图通过非常态和非科学的方式,如卜卦、算命、招魂或通灵,去探寻潜意识中的自我或希望为自己的事业、婚姻、家庭或健康求得预言或建议。这些都可能付出相当沉重的代价,造成疑神疑鬼、心神不宁、失魂落魄或压力焦虑。

就催眠而言,所引出的一些潜意识层面的内涵往往是悲惨、负面的,例如,儿时一段不堪回首的经历,如果深埋在内心,对本人原本并无明显不良影响;一旦被挖掘到意识里,如未进行专业心理治疗,反而会残害心灵。

第二节 真我与角色

从沟通与人际交往来看,区分为"独立的我"与"相依的我"对疏解不良情绪应该有一定帮助。

"独立的我"(independent self)就是未与任何人打交道,自己与自己单独相处时,例如在夜深人静自己独处时的我,那是真正的自己,就是"真我"。真我讲求的是自己内心所思、所想、所感觉的状态,可以仔细体会内心究竟是否舒畅、和谐。

"相依的我"(inter-dependent self)指的是自己在与人相处或交流时的我,一定是需要他人的存在,在相互往来中发展出相互的依赖和影响,相互之间有某种程度的关系与意义。这时,"我"一定是在人生舞台上扮演着某种角色。例如沟通中,自己扮演着处长、父亲、丈夫、调解人的角色。相依的我就是指与他人互动的我,一定是正在扮演某种角色。"角色的我"一定有其职能、职权、功能、目的、次序、地位、定位。要把角色演好,一定要弄清楚这个角色的职能、功能、目的,才能演得到位,发挥得淋漓尽致。

先来看一个笔者实际经历的案例,会更容易学会用这个区分来瞬时转换不良情绪。

1993年,在美国成立才六年多就一下子窜起的电脑公司GATEWAY,带着

心的解码
Decoding the Heart

一张准备采购 2000 万美金关键零件的订单来到亚洲寻找供应商。整个东南亚有将近五十家公司在争取这张订单。GATEWAY 打算先挑出六家厂商，请他们的负责人到美国爱荷华州的总部参加最后筛选。

笔者的公司最后挤进了前六名，进入最后遴选阶段。但是与前五名竞争者相比，规模差很多。我们只有四五百人，规模最大的马来西亚金狮集团员工有我们的二三十倍大。我们能够有幸被选为六家之一的原因，除了公司品保制度健全、员工素质很高外，另外一个很重要的因素是我在评估会议时，了解到握有评估与筛选大权的品保总监 Schultz 具有高度高标准型的性格特色，评估笔者公司时，笔者针对他的沟通模式和情绪诉求做出了令其印象极其深刻的回应。

1993 年年底，我们这六家进入筛选的公司代表纷纷飞抵 GATEWAY 总部，分别与采购总监展开一个半小时的面谈，最后由他来决定把订单交给哪家供应商。我被安排在 10 点这一场。这位手握 2000 万采购订单的总监推门进来，我大吃一惊，他看起来只有二十三四岁，金头发，蓝眼睛，人高马大。我赶快站起来伸出手准备和他握手时，他把手一挥说"坐"，我只好坐下来。他坐在大会议桌的另一面，把后背往椅背上一靠，把双脚跷到桌子上，鞋底对着我摇摆。谈话的过程中，为了能够看到他的眼神和面部表情，我的头与眼睛只能跟着他鞋子的摆动来回晃。顿时，我感到一种被羞辱感，突生干脆离席以表愤怒与志气的想法。但是，一想到这么难得的商机，只好再忍一忍。

很快，他慢慢地跟我说："我有三个要求，这三个要求如果你们能做到的话，才有资格和可能性成为我们的战略合作伙伴，如果你们做不到其中任何一个，我们就没必要浪费时间继续谈下去了。"我又是一阵懊恼，心里嘀咕"你这不是狗眼看人低，太欺负人了吗？"但是仍然强忍着，笑笑回答："请说，我看看我们是否有这些本领。"他提出三个要求：第一，无条件、无保障性地提供三个月库存及专一条款。第二，随时增加订单后的"优先生产权"。第三，紧急订单的空运费要我们全部承担。我听完这些，情绪更加难以抑制，心想这不是欺人太甚的"卖身契"与贪小利的大小通吃吗？眼前这个盛气凌人、目中无人的毛头小子

> 第十章
角色管理——提升影响力度 >

不但不承担任何风险,三个问题里面还埋着很多陷阱。我感觉到自己的屁股已经离开了那张椅子,头脑里也出现了自己带着几分气愤而不失志气地摔门而出的情形。不料心里又冒出一个声音,"表现一下我的精明智慧,不战而退好像不妥,争取一下机会吧!"但又冒出另一个声音,"这也太受气了,你的人格呢?"这些内心对话在心里交战,弄得我当时内心焦急,根本无法冷静下来。思路已经完全脱离了眼前的话题,而是一直在盘算是应该走出那个门还是留下来继续。

忽然,几周前看到的一本名为《真我与角色》的书里的一段话突然闪进脑海:每个人都包含两个我,一个我是独立我,也就是真我,讲的是和谐、自在的感受;另一个我,是当你与别人相处时的相依我,却在扮演某一个角色,最要紧的是一定要弄明白与表现好这个角色的职权、职掌、功能、目的。

我继而一想,我从老远飞来,坐在这里,我的角色是什么呢?我是供应商,供应商的功能就是好好提供研发、材料、产量、仓库管理、包装、品质检验、运输、清关、报关、美国内陆运输,我应该先专注于这个角色与这些功能,好好地表现。什么对方正在鄙视我、冒犯我、吃定我的问题根本不是当时的重点或议题。反之,对方问的每一个问题都与采购有关。人家身为大公司的采购总监,只不过表现出的风格比较犀利与专业而已。我是很不喜欢他的个性、傲气,但这是他个人的风格或是修养问题。如果我不允许他伤到我,他就没办法伤到我。

单单念头这么一转,不到十秒的时间,我突然发现自己没那么委屈、愤慨了,脑筋稍稍恢复冷静,情绪也回归本位稳定下来,理性思考的空间随之扩大,突然一下子产生一个灵感。虽然当时没空细想,但也边谈边想。我问他"如果我成为你的供应商,也就是你的战略合作伙伴,我下趟飞来与你们正式签合同时,我想跟你们的营销总监见个面,只问一个数字——请他告诉我明年度,你预估每个月最多可以卖几台,最少可以卖几台,这个数字可否给我?他作为营销总监应当有个谱,有个预估吧。"我告诉采购总监,一旦拿到这个数字,我们就会按照最高预估量来生产、建立安全库存。你们要给我提供仓库,而且你们到月底要对我为你们压着的剩余库存付货款。这样我们双方都相对有保障,而且谁

来付空运费也就不再是问题。从他眉头的变化可以看出,他对这个创意非常满意,解决了他的一个棘手问题。虽然他的鞋子继续在桌上摇晃着,但我们开始有说有笑了。一周之后,我们公司被告知速来签约。我们一个小公司居然击败了其他超大的劲敌,拿到了这张2000万美元的订单。

这个笔者亲身经历的案例,不但为笔者的公司赢得了数以千万美元计的大订单,更是提供了一个帮助瞬间转换不良情绪的思维。一旦在协调谈判时觉得受气、被找茬或感到受羞辱时,不妨提醒自己现在是在为组织扮演着某种角色,一定要把这个角色的目的、功能、职责发挥得淋漓尽致。任何随之而来的不良情绪,例如人身攻击、羞辱、批评等,根本不是此时角色的职责、功能与目的,自己应该好好专注于演好这个角色。如此一来,不良情绪就会减少很多,理性思考的空间就会扩大,谈判协调的气氛也会跟着好转,彼此一旦增加信赖与好感,协调成功的机会就会大大加增。另外,这个对于角色与真我的区分,有时也对压力疏解很有助益。

辨别真我与角色对安抚不良情绪的功效

每一天,人们扮演着各种角色走出家门时,就如同一位闯荡江湖的武士或勇士,在江湖上博弈与厮杀。角色的成败得失不过是一时的过眼云烟,只是一部分自己。但是,真我和内心的感受却是如影随形,是永远相伴的。人生,计划不如变化,外在的成败毁誉充满未知。角色在忙碌之余,一定要竭力确保内心的真我,把握当下,活得和谐、自在、开心,这才是人生的大智慧和真幸福。

角色是活在别人眼中,真我的感受却是最实在、无法愚弄、伪装或逃避的。"回归真我",就是多去让真我感觉到平和、安逸、舒畅、自在。当前的资讯焦虑、社会框架、文化限制如同滚滚洪流把人拖着跑,挖掘或满足真我是需要付出勇气与代价的。

一项调查显示,台湾有72%的上班族不满意目前工作,其中68%的原因,

> 第十章
> 角色管理——提升影响力度 >

来自"人生没有明确目标或寻找不到真正的意义"。很多人终日汲汲营营地忙于工作，却因未能觉察自己心中渴求、终极目标，才干能力与实际工作的要求之间存在巨大差异，不但在人生罗盘上迷失了自己，内心也经常有一股莫名的郁闷，只得拼命地向外面世界去寻找所谓的"快活"。

欧美的高中生很喜欢选修戏剧课，通过身临其境，体会不同身份、地位、职业的角色的经历和感受，自由地在角色与真我中穿梭。或许是受了《圣经》"……我们都成了一台戏，演给世人和天使观看"的启发。西方思想认为，人的一生除了扮演各种角色，尽力发挥各种功能外，还要活出自我和善待内心真我，角色与真我是不应被混同的。因此，在沟通或矛盾时，他们比较容易做到"对事不对人"，甚至在办公室里为了公事争得面红耳赤后，私下仍可以成为好友。

而中国文化却不同。当我们形容某个人"很会演戏"时，往往带有一种批评和嘲讽的意味。中国人常常把角色跟真我混同，很难区分清楚。将真我完全等同于"戏"里的角色，往往把角色的追求和所获得的赞美、恭维、成就当成自己的全部，完全依靠外在角色的扮演来换取或等同个人内在的幸福和价值，导致很多人的一生没办法走出看别人脸色行事的无奈与苦闷。

美国一项研究印证了这一差别。东方对真我的解读是"相依的我"（inter-dependent-self），含有高度的相互依赖性，个人的价值、成功、毁誉都与周围的人相关联。对于成败、职业、幸福等的认定，必须考虑很多因素，如亲人期盼、社会责任、文化传统等。很多人几乎是为别人套在自己身上的期待、责任、义务而活着。偏偏众口难调，永远有很多人对自己失望或不满。西方对真我的定义则是"独立的我"（independent-self）。突显自我个性、抱负、兴趣，较少考虑周围的期望与看法，强调人得为自己好好活着，自己接纳也喜爱原本的自己，与自己和谐开心地相处，而不是一心表现给别人看，努力让别人肯定自己。

人们的交流互动，经常只是角色与角色在对演。遇到对自己有所误解、冒犯的情况时，应学会先弄清楚是冲着自己的人格还是角色而来的。遇到立场、

利益、价值观有所冲突时,不妨立即告诉自己"这些不过是角色与角色之间在'演戏',与真我无关"。受伤的程度与疼痛感就没那么严重。对方也容易被我们的大度、大器、宽容所感召。情绪是有感染力的,对方也会跟着平静下来。

　　因此,区分这两者是用来作为情绪管理工具,促使人们看待冲突只是角色间的对立矛盾,不一定是针对自己人品的污蔑。帮助自己退一步海阔天空,思维或角度一转,情绪焦点也跟着转,心情就容易平静。从双赢心态、认知转换、不良情绪的管理、满足双方三大情绪需求,一直到区分角色我与真我,一环扣一环,帮助我们活得更和谐、自在、开心。

　　人一定要为自己的真我找到避风港或是寻找一处"心灵的秘密花园",一定要接纳与欣赏拿掉角色修饰后的自己,活在当下,真我必须经常进入这个避风港或属于自己的一方净土,享受完全的清新和宁静,拂拭掉心灵上功名利禄带来的尘土,欣赏和品味真正的、没有角色修饰的自己,重新思索和定位人生的优先次序,珍惜自己所拥有的,以知足的心沉浸在自在的幸福感中,让自己心灵如同做了换心手术,重新得力、焕发生机。偶尔可以到公园漫步,走到郊外、登上高山,找一个没人的角落沉思;也可以在宗教、音乐、美术、书法、文学、阅读、打坐里面寻求陶冶与美善。有些人比较有创意,其做法是偶尔坐到急救室或殡仪馆的外面,观察人来人往,静静体味人生的无常,获取知足的心境。总之,只要是有心人,必定可以在喧嚣杂乱的环境中找到使真我获得安宁和活力的避风港。我们的人生都在追逐外在世界所带来的成功、有意义的事业与内心的愉悦与幸福的感觉。事业是用角色来获取成功,朝向未来。真我则强调当下的感受,是现在式,要把握当下,多注重内心感受、疏导不良情绪,活得自在自如,享受真正的幸福。不能等到人生达到成功的地位、目标、境界后才开始享受人生。最有智慧的人就是在每阶段都学会珍惜与享受手中已经拥有的一切。

第十一章

性格管理
——胜任愉快的人生

"我是谁"是古今中外最常被人们在心里思索与探讨的命题。《圣经》提到"人一生的效果乃是由心发出来的"。中国古语有云"人者心之器"。人心包含了佛教的所谓心最内在的体性的"心性"与"凡夫心"。心性被凡夫心包裹,与根本内在的纯净与觉醒相对,表现出来的就是《圣经》所说的"人心比万物诡诈"。心会思考、谋划、欲求、操纵、暴怒、会制造和沉溺于负面情绪与思想。它会不停地改变,也始终受制于外在影响、习性和境遇,时常被急速变化的心念和情绪蒙蔽,使得人的一生要费很多精力去探索"我究竟是谁"与"怎么样或是什么才能真正使我的需求得到满足"。

第一节 探索不同的"我"
——不同学派的解说与分类

一、西格蒙德·弗洛伊德(Sigmund Freud)

心理学大师弗洛伊德将人格或人的精神分成三个基本部分,即本我(id)、自我(ego)和超我(superego)。简单地说,本我的目的在于追求快乐,自我的目的在于配合现实,超我的目的在于追求完美。

1. 本我

人的动机归纳为饿、渴、睡、性等。性欲占主导地位。本我代表生活中所有驱力能量的来源。本我的功能在于寻求解除兴奋、紧张及释放能量。弗洛伊德说:"我们整个的心理活动似乎都是在下决心去追求快乐而避免痛苦,而且自动地受快乐原则(pleasure principle)的调节。"人的本能都在追求快乐、规避痛苦与寻求立即完全的释放。它具有一个被宠坏的孩子的品质:当想要得到什么东西时,就立即要得到它。本我追求幻想与实际的满足,它不顾及现实、没有顾忌、不能忍受任何挫折,是没有理性、逻辑、价值观、道德感和伦理信条的,是冲动、过分、自私、盲目、非理性、非社会化、纵情享乐的。

2. 自我

个体从婴幼儿开始,随着年龄的增长,逐渐学会了不能凭冲动随心所欲,逐步考虑现实作用与后果,这就是自我。自我是意识结构部分,是通过后天学习和对环境接触发展起来的。无意识的本我不能直接地接触现实世界,为了促进个体与现实世界的交互作用,必须通过自我。本我依据"快乐原则"进行运作,自我则依据"现实原则"(reality principle)运作。本能的满足被延迟直到适当的时机。来自本我的能量被现实的要求和良知所阻碍、转移或慢慢释放。乔治·伯纳·肖说:"自我在发挥功能时,多是选择最大利益的路线,而不是朝阻力最小的方向去。"自我能够忍受紧张和妥协,随着时间的推移而改变,相应发展出知觉与认知技巧,察觉更多事物和思考更为复杂的问题。例如,人们能够从未来的角度考虑问题,并从长远来考虑什么是最好的。它修正了本我的不切实际与过分的特质。弗洛伊德在《自我与本我》一书中把本我与自我的关系比作马和骑士。马提供能量,而骑士则指导马朝他想去的路途前进。但是,我们却经常会发现在自我与本我间协调不太理想情况下,骑手被马带到马想去的地方。

3. 超我

道德化了的自我就是超我,是人格中专管道德的司法部门。超我的主要功能是控制行为,使其符合社会规范的要求。它包含价值观念及在违背了自己道德准则时所预期的罪恶感与惩罚。童年时期人们会有某些行为因受到奖赏而得到强化,某些行为因被惩罚而受到阻止。在这些体验的奖赏与惩罚的内化模式中产生了超我,直到自我控制取代了环境与父母的控制时,超我得到了充分的发展,成为"良心"和"自我理想"两部分。良心负责对违反道德的行为以"内疚"作为惩罚;自我理想是儿童获得奖赏而内化了的经验,它规定着道德标准。

自我一方面努力寻找满足本我需要的事物,另一方面还得服从超我定出来的强制规则,确保所追寻的事物不能违反超我所定的价值观。由于超我永无止境地一直追求完美,它与本我一样不太顾及现实,又经常批评本我与谴责自我,如此导致三者凑起来的"我"有时会处于矛盾与相当疲劳的状态。

例如,你走在马路上肚子很饿,现在想吃东西(本我需求)。看看钱包里没钱,想等一下找个朋友借点钱买个包子吃(自我的想法)。一转头见到旁边路边一个卖包子的摊铺主人刚好不在,"去拿一个来吃吧"(自我的命令)。"绝对不可以,主人不在,那是不道德的"(超我的阻拦)。三者如果相互配合,人会喜欢自己,会处于一个相对快乐与满足的境界。而如果三者相互冲突,三种"我"争相出头,自己好比一个仆人奔波于三个主人之间,经常要服侍、协调与满足这三者之间背道而驰、互不相容的需求,内心常会处于矛盾与焦躁的状态,就会产生忧郁以及其他各种精神不适。

幸好,通常情况下,本我、自我和超我是处于协调与平衡状态的,从而保证了人格的正常发展。如果三者失调的程度过于严重,甚至到了破坏的程度,就会产生精神病,危及人格的发展。本书在后面将提到几种内心状态与本我的差距,其中包括:察觉与测量真我与职业我的差距,真我与家庭我的差距,两种差距越大,就代表追求快乐、自在、自如的真我为了扮演好"职业我"与"家庭我"的角色与功能时,越要辛苦卖力演出,但是内心也可能会越加纠结与矛盾。差距过大时,内在的郁闷与压抑,长期下来可能会严重到强烈影响生理与心理健康。这个说法与弗洛伊德这个举世闻名的理论是相吻合的。

二、艾瑞克·伯恩(Eric Berne)

伯恩博士用家长、成年人、孩子分别与弗洛伊德的超我、自我、本我的概念相通。用下图来显示超我(家长)、本我(孩子)、自我(成年人)之间的关系。

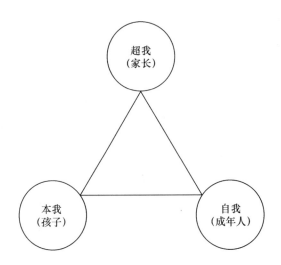

1. 超我——就如同在家里面给予规范性命令的父性"管理者"与母性"养育者"。弗洛伊德的超我处于人格结构最高层,是社会道德和规范内化的结果,负责抑制本我和监控自我,追求更加完善的境界,遵守的是社会化、道德化和规范化的道德原则。

2. 自我——是指能够做出合理而现实的判断的成年人,处于人格中间层,从本我中分化出来,调节本我,受超我控制,追求现实目标,追求的是合理、适当的现实原则。

3. 本我——是指稍微懂事一些、懂得对父母运用策略、获取所需的懂事的孩子或"自由豁达"的孩子。处于人格结构最底层,是本能和欲望组成的能量系统,是强大力量的性本能,一切追求快乐的感觉,遵循的是非理性、非社会化、混乱无序、无意识的快乐原则。

三、卡尔·荣格(Carl Jung)

心理学大师荣格曾经被精神分析之父弗洛伊德视为精神分析学派的"王储"。然而他却选择了离开弗洛伊德,并另创了分析心理学,提出了人们所熟知的"性格决定命运"。

第十一章
性格管理——胜任愉快的人生

他对性格的研究有非常独到的见解。他认为人们为了适应社会,对外人所表现出来的模样,称之为"人格面具"。例如,想让自己给外人很开朗的印象,就会做出开朗的举动。这个"开朗"的人就是这个人所展示的"人格面具"。本书所强调的"角色"、"公众形象"都代表着自己想呈现于公众眼中的"我"。

荣格把人类的主要心理机能分为四种——思考、感情、感觉、直觉。而前二者被称为合理机能,后二者被称为非合理机能。因为前二者是做出客观判断事物的机能,后二者只是自己心里解释事物的机能。

1. 思考(thinking)是指人具有逻辑性的观念,表现为尽量以冷静、客观、合理的态度来应对周围环境或寻求解决问题的答案。思考会以其最简单的形式告诉你某物是什么,它赋予事物名称,使人们对事物加以理解和判断。

2. 感情(feeling)是人们内心进行价值判断的功能,它促使人们用感情判断一切,强调个人主观的看法与价值,能够引起快乐的就被看成善的,引起痛苦的就被看成恶的。荣格说:"它告诉你一件事合意还是不合意。它告诉你一件事对你有什么价值。"人们的反应与决定总是难免带有一定的感情色彩。

3. 感觉(sensation)是感官的功能,由感官接受的刺激直接去体验外部世界,重视事实,缺乏理性,被看成非理性功能。荣格认为感觉"是一种实在的功能,是感官赋予人们的,用对外部事实意识的总和来解决外部",他说:"感觉告诉我的是某种物质的存在,它并不告诉我这种物质是什么以及它与什么有关,它仅告诉我它的存在是直觉。"

4. 直觉(intuition)是在人们缺乏实际资料可以利用的时候,仅凭借个人直觉,来决定自己的行动,而且不考虑行为的后果,对事情缺乏理性的判断,和感觉一样都被看成非理性功能。人们常说的"预感"就是直觉的体现,人们实际上看不到、做不到的事,直觉能做到,给人们带来信任感。

第二节 性格类型

一、荣格的八大类型

荣格在他的性格类型学说的初期,依据"心理倾向"把人格分为外向型与内向型。

1. 外向型:这类人的兴趣和关注点指向外部客体,注重外部世界,情感表露于外,热情奔放,开朗乐观,当机立断,独立自主,擅于交往,行动快捷,有时轻率,有时喜欢运动,紧跟时尚。

2. 内向型:这类人的兴趣和关注点指向自我内在的主体,较不够自信,擅于自我剖析,行事谨慎,深思熟虑,疑虑困惑,交往面窄,孤僻害羞,适应能力较弱。

虽然没有纯粹外向和内向的人,每个人或多或少都具有这两个特点,其中占优势的特点决定了这个人是属于内向型还是外向型。

荣格认为,根据"互补"的效应,性格相反的人更容易相互吸引。尤其是在与异性交往时,外向型的人容易对内向型的人感兴趣;反之亦然。其实这个理论就为本书详述的月晕效应埋下了伏笔,也就是婚前相互吸引的特点或优点,在婚后可能因失去彼此的信赖或喜爱,反倒成为抱怨与嫌弃的缺点。

荣格后来针对外向与内向的分类融入了心理活动的思维、感情、感觉、直觉的四种功能,交叉产生了八种不同特色的人格类别,认为它们使得人们依照自己的特质选择适合自己的生活与人生方向,也就是因这些性格类别的不同而产生了不同的命运,这种性格决定命运的说法,成为了日后许多性格分类说法的鼻祖。荣格的八种类型人格分别是:

(1) 思维外向型——客观、理性、冷静、积极、武断、感情压抑。

（2）思维内向型——判断力差、适应力差、聪明、不现实、感情压抑。

（3）情感外向型——易动感情、传统、服从、随和、爱交际、思维压抑。

（4）情感内向型——安静、有思想、敏感、自我中心、思维压抑。

（5）感觉外向型——活泼、适应力强、爱好艺术、思维压抑。

（6）感觉内向型——被动、安静、富有艺术性、狭隘、直觉受压抑。

（7）直觉外向型——主观、直觉敏锐、善变、创造力强、感觉受压抑。

（8）直觉内向型——偏激、爱好幻想、特立独行、离经叛道、凭感觉做事。

荣格认为自己是一个感觉敏锐、特立独行、喜欢幻想与创新的直觉内向型人。

二、四大类型论

虽然"性格决定命运"的说法不一定与我们的生活经验完全吻合，但是性格的确会影响一个人的思维、行为、抉择、机遇甚至命运，尤其在日常沟通、面对冲突、塑造个人品牌方面，性格扮演着极为重要的角色。

先天的遗传因素，再加上后天的教育和经历，形成了个人的性格特征。不同性格的人往往有着不同的思维、逻辑、解读、倾听和表达模式。忽略彼此性格特征的差异，对不同性格的人采取相同的交流模式，易使对方产生错误印象和情绪波动，造成怀疑、不安、不满、冲突，对个人品牌造成不利的影响。

在欧美日被广泛使用至少三十多年的 DISC 性格特色分类，经笔者近年来的研究、实验与改进，有了一套针对国人、具有中国特色、系统完整的测试与分析办法。测试结果会如同一面明镜，可以反观自己在别人眼中是什么样的人，具有什么特色，也可以用来研读对方性格特色与情绪诉求。尤其对领导、爱人、同事、重要客户等人，多多留意他们的性格特色，会增进沟通效率与自己的说服力。更有甚者，可以分别测试出在职场中与家庭中自己的性格特色，更可以在理解自己的真我与职场中的"理想我"间的差距中来了解自己的工作状态是否胜任或愉快。

Decoding the Heart

人们在沟通、协调或矛盾时,大致表现出四大类性格特征,即掌控型、人际型、沉稳型和高标准型。沟通与协调过程中经常需要这四大特色或功能的发挥,只是没有一个人是完美或能够完全具备这四者的。尤其是人在不同角色、情景、任务、对手之下,都会表现出不同的特色与功能,也就是会出现各种不同种类的特色组合。

首先,与人打交道时,借着了解四种性格类型的基本特征,辨别自己和对方属于哪种类型的性格,进而将相关知识运用于与不同性格的人之间的沟通与互动,从而赢得他人好感,提高沟通效率,改善团队合作和排解纠纷。其次,了解自己在职场中的实际表现、心目中的理想表现、家庭中所显示的特色、真正的自我这四者之间的差距,会给自己内心世界的和谐愉悦带来很多启发和助益。

1. 四种类型的特点

(1) 掌控型(dominating)

① 较强势、不怕冲突、不惧挑战,富有攻击性、竞争性,具有很强的控制环境及驾驭他人的欲望。把精力用于掌控全局;独立、果断,喜欢展示自己的重要性。不重视过程与细节,结果导向,很讲求具体诉求、目标与成果。较易擅改既定的行程或时限,却较难容忍别人改变既定的行程或未遵守被交代的时限。

② 经常质问现状,不服权威,勇于冒险,喜欢动辄改变行程或做法,很能适应改变。尝试新鲜与变化的活动,令周遭的人无所适从。

③ 作决定快速,要求速战速决,常在仓促中决定或行事,因此较易造成流于轻率和缺乏远见的结果,近乎有勇无谋。协调时,较无耐性,较不会倾听与理解。

④ 面对挑战和解决冲突时,强调自己的权力、地位来施压或胁迫。

⑤ 缺乏耐心协调和妥协,无法面对不确定性,常忽略对方的情绪感受及事情的逻辑和真相。

⑥ 掌控型的人在沟通时最常用的词是"what",经常在问或告知"应该做什么"。

掌控他人或环境的欲望,有时源于过去负面的经验与体验、惶恐和不安的本能反应。例如童年时代经历了极大变动,家长及周围有权威的人对其过分苛责,忽略了其被保护、被尊重和被喜爱的需求。当这些需求内化为掌控的欲望,一旦遇到别人对他误会、虚伪、隐瞒、欺负时,就会不安、暴躁、愤怒或产生反击报复的心理。

（2）人际型（interpersonal）

① 为人热情,乐于助人,外向,友善,话多,爱结交新朋友;直爽,不做作,大而化之,心无城府;不太在意谈话的地点、内容和形式,只要有人陪伴,就有灵感,有活力;有倾诉对象或双方坦诚相待时就感到欣慰。

② 情绪化,追求别人对自己即刻的好感、肯定、器重与感激。

③ 崇尚自由,不重细节,喜欢民主的管理方式,适合有很多口头表达机会的工作环境。较不能接受高压或独裁式的领导风格。对于各种决策,只在乎参与和互动,不在意内容、结果或执行效果。

④ 人际型的人最常用的词是"who",经常问"有哪些人参与或出现"。

（3）沉稳型（stable）

① 比较保守、低调和含蓄,尊重及严守着传统,但求相安无事,忌讳改变现状。除非确定大伙共同受益,否则家庭、工作的环境、内容、程序、同事等最好能够一成不变。

② 忠诚、乐意顺从领导的工作分派,深信"枪打出头鸟",不会追求个人英雄主义,较不会与其他成员抢功,配合团队的要求。

③ 慎言慎行,守规矩;步调比较缓慢,有耐心,不介意执行或重复琐碎的事务;和颜悦色,是很好的倾听者和调解人;需要有自己做主的时间。

④ 不求有功,但求无过。缺乏果断、主动、积极性,依赖性强,不喜欢作决定,害怕担责任或冒风险;不喜欢批评别人,敏感,害怕冒犯或触怒别人,很担心被批评,很会压抑自己的情绪,喜怒不形于色,总是隐藏内心的不满或愤怒,不

愿说出自己真正的立场和想法。

⑤ 沉着稳重型的人最常用的字是"how",经常请教或请示"究竟该如何做"。

（4）高标准型(compliance)

① 对自己的人生、专业技能、行为模式都有很高的期许,不但要把事情做对,还要选对的事来做;懂得通过深思熟虑、资讯的查证与收集、资源的积累、周详的策划、谋略达到目的。虽然在达到目的的过程中会委婉、避免冲突、耐心解说,但因坚持自己的想法与做法,容易给人固执、高傲、冰冷的印象。

② 自己认为重要或必须做的事就会追求尽善尽美,力求改进和提升;不但给自己压力,也给相关的人设定了很高的标准与期许。

③ 要求精确的事实凭据,拥有分析论证能力和实事求是的办事风格;要求建立标准化流程,有条不紊;不喜突然改变既定的目标和程序;注重时限、实效与品质要求。

④ 谨慎,待人礼貌,顺从权威,具有外交手腕与策略,回避与人直接的敌意与冲突,但也顾及自己的利益。

⑤ 交谈往往有目的,不喜欢风花雪月、天马行空、毫无目的的漫谈。希望有自己的时间和空间,善于独处。

⑥ 高标准型的人,在遇到人生重大挫折或失败时,如果情绪商数高,懂得疏解自己的不良情绪,就会累积经验,总结教训,哪里跌倒哪里爬起来,最终能够实现目标;如果是情绪商数较低的人,也就是心理素质较差的人,一旦资源用尽,觉得前途无望,很容易一下被完全击垮,心生怨愤,甚至走上绝路。

⑦ 高标准型的人最常用的字是"why",经常在问"为什么会如此"。

2. 提防误区

（1）高标准型的人与掌控型的人的最大差异

因为掌控型的人与高标准型的人都很坚持自己的看法,坚持要别人依照自己的要求行事,使别人倍感压力,所以很容易将这两种人混淆。其实,这两种类型最大的区别在于前者是为掌控而掌控,也就是为了满足其掌控人和局面的情绪与欲望,坚持要求对方达到自己的期望,在掌控的过程中得到一种欲望的满足感。后者乃是经过深思熟虑后,形成了坚定的看法,深信事情或论点非得要如此才正确,不但对别人要求高,对自己也有很高的要求。在与高标准型的上司或亲友相处时,需以精确的数据和事实进行周密论证,才能获得赏识及好评。而掌控型的人,有时只一味地要求别人,对自己的要求反而不高。

(2)高标准型的人和人际型的人的最大差异

当自己或朋友遇到麻烦时,这两种类型的人,人脉较广,随时可以找到提供帮助的人。人际型的人人脉广是其坦率热情、广交朋友的结果,但是广交朋友的目的,是为了享受结交朋友的乐趣。但是,高标准型的人,良好的人际往往是其委婉做人、赢得尊敬、深思熟虑、苦心经营的结果,较有针对性地与人交往,所结交的友人最后会成为职场人脉或布局中的一枚棋子。

美国已故前总统林登·约翰逊(Lyndon Johnson)从担任国会议员助理时,便开始有计划、有目的、系统地广交各个议员的助理,博取他们的好感,进而利用他们来获取各自主管的信息,通过他们影响各个议员的立场和投票。最后,他由极具号召力的国会议员一步一步地登上总统宝座。

3. 性格差异应用于冲突管理的四大功能

(1)知己知彼,扬长避短

将此资讯当成一面镜子,客观地了解自己的思维与言行特色,以及在沟通对象心中的印象与影响。也了解每个人性格类型的不同诉求与因此形成的情绪按钮。虽说"江山易改,本性难移",但仍可作为沟通时情绪管理的借鉴与内心修炼的工具,再往深层去探索自己因何形成这些性格特色,可以调整自己的职场定位,更可用来发展健全的内在自我。

(2) 防范排斥心理

人与人的差异、误解是人际冲突的主要成因。学会与不同性格特征的人相处,会让自己的内心更加和谐自在,同时也会增加自己的社会资源。

(3) 差异造成互补

从建设理想团队的角度来看,任何组织,包括家庭在内,理解彼此的差异后,如能彼此谅解、宽容、尊重、信赖,和谐相处、合作,便能成为相辅相成、相得益彰、具有活力和生产力的团队。

(4) 评估角色冲突

评估真我与人生舞台上最重要的两个角色——职场我与家庭我——之间的差异来决定自己在工作单位里是否胜任,是否愉快,角色冲突的严重程度与对自己心灵造成的影响。

4. 面对不同性格的人

性格特色不同的人之间容易产生排斥心理,面对不同性格各有不同要诀。例如,掌控型的人较为冲动、主观和情绪化,初遇沉稳谨慎的人时,容易在直觉上认为这类人"迂腐"、"懦弱"、"迟钝"、"有城府"、"虚伪做作",心生排斥,甚至流露于表情和言语间。高标准型的人通常深思熟虑,强调事实和数据,对于直爽和想到什么就说什么的人际型的人,往往直觉上会觉得其非常"肤浅"、"任性"、"罗嗦"和"没有见识"。一旦脸上露出鄙视,伤了对方的情绪,在未进行深入了解和交往时,便容易产生误会和冲突。因此,与不同性格特征的人相处要懂得要领。

(1) 当沟通对象是掌控型的人时

① 要尽量保持低姿态,但不等于低声下气。因为掌控型的人也在乎对方是否有诚意。必须在眼神、表情、肢体语言上表现出对他发自肺腑的钦佩和欣赏,而不是打躬作揖或谄媚的顺从。一旦发现对方只是表面上的奉迎,他的掌控感和自尊心会受到打击。

② 交谈内容避免过分专业或沉闷。在他失去耐心和兴趣前,直截了当,简

明扼要、一语中的,忌讳拐弯抹角、拖泥带水。

③ 谈话中忌讳频频看时间、接听电话、眼神游离、心不在焉,更不可任意打断、发问、改变话题。需让他先尽情地侃侃而谈,待他感受到被人完全理解和尊重后,再委婉地提出你的不同看法。

④ 掌控型的人较在乎权力、身份、地位、谈话场所的座位或头衔安排,尤其在乎能否彰显出他的权力或优越感。一旦让他感到自己地位重要,环境在他的掌控中,他的心情便会愉悦舒畅,较易平和、开怀地与人沟通。

(2) 当沟通对象是人际型的人时

① 人际型的人特别注重情感交流。要博得他们的好感,不但要多让其发言、出风头、得到关注,更要在眼神、表情、回应、肢体语言上,流露出高度的兴趣和关注,多花时间陪伴,欣赏其特色与长处。

② 人际型的人把重点和精力放在与人交往上,不太重视程序、细节和数据,在要求精细的事情上往往容易出错。要避免立即纠正或苛责,尽量等到私下再用委婉平静的语气指出错误,让其觉得自己受喜爱与器重的程度未受影响。

(3) 当沟通对象是沉稳型的人时

① 当人事制度、游戏规则、工作任务或环境需要变革时,沉稳型的人直觉上会对变动的必要和价值产生怀疑,担心能否适应新变动,又怕提出质疑会冒犯别人。即使反对,也不会表露不满,唯有仔细观察,耐心、冷静和友善地聆听他的意见,千万不要暗示或指责他不够坦诚、城府很深或懦弱无能。如果他产生逼迫感,内心不安、反对,加上不明确表述,便易阴差阳错,影响效率。

② 说服沉稳型的人使其乐于接受变革,须先赢得他的信赖,避免造成压迫感。这种人比较愿意牺牲"小我"来成就"大我",他并非无私但特别在乎的是大家是否赞同、一起行动与获益。要提供足够信息、耐心详加解释,强调变革会使大多数成员获益,使他放心配合。

③ 这类人默默行事、恪尽职守,又不会抢功邀功,需适宜地表扬和感激

(4) 当沟通对象是高标准型的人时

① 这类型的人思虑周详,对事实、数据、逻辑或证据小心查证。很能洞察漏洞和错误,给人压迫感。又因心中一旦形成看法与决定后,不会因情面而轻易妥协,让人感觉不近人情和冥顽不灵。即使委婉坚持己见,仍让人感觉被他掌控,觉得很不舒服。

② 高标准型的人遇到空洞客套、华而不实、敷衍式的论调,或草率鲁莽的批评时,由于外交礼貌,不会立即表露不满,而会在内心苦思对策。

③ 使用有理有据的论证,提出具体可行的建议,他们才会同意和配合。

④ 对其不断提出的"为什么"之类的问题,不要认为是在找碴儿。要有凭有据、合乎逻辑地回答。一旦承诺就必须确实做到。

5. 理想的合作对象

不同性格的人之间,可能因性格不合,看不顺眼,听不顺耳,产生矛盾。但是,如果能够排解矛盾对立的不安情绪,反而可能因彼此性格特色的不同,在调试得当、相互适应后,互补长短,成为合作无间的理想搭档。在事业上如此,在家庭里的配偶之间更是如此。关键与秘诀在于彼此能够沟通理解、管理情绪,建立信赖与尊重。

(1) 掌控型的人的理想合作对象

行事为人谨慎,懂得查证事实、评估利害关系和风险,经过周详的考虑后再作决定,进而能够建立一个可预测的环境;团队意识强,能够理解周围人在专业和心理上的需求;有良好的表达和沟通能力,懂得调整策略和节奏,使周围人放松心情。懂得建立健全的人事制度,能够具体说明、有效监督和客观评估。上述这些特点,有两层意义:第一,针对高掌控型的人在行事为人上的缺失,能够加以弥补;第二,掌控型的人面对具备上述特性者,在初期相处时并不会产生好感,甚至容易产生冲突。如果掌控型的人作为上司,容易对上述这类人轻视或排挤;反之,若能把掌控型的人安排在正确位置,使其扮演独立果断的角色或负责冲锋陷阵,便能与上述性格的人互补及相辅相成,产生高效。

(2) 人际型的人的理想合作对象

具有专业技能、善于冷静思考、逻辑分析、系统思维、长期策略、总体规划、实效、时限、客观绩效评估,具备始终贯彻的决心、风格和能力。

(3) 沉稳型的人的理想合作对象

具备勇于接受挑战的心态和能力。可以同时承担多项任务,面对突发状况善于做出快速反应,富有创意,能够创造和适应弹性的工作程序,在不可预测的环境造成的压力下仍能有效发挥能力。善于拓展和推销,懂得授权,能够肯定和奖赏经常默默对群体作贡献的人。

(4) 高标准型的人的理想合作对象

① 具备说服力和强势作风,帮助自己提升权威,果断快速做出重大决策与推动变革,善于应对工作程序和内容的变动。

② 公关与亲和力强,对于价值观和策略不同的人能够理解、尊重、包容、认同和妥协。

第三节　性格特色的鉴定及量测

每一个人的性格里,或多或少都包含了 D(掌控性)、I(人际性)、S(沉着稳重性)、C(高标准性)这四种特色;每一个人都是这四种特色的结合体,没有一个人是绝对单单属于哪一类型的人。更有甚者,人在不同环境、人生阶段和不同角色、功能、诉求与目的之下,会在沟通、协调、相处、倾听乃至解决冲突时,凸显出截然不同的风格与特色。大多数人所显现的风格都会有一两种性格特色比较凸显。例如,孔子在《中庸》所谓的"喜怒哀乐之未发,谓之中",这是指高度沉稳型的人。他们在沟通或相处时特别保守低调,不太表态,总是在隐藏内心的不安不满。

另外,心理学的实证称,只有将近一成半的人四种性格特色的比重相近,较为均衡。用百分比来表示,四种特色皆占23%—27%,也就是并没有一种特色较为鲜明或凸显。以内在修炼来看,这种特色较合乎孔子所谓的"发而皆中节,谓之和",是指内心平衡,情感发出来恰到好处,人际关系较易顺畅。但儒家这种"中庸之道",如果落于职场,可能无法满足所有角色的诉求。四者平衡的性格特色表现在家庭,也不能保证理想幸福。因为每家家风不同、配偶的性格特色与诉求不同、彼此是否真正的信赖与尊重、亲人之间的特殊诉求或磨合,性格"中庸"可能会形成缺陷或彼此失和。所谓"家家有本难念的经"也包含性格不同所凸显的问题。

以"职业我"为例,每一个人在职场的沟通、协调、冲突解决时所展示的性格特色依其在百分比的比重不同,大致总共有五十多种,以下举出具有代表性的27种类型,一一陈述它们的特色。这里称"高"表示百分里占28分以上,"低"表示百分里占22分以下。"中"则表示得分23—27分之间的。例如一个人的DISC分别是:D 31分,I 24分,S 18分,C 27分,则属于高度掌控D,中度人际I,低度沉稳S,中度高标准C。

1. 高D,高I,低S,低C:这种类型的人做事风格大胆、敢冒风险、迅速果断。听人规劝时缺乏耐心,耳根较软,容易上小人的当。未作查证就妄下结论,容易曲解别人原意或冤枉好人。缺乏广泛收集资料与深度思考的习惯,较无谋略与远见。这类人在职业生涯中,较敢转行或创业。高度外交手腕赢得对方好感。较缺系统与专业的市场资讯。对深思熟虑、谨慎发言的另类性格同事缺乏耐心与尊重,如能相互取得信赖与好感,则会形成很强的团队。因较情绪化与缺少耐心,较不重视制度的规划、建立与遵循。可能因相处不融洽或不得志就更换岗位或工作,但也因人际关系广泛,勇于闯荡,总会遇到机会。较可能涉足截然不同的行业,却不易在某一特定领域得到长足发展。自己的观点未得到认可时,显得过于焦躁,急于挽回,想要控制场面,希望身边的人喜欢自己或控制别人。

第十一章
性格管理——胜任愉快的人生

2. 高 D,低 I,低 S,中 C：这种类型的人做事风格大胆冒险,掌控欲特别强,因为其 I 较低,所以不怕得罪人,常常给人不近人情的印象,因为较不多话,心中保留意见,容易给人城府较深的感觉。其沉稳型倾向很低,所以也时常表现出不太倾听别人的意见,不够专注,缺乏耐心。

3. 低 D,高 I,低 S,中 C：这种类型的人话多、热情,较情绪化,喜怒哀乐写于脸上,但又怕使别人不开心或无法赢得别人的喜爱,喜好交友,喜欢民主风格的管理方式,热衷于参加各种社会活动。但特别在意别人对他的评价,做事容易瞻前顾后,犹犹豫豫,凡事喜欢征求大多数人的意见,缺乏主见。

4. 低 D,低 I,高 S,中 C：这种类型的人特别保守和低调。不喜欢惹是生非,守好自己的一亩三分地即可。很怕得罪或冒犯人。不喜承担责任。做事为人谨慎,不介意重复繁琐的工作,忠心踏实、恪尽职守地执行指令。但主动性较差,需要有人施令或鞭策,才会走向下一步,因而给人懒散、自信心不足的印象。虽然是个很好的倾听者,但在协调冲突或矛盾时,因缺乏较精辟的专业知识与果断决策的勇气,无法解决人事或部门间的矛盾。给人光听别人说,不愿表达自己内心想法或不满、城府极深、抑郁不乐的感觉。

5. 中 D,低 I,低 S,高 C：这种类型的人对人对事对己的要求与期望很高,不喜欢闲聊、攀关系或仔细聆听,不太对人说明自己的独到见解,但执行时又很坚持自己的想法与做法,给人较为固执、不宜共事的形象。凡事需要理由。由于不太刻意讨好人,也不在意自己的人际关系,加上偶尔对周围的人求全责备,容易得罪人。

6. 高 D,中 I,低 S,低 C：这种类型的人掌控欲非常强,对事对人都希望在自己的掌控之中。敢言、敢冲、敢冒险、武断、果断。可惜由于不在乎逻辑,对细节不清楚,不投入专业知识,缺乏谋略与深度思考,又不听劝说,不够沉稳,常常"欲速则不达",成事不足,败事有余,给人留下有勇无谋的莽夫形象。

7. 高 D,低 I,中 S,低 C：这种类型的人在面对冲突和挑战时,会强调自己的权力位置,决定迅速,喜欢速战速决,但不注重逻辑,没什么内涵,往往一时冲

动做出轻率和缺乏远见的决定。言行常会富有攻击性但事后又被证明误解或误判,以致严重得罪人。

8. 低D,低I,中S,高C:这种类型的人凡事追求完美,要求有理有据,懂得通过加强专业、谋略和周详计划来提升自己,但不喜欢多管闲事和与人深交。很能自处,较能耐得住寂寞。平时交谈,很有耐心、明察秋毫、注重逻辑与查证,经常思考"真的吗?根据什么?"发现对方看法有问题时,会耐心说明,但也会直率地说出自己与别人完全不同的看法。容易给人固执、高傲、犀利的印象。

9. 中D,高I,低S,低C:这种类型的人崇尚自由,不重细节,适合口头表达机会较多的工作,喜欢即兴发挥,不喜欢被条条框框所束缚,也不喜欢一成不变的工作,很在意新鲜感。给人言多必失、不善倾听、言之无物的印象。被人纠错时,觉得别人不喜欢也不器重自己,感到特别难受。

10. 低D,中I,低S,高C:这种类型的人思虑周详、专业知识丰富。追求高标准、高品质,喜欢有挑战性、需要创意的工作,但较没耐心、不够细腻、不重细节,做事虽然专注,但不易持之以恒,因其缺乏一定的掌控欲,不能耐心了解细节也难当机立断,以致坐失良机。

11. 低D,高I,中S,低C:这种类型的人喜欢与人交流,为人热情,爱出风头,较情绪化。追求别人对他的好感、肯定和立即表达感激。心直口快,有什么说什么,但由于缺乏专业精神、防范坏人意识不强,容易给人留下口无遮拦、了无新意、缺乏内涵、危言耸听的印象。

12. 低D,中I,高S,低C:这种类型的人专注、专精、有谋略、讲求高品质、标准流程化作业、守规矩,思维细腻、识大体、重大局,也重细节,可谓巨细靡遗。有耐心,步调较慢,较缺乏主动性,虽常犹豫不决,但一旦决定该做何事,会义无反顾,让人觉得执著、固执。

13. 中D,低I,高S,低C:这种类型的人尊重并严守着传统,不喜变动。人际、事业上追求相安无事,对己对人要求不高。很爱倾听,但因为较不专精、不力求完善,又怕冒犯人,不愿表达己见,使人觉得城府较深。有耐心,不介意重

第十一章
性格管理——胜任愉快的人生

复、烦琐的工作。

14. 低D,高I,高S,中C:这种类型的人热情、热诚、话多,在同事之间给人古道热肠、热心公益、乐于配合、注重团队、低调行事的印象。乐意顺从领导的工作分配,恪尽职守、认真踏实、相当可靠。本身没什么野心,不太与人攀比竞争,永远一副老好人的模样。虽然做事稳重,但太重细节,怕担责任,怕遭责备,多有犹豫,稍欠果决,效率往往不高,有时赶在最后一刻才将工作完成。

15. 高D,低I,高S,中C:这种类型的人有着极高的掌控欲,希望能驾驭一切,面对冲突时,强调自己的权力位置,倾向于施压或胁迫,缺乏耐心协调和妥协,不怕得罪人。注重细节,对细节出错的员工会厉声厉色地严加斥责。同时这种人非常守旧,害怕变革,严守着传统,步调比较缓慢,不愿意说出心中的立场和想法,城府较深。这种类型的人往往是旧势力的维护者。给人的形象是较无情无义、没人情味、仔细聆听、怒斥错误。

16. 中D,中I,中S,中C:这种类型的人没有凸显任何性格特色。给人的感觉是四平八稳。不会鲁莽行事,言谈举止中肯,坚信凡事不要走极端,要见机行事,以便给自己也给别人留足够的后路。偶尔给人留下"墙头草,两边倒"的印象。人际关系中,往往由于立场不够鲜明,给人一种看不清、摸不透的感觉。朋友不少,但不易深交。

17. 高D,高I,低S,高C:这种类型的人希望别人表现出尊敬、顺从、兴趣和理解,重视提供详实数据、信息;希望多得表达机会,赞同其想法与做法,喜欢总结性发言来显示其思路与凸显自己的重要性。果断、外向、讨好人、谈话有依据、有针对性。极渴望与掌握话语权、决定权。借说服力、个人魅力与谋略控制局面。很在意他人的评价。对自己不太在乎的事情很不重细节或不仔细聆听。

18. 高D,低I,高S,高C:这种类型的人重视传统与规章制度。话不多,但沟通能力强,很有条理、逻辑、内涵与说服力。给人固执、寡情、高傲、多疑、犹豫、自制、很会倾听的印象。不喜变动和冲突。重隐私,就事论事。不太透露会得罪人的想法。

19. 低D,高I,高S,高C:这种类型的人沟通时对己或对别人都要求有理有据。擅于分析,系统地解决问题,既重视宏观也重视细节、具体问题。作决定时不够果断。很重查证与深思,让人误以为吹毛求疵或挑剔。宁可在幕后操劳,也不愿出风头,以致显得被动、保守与城府深。讨人欢心,不愿拒绝或冒犯人。沉稳谨慎、忌讳改变现状。

20. 高D,低I,低S,高C:这种类型的人给人自信、热情、精准、精明、果断、刚毅、坚持、固执、积极、谋略、见识广泛、有条理有逻辑的印象,以及精于制定制度、有效督导、执行、评估与跟进的印象。因不太热情、热络与重视人际,让人觉得冷漠、寡情、太坚持已见。

21. 低D,高I,高S,低C:这种类型的人亲和力强。善于倾听别人的难处,人缘极佳,但因处处讨好人,怕冒犯人,反而给人做作的印象,令人弄不清他的立场与决定,觉得随波逐流、没有清楚与坚定的立场。话多但流于肤浅与资讯不足。不好意思拒绝别人的请托,让自己活得很累。内心经常为思虑烦,也常有强烈矛盾感,喜欢与人亲近,但又怕触犯别人。

22. 低D,高I,低S,高C:这种类型的人把重点放在高度信息化上,是系统地解决问题的能手,擅于分析,经常能够看到细微、具体的问题。有时在做决定时不够果断。由于太重批判性,会让人误以为吹毛求疵或挑剔。不愿承担风险,为人热情、爱说话,待人礼貌,有策略、有针对性地与人交往,因而有广泛的人脉和良好的人际关系。

23. 低D,低I,高S,高C:这种类型的人心思缜密,行事谨慎稳重,重视品质、标准流程、信息化,规避风险,踏实准时守规则,要求周全完善。不太多言、热情,易给人城府深、寡情的印象。除非与达到目标有关,否则行事低调,避免出风头,对人对己要求都很高。犹豫不决、不够直率,缺乏掌控力。

24. 低D,低I,低S,高C:这种类型的人思辨能力强,慎思明辨,精准、查清楚、问明白、信息完善才行事,有策略。固执,对不在意的事物不太倾听、耐性不足。瞻前顾后,犹豫不决。话不多,较冷漠。沟通重逻辑,思路清晰,用凭据、数据来说服人。

25. 低D,低I,高S,低C:这种类型的人保守、守旧、低调、含蓄,追求相安无事、忌讳改变现状。除非确定大伙共同受益,否则家庭、工作的环境、内容、程序、同事等最好能够一成不变。忠诚、乐意顺从领导分派的工作,深信"枪打出头鸟",较不邀功、抢功,要适时给予表扬和感激。专注、守规矩,是很好的倾听者,重视家居生活,缺乏主动和果断,很怕担责、冒犯人,压抑不安不满情绪,不愿表态。易被误会为城府深或懦弱迟钝。

26. 低D,高I,低S,低C:这种类型的人为人热情、外向、友善、爱结交新朋友、大而化之,直爽不做作。不在意谈话地点、内容、形式,只要有人陪就有活力;追求别人的立即好感、肯定和感激。崇尚自由、不重细节,喜欢民主管理方式,适合有很多口头表达机会的工作环境。对于决策只在乎参与和互动,不在意内容和结果。执行力较差。话多而言多必失,没内涵、缺少查证与深度思考。因过分期许交流对象的正面回应而情绪化。

27. 高D,低I,低S,低C:这种类型的人喜听恭维,乐见顺从。急切证明自己的正确与重要性。较富攻击性、竞争性,具有很强的控制欲,果断、快速决定,易流于轻率和缺乏远见,近乎有勇无谋;勇于冒险与接受挑战,很能适应改变。协调时借重权势地位施压或胁迫,较无耐性倾听、说服,忽略对方感受和真相。一旦遇到夸张、虚伪、隐瞒、委屈、拒绝、抵制就急躁、愤怒、反击、报复,弄到一发不可收拾。

总之,首先要了解自己在别人心目中的特色与形象是什么。其次,留意这些特色在沟通或相处时,对别人的情绪、感受、信赖、尊重与喜爱有哪些正面或负面的影响。自己想改变或提升什么?如何能够做到?如何调节与适应做不到时的心境?维持现状的我,今后在协调沟通时,尤其对双方的情绪与感受上,该特别留意什么?

第四节 "四面我"的区分与差距

从性格特色来看,笔者将之归为四类或四个角度看自我。

1."职业我"

自己在职场的沟通、倾听、思维、矛盾、协调中所展现出来的模式、形态、特色。分为三类:"展示我"(自己认为自己在职场所展现出来的我)、"实际我"(同事、旁人眼中的我)以及"理想我"(自己认为最理想、最希望或最想改善成为的我)。

2."理想我"

是指检讨自己在职场中的表现后,认为最理想工作表现的状态,也就是希望自己能够改善或提升到什么状态,这就是最理想的自己。

3."家庭我"

从原生家庭到婚后自己组成的新家庭,大多数的人一生都至少有两个家庭。人在这两个家庭中扮演着家庭我的角色。身为父母、子女或其他亲人身份时所具有的权责、展现的言行与特性、为家庭延续所提供的功能,就是家庭我的展示。

4."真我"

"真我"就是真正的我、原本的我。从出生、童年、少年、青年、中年、壮年、老年到晚年,在每人心里最深处、最内在的那个最原始、最本我的我。它永远属于自己的本性,不受外在环境影响而变化,一直在渴求与追寻恒常的喜悦自在与祥和幸福。所以,真我也可以说是"我最愿意怎么做",或是"怎样的表现最让我觉得开心自在"。

在"职业我"、"家庭我"、"理想我"和"真我"四种不同角色或情景中所呈现出来的"我"在掌控、人际、沉稳、高标准四种性格上的比率或得分会有所不同。也就是测试自己的得分之前,就得先假定好自己所扮演的角色,分别得出不同的四种比率或分数。以下三个差距代表心灵上不同的状态。

1."理想我"与"职业我"的差距

代表对自己工作表现满意或胜任的程度。理想我与职业我的差距越大,就表示越不满自己在职场中的表现;反之越满意。

2."职业我"与"真我"的差距

代表目前的职业是否合于志趣。真我代表了自己内心的平静自在、愉悦满意,是自己是否幸福快乐的标准。内心的满足、愉悦多是源于工作与自己的志趣、道德观、理想相近。职业我与真我的差距越小,自己就越愉快;反之,差距越大,代表不合志趣或不合道德观的程度越高,内心就越发郁闷不悦。

3."家庭我"与"真我"的差距

代表内心的愉悦幸福感。家庭,尤其是夫妇之间当面临财务、亲子、信赖、尊重、亲密、婆媳、亲友等诸多问题时,需要大量磨合、配合、整合。为了把家维持、经营下去,彼此要贡献不同的功能、定位,这也是角色的一种,家庭中的角色功能如果与真我差距大,表示内心活得辛苦与郁闷;差距小,表示能够活出自己、活得真实、踏实、自在。

第五节 性格特色的形成

1. 人生不同阶段性格特征的变化

人生的几个代表性阶段,如少年、青年、中年、老年等,性格倾向会因为环境、价值观、周围的期望和体内荷尔蒙等的变化而有不同程度的改变。通常,自己不会察觉。但在沟通协调、价值观或优先顺序的选择上,这种变化有时会使

自己与较亲近的家人,尤其是配偶产生差异、误解或冲突。

2. 事实和期望反差过大所产生的内心冲突

一旦家庭和职业所需要的性格特征与本身性格特征差异太大时,会使人内心产生冲突,变得郁闷、自卑、烦躁、矛盾或易怒,这体现在三个方面:

(1)在原生家庭里被家长描述或期盼的特性与自己真正的性格存在过大差距。例如有一些女孩子性格外向、健谈,喜欢交朋友,但中国传统的父母却认为女孩应该沉稳、内敛,孩子只好勉强配合,但内心压抑。

(2)自己实际性格有时会与职业所要求具备的专长和特性不太吻合。差距越大,焦虑越深,甚至担心自己是否入错行。因为性格倾向与职业的需求不吻合,情绪受到严重的压抑,带着郁闷的心情工作,不论面对百姓的官员、面对下属的经理,还是处理顾客投诉的服务人员,都容易把内心的冲突发泄在工作或家人身上,引发人际冲突。

郭某性格偏向沉稳型,怕冒犯人,面临变动会不安甚至恐惧。本来在电脑公司担任程序员,感觉舒服自在。后来人事变动,他被调至人力资源部。新的职位要求他执行招收新人和裁员的任务。通知员工被裁对郭某已经是很困难的差事,还要常常与新进的员工打交道,更是让他焦头烂额。这就是典型的人被摆在与自己性格特色迥异的位置所产生的苦恼。

(3)为了配合配偶或满足家庭需求,而刻意表现出的角色与功能,有时也会与自己实际的性格有差距,带来内心冲突,导致家庭不和。

苏某属于人际型,又因工作繁忙而顺理成章地终日应酬,很少陪伴家人。妻子小郑对家务及孩子要求很高,终日花大量精力和时间来照顾孩子、整理家务。可是她的性格倾向于高标准和低沉稳型,对于琐碎家事与费时协助孩子作业觉得毫无成就感,日久生厌。常向拖着疲惫身躯刚进家门的丈夫抱怨,苏某又因掌控型个性无法容忍其终日的唠叨,嘲讽妻子的无能……夫妻间相互的尊敬与喜爱愈来愈少,夫妻感情渐行渐远。小郑为此心情郁闷,经常上网找往日初中同窗交谈解闷,不久之后,开始了一场激情却畸形的网恋。

有别于西方社会的自我主义,国人的成长与教育环境,较强调单一与规范化的价值体系。学校也只强调升学与文凭主义,不太教导或容许突显与实现自己的独特性。往往特别注重别人的想法或期待。很多人的一生可以说都是在尽义务、为达成别人的期望而活。其实,就活得幸福、踏实或和谐的内心而言,唯有了解真正自我的特性与需求,活出真我,才能享受内心的自在与和谐。

3. 改变性格特色的可行性

多数人四个性格倾向的比例并不均衡。如果想刻意快速做出改变,有时会扭曲压抑自己的个性,有时甚至紧张难堪。随着后天的修养和经验的累积,如果能够往四者持平的方向修正,固然很好,但也不必做作,更不要强求改变,而给自己造成过大的压力。其实,针对自己的性格突显之处,应特别留意别人的观感或影响,也可以拿来与理想工作诉求做一比较,扬长避短即可。四者比例较为接近,性格倾向较为均衡的人,往往思路、策略、资源、人际能面面俱到,较易给人心境平和、稳重可靠的印象,对新的环境比较容易适应。同时活得也比较自在快乐。可是这类人相对来讲个性不突出,不容易成就太大的事情。

总之,用心去了解自己和别人属于哪种类型或哪些类型的结合,扬长避短地因应对方所展示的特性,满足这些特性背后所代表的情绪诉求,将会有利于沟通协调、情绪管理与修身养性。加以时日不断操练,到了融会贯通、操作自如时,将会获益匪浅。

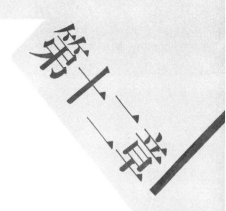

第十一章

形象管理
——由内而外
塑造魅力,
建立个人品牌

> 第十二章
形象管理——由内而外塑造魅力，建立个人品牌 >

第一节 第一印象

印象是指与人交往的过程中，对对方能力、品格等方面的一种主观感受和判断。印象的形成包括了理性和感性的层面，主要表现为对对方的喜恶。若对初次见面的人印象好，便会兴致高昂地倾听与沟通；印象不好，就容易影响情绪，影响自己聆听、观察、评价对方的心情与客观性，有时会造成对对方的认知产生偏差。所流露的负面情绪也会影响对方对自己的观感与好感。

而与人初次见面时对对方的穿着、谈吐、气质、经历、背景、道德、性格等，未经验证便在直觉上得到最初印象与做出的初步认知、评价称为第一印象。

第一印象可以使别人感受到自己的能力、性格与动机等内在特质。给别人留下良好的第一印象，不单是对别人的尊重，也是增加自己人生的附加价值。穿着可以不必追求豪华体面，但要针对出席场所的性质，注意穿着、眼神、表情、举止、谈吐是否得体。借着专注倾听、真诚待人、尊重关怀、开朗自信的人文修养，以及思维清晰、信息丰富的沟通，在人际交往当中逐渐累积自己一生的"社会资本"。

第一印象并非总是正确，但却总是最鲜明、最牢固的，并且深深影响着以后双方交往中彼此的信赖与喜爱。管理者既要重视第一印象，又要尽量避免因第一印象而造成的认识上和用人上的错误。

首因效应是指最初接触到的信息所形成的第一印象对人们以后的行为活动和评价的影响很大。首因效应本质上是一种优先效应。当先后不同的信息结合在一起时，人们总是倾向于接受与重视前面的信息。即使人们同样接受了后面的信息，也会认为这些信息是非本质的，而是偶发的。因为人们习惯于按照前面的信息来解读后面的信息。如果前后的信息出现不一致的现象，人们较

心的解码
Decoding the Heart

易屈从于前面的信息,以形成整体一致的印象。

自知之明指的是自己应该多去留意自己在沟通时受第一印象带来的负面情绪影响的程度。较为理性的人,即便对对方印象不佳,也能调整心态,心平气和地去倾听对方表达的内容,尽可能客观冷静地了解对方的人品和能力。但是,有些人的情绪很容易受到第一印象的影响。一旦对对方印象不好,内心顿生排斥或厌恶,对对方讲话内容及肢体语言的解读也容易偏向于负面,甚至表露于眉宇之间,大大增加了误会和争执发生的可能。

1. 第一印象在人际交往中的作用

好的第一印象,能使人在相处时感到轻松愉悦,不但使周围气氛更加和睦,也有助于日后进一步的交往。平日多了解自己的穿着、谈吐、举止给别人的第一印象究竟如何,懂得如何改善自己,争取给别人留下更好的第一印象。

一个广告设计系的毕业生想进入一个著名的广告公司工作。一天,他到这个公司求见人事部经理,说:"你们需要一个懂得设计的员工吗?""不需要!""那么排字工人、校对呢?""不需要!""那么实习生呢?""不,我们现在什么空缺也没有,请你到别处看看吧。"他对着经理笑笑说:"那么,你们可能需要这个东西。这是我的设计,送给您用用吧!"说着他从公文包中拿出一块从图案、色泽、材质都设计得很精致的小牌子,上面写着"额满,暂不雇佣"。经理看了看牌子,微笑着点点头,说:"如果你愿意,可以先到我们广告部试用看看。"这个大学生这一连串的表现给正准备给他吃闭门羹的经理留下了很有风度、自信、幽默、机智、创意与乐观的印象。这美好的"第一印象",使得经理一下子改变,引起了其极大的兴趣与信心,为他赢得了职场上的第一份工作。

相反,若初次会面时,蓬头垢面、不修边幅,则会给人邋遢、没有条理、不太可靠的印象;双手抱胸常被解读为高傲、不屑;没有恰当的眼神接触(眼睛不正

> 第十二章
> 形象管理——由内而外塑造魅力，建立个人品牌 >

视对方、眼神四处打转、直盯着对方不放）会让人感觉不够尊重、缺乏真诚或注意力不集中。这种情况下，即使自己才高八斗，也难免遭别人误读。如同《三国演义》中所提的凤雏庞统，当初准备投靠孙权，效力东吴。但是未料孙权初次见到庞统，心中先对他的相貌丑陋有几分不喜，又见他傲慢不羁，更觉不快。最后，这位广招人才的孙仲谋竟把与诸葛亮比肩齐名的奇才庞统拒于门外，尽管鲁肃苦言相劝，也无济于事。

进一步地，我们也应当时刻提防自己陷入"第一印象"陷阱并不断培养自己的"自知之明"。在很短的接触中产生的第一印象往往与事实有些差距，当自己发觉对他人第一印象很不好时，要立即提醒自己，尽量不要因为先入为主的不良印象，影响了自己的情绪和倾听的效率，甚至对对方人格、能力或意图产生误判，以致影响双方关系的进一步发展。更要提防因过分情绪化，于眼神和语气中流露出不满，致使对方感到被鄙视和受排斥，造成更加恶劣的后果。

大武与徐君在一家咨询公司共事一年多，因分属不同部门，彼此眼熟但并不熟悉。有一天，大武前往他参加多年的健身房，在游泳池边巧遇前天才加入这个健身房的徐君。徐君刚从泳池爬上岸，很开心地向大武打招呼。大武猛然看到徐君胸膛上刺着一个深蓝色斗大的字"悟"及四周漩涡般的花纹。按捺住一股不太舒服的感觉，勉强与徐君寒暄两句便下池游泳。从此，大武对徐君就有了全新的印象，觉得徐君是个虚浮、不踏实、不很正派的人。不料，经理在会议上宣布未来六个月他俩将被派往成都，两人共同负责一个大客户在成都的工厂生产流程的重整与规划。经理特别强调此任务的重要性，两人务必全力以赴，合力完成。大武一想到要与这种人朝夕相处六个月，而且是共同负责这么重要的项目，头皮就发麻，心里极不舒服，接连几天下来心里每天都在担心这个项目会因徐君而搞砸，不但觉没睡好，与徐君联络出差事宜时的语气也很不耐

烦。徐君一头雾水,不知自己究竟何事冒犯了大武。于是很有诚意地给大武发了个短信,问是不是自己什么事情处理不当让他误会。大武这时努力去想究竟什么事让自己这么不喜欢徐君。他意识到自己是因负面的第一印象而对徐君有了成见,而关闭了去了解对方的心。他决定给自己机会,也给对方机会真正了解彼此。一路下来,了解到徐君是农村出身、苦学成功的北漂族。他发现他们有很多彼此欣赏的地方,相处很愉快。到了成都工厂展开工作时,大武也特意观察徐君的言行,发现他是一个非常踏实、负责、干练的合作伙伴。终于觉悟到自己差点成为错误第一印象的受害者,也庆幸自己的及时回头。从此两人的合作既愉快又高效,不但顺利完成任务,赢得了客户的高度赞扬,回到总公司,两人还双双获得了领导的嘉许和很高的年终奖金。

赢得别人的好印象与被人们欣赏的人格特质大致可归为七类:

(1) 善于倾听——善解人意、善于表达、协调能力和接受力强。

(2) 自信——乐观、开朗、幽默、有趣、活泼、积极、直爽。

(3) 聪明——智慧、灵活、机智、敏锐、创意、想象力、善于表达、懂得变通。

(4) 果断——坚强、坚定、毅力、勇气、气魄、精力充沛、吃苦耐劳。

(5) 亲切——体贴、爱心、温柔、细腻、热情、专情、浪漫、漂亮、优雅、随和。

(6) 可靠——正直、诚实、踏实、老实、善良、忠诚、负责、谦虚、慷慨、节俭。

(7) 稳重——专注、谨慎、含蓄、沉着、耐心、冷静、安全、勤奋、井井有条。

2. 定位第一印象的小测试——我究竟是谁?(who am I?)

认真思考后回答以下问题:

(1) 初次见面时,自己给人的印象是什么?

(2) 自己希望给别人什么样的第一印象?请在上面列表中用笔圈选出几个适用于自己的词句。

(3) 自己认为这几个希望或目标实现的几率是多少?

形象管理就是针对自己给别人的初次或长期形象,从了解到改变的管理。

有几个值得思考的问题：

（1）为什么自己在他人心中的印象与自己希望呈现的印象有差距？

（2）与人交往一阵子后，别人对自己的印象是什么？与当初的印象有什么区别？

（3）自己在长期交往的家人、亲友心目中的形象是怎样的？

（4）该如何进行改变？心态需要哪些调整或需要采取哪些可行性高的行动？

3. 如何避免别人错误解读自己

心理学研究发现，与一个人初次会面，45秒钟以内就会产生第一印象。这个最先印象对人的社会知觉产生强烈影响，并且在对方的头脑中形成并占据着主导地位。另外，实验心理学表明，外界信息输入大脑时的顺序，在决定认知效果的作用上是不容忽视的。最先输入的信息作用最大，另外，最后输入的信息也起较大作用。大脑处理信息的这个特点是形成首因效应的主要原因。

第一印象主要是依靠性别、年龄、体态、衣着打扮、谈吐、面部表情、肢体语言等，判断一个人的内在素养和个性特征。虽然第一印象不一定完全正确或与事实吻合，但是，首先，人性当中就是包含了这种极为主观、急于判断的通性。其次，在这个脚步不断加速的工商社会，人们急于了解真相，急需判断人之好坏，这就需要了解更多的信息，但相反人们却越发强调并注重保护隐私，这就造成了第一印象在彼此交往中的作用越来越重要。有趣的是，欧美为何称第一印象为"真实瞬间"(moment of truth)？大家都知道它不完全代表真实，但是偏偏人们却不但不去查证它的真实与否，反倒情愿被这个"伪"真实所误导。这就形成了不完全真实却起着关键性作用的"真实瞬间"。

首因效应的产生与个体的社会经历、社交经验的丰富程度有关。如果个体的社会经历丰富、社会阅历深厚、社会知识充实，则会将首因效应的作用运作得体。另外，通过学习，在理智的层面上认识首因效应，明白首因效应获得的评价，一般都只是在依据对象的一些表面的非本质的特征基础上做出的评价，这

种评价应当在以后的进一步交往认知中不断地予以修正完善,也就是说,在这个一般人不太留意的误区方面,多去留意,是可以改变与调整的。

小军大学刚毕业,正庆幸叔叔引荐,顺利找到第一份工作。报到第一天,他那时尚的"冲天式"发型、耳朵带个小金圈耳环加上昨晚与同学庆祝找到工作喝酒到凌晨两点才睡,频频打哈欠,给他的单位经理留下了"懒散、温室花朵、任性、没纪律"的不良印象。下午开部门会议,经理介绍他时,一句"但愿小军这位年轻时尚的新同事,在试用期满前证明他是个勤奋、任劳任怨、节制、自制与讲求纪律的人。我们拭目以待吧!"小军是个懂得倾听的人,顿时明白自己留给了领导不太好的印象。从此,他先把公司规章制度彻底弄明白。每天出门确保自己穿着整齐、有精神,提早二十分钟到公司,把桌上清理整齐,打开邮件把手边任务归类为"急且重要"、"重要但不急",然后发邮件给同事确定自己的任务,顺便还主动询问同事有什么他可以帮忙的事。与同事协调工作时,总是能承担就多承担,居功时则能谦让就谦让。不到两三个星期,显见同事们对他的加入与融入表示欢迎。同事们有什么活动都主动邀请他,他也欣然加入。不久,一个同事过生日,派对上大伙唱卡拉OK时,经理朝他嚷了一句"哎,该轮到咱们时尚的帅哥小军来唱一首了吧!"小军立即感受到领导对他的欣赏。与就职首日经理对他那种不屑的眼神相比,真是有天壤之别。小军很庆幸自己既能坚持自己喜欢的装扮风格,尤其是发型、耳环等,又能通过在工作中的表现改变别人对他的不良印象。

4. 策略性地展现给别人的第一印象

投其所好地表现自己,赢得别人的信赖与好感,与东施效颦、画虎不成、扭捏作态、逢迎巴结、四面讨好是不同的。是根据对方的性格、需求、喜好,展现自己已经具备的良好性格与特质。

第十二章

形象管理——由内而外塑造魅力，建立个人品牌

2010年北京高考理科状元李泰伯总分703分。从小学钢琴,爱好画画,热爱莫扎特音乐。平时在校成绩杰出,身兼班长、学生会主席、校模拟联合国主席等职,两次全国数学奥林匹克竞赛一等奖获得者,全国作文竞赛二等奖获得者,托福和SAT也取得了不错的成绩。从他参加电视答辩和参加校内外活动看,他具有很强的语言和社交能力。这证明他的确是个综合素质很强的学生。然而这位大家眼中的佼佼者,在申请美国11所名校时全部被拒。反观李泰伯周围的朋友,反倒有近30人被美国排名前20的名校录取,其中哈佛就有2名。

李泰伯后来在分析自己被拒的原因时,其中一点很值得玩味:"我过于全面地展现了自己。我感觉能写的太多了,最后全面照顾的结果就相当于什么都没有照顾到。如果你在每一个领域都表现得很优秀、都很喜爱,美国人反而不会相信的。这或许是为什么有人会以为我的申请有斧凿之痕。好的技巧应该是,一两个闪光点远远胜过几百个闪光点,因为你能被阅读者记住。"

李泰伯是位优秀的年轻人,他也成功地呈现了极为优秀、光彩夺目的形象。但是这次申请名校的"挫败"有几点启示:

（1）美国名校的招生主管们个个累积多年挑选人才的经验,他们如同鹰眼般,在猎寻全球而来的顶尖申请学子时,会看走眼吗？他们与国人对"优秀"的定义与胃口,会有文化上或价值观上的差异吗？我们自以为是地一味展示优秀的特性可能在对方眼中完全变了味。

（2）在这位素未谋面的李泰伯列出的这些洋洋洒洒的优异表现与自负、自豪的自传中,这群招生专家学者们会解读出什么信息呢？是否会觉得"这人怎会优秀到事事都精,事事都行,事事都能,事事都爱？怎么他的能力与兴趣没有一个专注点？他今后在学术、事业或社交领域的理想是什么呢？""这个中国小伙子怎么可能没有一点缺点,无懈可击与太完美到不太对劲了吧？"有句英文

"Too good to be true",人物或事情完美到简直不太可能存在吧？所以,有时呈现出一个太过完美的形象,反而会令深交不够的人起疑。

（3）在展露这些才华之余,口气是否太唯"我"独尊。言行中露出太强烈的"I centered",让人觉得"我很棒、我很行、非我莫属"的傲气,有时会惹来怨气与怒气。美国的社会文化强调自信,中国文化则强调谦虚。我们习惯于"表现"自己的谦虚,过了头,就成为虚伪做作。遇到美国人,为了"表现"自信,过了头了,反倒留给人自大的印象。再进一步分析,有时会留给人"太功利主义"或"这明明是自卑的反射"的印象与不良后果。

（4）与人结识到相处,如果太刻意地表现自己的优秀,最后反而令人反感。与其一直用言行宣扬自己的杰出,不如让别人自己去体会与发现。

A公司领导喜欢善于表现个人独到与创意性见解且能独挡一面的员工,而B公司领导却特别喜欢懂得协调、合作、注重团队协作的人。小刘是正要前往这两个公司应征工作的求职者。面对不同主管、不同诉求,如何赢得好的第一印象？在A公司主管面前,小刘应该凸显自己独特、独到、独立作业的能力。在B公司就该低调点,强调自己很明白人与人在性格与专长上存在着差异,因此自己很重视倾听、理解、尊重与宽容,也深信唯有好的团队、成员间相互支持、相得益彰的公司才能茁壮成长。

适当与针对性地调整展现自己优点与特点的策略,并不是虚伪做作或改变真我,而是充分利用首因效应带来的影响力。所谓"新官上任三把火"、"恶人先告状"、"下马威"等都是利用首因效应占得先机。

5. 亲密关系中的首因效应

在感情世界的亲密关系中,人们遇见了给自己留下良好印象也就是中意的目标后,往往会尽力表现、努力追求并刻意讨好,以期给对方留下良好的印象。在求偶的本能下,很多人为了达到亲密关系,常常会刻意与尽力表现出自己最好的一面,甚至装出自己所不具备的品质也再所不惜。

前期刻意伪装的品质越多,之后产生的月晕效应与不良后果就越大,对方对"伪装者"的要求就越高。一旦进入幻灭阶段,失望也就越大。伪装或刻意演出来的形象就如同在两人间的感情关系里埋下一颗地雷或定时炸弹。对方一旦发现真相,甚至觉得被对方装出来的言行所蒙蔽时,地雷或炸弹的触发会使亲密关系遭遇打击与危机。

有些婚姻专家建议"装久了,就成真的"。针对某一种良好特质,自己刻意学习与实践,即便一开始有点勉强甚至是伪装的,时间长了反倒会"内化"成为真正的特质。

例如生性随意的魏君,平日生活邋遢、懒散、从不运动、经常迟到。后来遇到了优雅、保守、爱干净、纪律严谨的吕女,结识吕女当天,惊为天人,借着社交网站先是观察、研究、收集了很多吕女的背景、资料、爱好,接着展开热烈追求。成功地展示了自己"生活安排有条有理,勤于锻炼、私生活严于律己"的形象,终于赢得了吕女的芳心,进而结为连理。婚后,魏君也发现这些特质使得自己更加健康、幸福且具有亲和力,因此他也乐于努力地保持这些好的生活习惯。这就好比一颗地雷或炸弹被排除。这样既让亲密关系得以维系,又能修身养性,岂不美哉。

由于守时、讲卫生、热爱运动、生活有条理都属于能够通过后天培养的,前期伪装,后期排雷就可行。但如果只是为了猎艳,但求目的,不择手段,一味地委屈自己,也不利于亲密关系的维系。例如,乐观、自信、毅力、诚信、温柔等,属于先天、基因或童年重大事件等多年形成的特质,很难改变。伪装具备这些品质就更像是安装一颗定时炸弹,迟早要爆。

因此,在感情世界的亲密关系里,适当地调整自己,并策略性地展现自己较好的品质是很重要的原则。既投其所好又不委曲求全,方为上策。

第二节 建立个人品牌——四大给力

在商场与社交圈,名片成为很多人凸显自己身份和地位的工具。其实,每一个人的言行与思维所表现的特色与别人对他的评估也是这个人的"个人品牌"。个人品牌就是一个人在周围人士心目中受信赖和喜爱的程度。它代表着每一个人的信誉和魅力,包括了别人对这个人的个性、品行、价值观、诚信度、情绪控制力、专业水平、逻辑思维、沟通和倾听的能力、被指正和责难时的心胸气度等的评价。

身处社会、组织、家庭等人际关系中的每一个人,都拥有自己的"个人品牌"。它是一把双刃剑,有时可以让人无往而不利,有时却让人处处碰壁。个人品牌如果经营得当,会得到"四大给力"——吸引人们的注意力,得到信服力,从而提升自己的说服力和影响力,使得人际关系更加和谐。经营不当,则会减少别人对自己的信赖和喜爱,容易受到别人的质疑、排斥,也容易与人发生冲突。一个人的沟通、协调和影响能力,其实就是"个人品牌"的外在表现。

"个人品牌"如此重要,但是他人对我们"个人品牌"的认知和评价却不尽相同,褒贬、虚实、对错兼而有之。如果我们用心省察自己,探讨以下一系列问题,真正理解"个人品牌"的内容和重要性,有针对性地加以弥补,不但人际关系会得以改善,内心世界也会更加和谐自在。经营个人品牌包括以下几个子题:

1. 周围的人究竟如何评估自己的"个人品牌"?
2. 自己的上司、下属、配偶、好友们心中的真正想法是什么?
3. 自己又是如何评估周围人士的"个人品牌"的?
4. 如果遭受误会、发生以讹传讹的现象,该如何补救?

5."个人品牌"可以提升和重塑吗?

6."个人品牌"既然是建立在别人的认知上,那么,与实际的自己是否吻合?为何会有这些差异?

7."个人品牌"虽是由外而生,却是对自己的一种论断和评估,那么,它与我们内心的和谐、心灵的自由究竟有何关联?

在冲突管理的过程中,不论是冲突的一方,还是调解人,都需要留意和提升自己在对方心目中的受喜爱和信赖的程度,这也就是"个人品牌"的内涵和功效。如果缺乏别人的信赖和好感,即便口才出色,论证客观有力,表达清晰明了,甚至将有效倾听的技巧运用得炉火纯青,也仍然难以化解冲突。

经营与改善个人品牌,可以从以下十个方面着手:

1. 留下良好第一印象

赢得人们好感的要诀就是记住他人的名字,这会让对方觉得自己被重视、被喜爱。拿破仑之所以能够让将士为他效忠卖命,其中一个原因就是他有一项人人皆知的本事——只要他见过的人,一定记得对方的名字。要记住对方姓名,最简单快速的方法就是在谈话中刻意将对方的名字重复几遍。其次,眼睛望着对方的同时,在心中思索对方姓名和对方的外貌、特色、职业、背景等有哪些关联之处,如此一来,就会有助于牢记对方姓名。

2. 积极倾听

为了提升个人品牌,成为更受喜爱和信赖的对象,"积极倾听"有其精辟的内涵:除了要通过时时观察和满足对方的需求和兴趣,让对方感受到受尊重、信赖和喜爱,还要灵活运用排除干扰、多听少猜、刻意演出、三七比例等原则。

3. 有效表达

杰出的领导者,大多是沟通演讲的高手。世界级的领导,诸如温家宝总理、美国总统奥巴马、英国前首相丘吉尔,他们的魅力就是依靠倾听人民的心声,满足人民的需求,进而使用人民所认同的方式和渠道传递信息,表现出了一名领导者杰出的沟通能力。

谈话过程中要避免使用含混不清、容易引起歧义的字句,机动地调整自己的谈话内容和表达方式,不但能正确传递信息,而且可以清楚地表现出自信、诚恳、能力和亲和力,从而赢得对方信赖。

4. 知识专业

一个具有专业知识、熟悉相关领域技术的人,在探讨专业问题时,能进行有力论证,提供令人信服的数据或资讯,获得周围人士的信赖。

5. 授权充分

不少从事国际贸易的人,都会遇到这种情况:在与日本商人经过耗费时日的谈判,协商了解决方案后,却被告知对方未获充分授权,需要再等几天去请示其上司。这时,人们不免感到气愤和气馁,不但失去对日商的信赖,更容易引发冲突。鉴于此,做出承诺或决定前,需要确认自己被授权的程度,不做逾越自己权限的事,这也是信赖度的内涵之一。

6. 满足需求

满足他人的需求可以使自己在他人心中更显重要,增加自己受喜爱的程度。人的需求,因所处阶段和场合不同而有所差异,但是它们不外乎心理学家马斯洛提出的五大需求,也就是生理需求、安全需求、感情与归属需求、尊重需求和自我实现的需求。平时多去留意、观察、了解和满足周围的人们在工作、生活、社交、心灵等各方面的需求,无形当中便会提升自己的人格魅力。

7. 换位包容

在对话、谈判或处理冲突时,能够进入对方的心灵、性格、经验背景、思维逻辑中,理解对方的感受、思路、立场、价值观和利害关系,不但能理性思考,也能针对对方的人性面、理性面、感性面和价值面,做出合理分析;不但避免了冲突,实现了人际和谐,也发挥了影响力。懂得换位思考的人,一定也是一个有包容心态的人。凡事不苛求,不强迫别人改变,甚至看到别人傲慢无礼地提出异议,也能将自己的情绪掌控得宜,不急于抵制或反击,留给周遭心胸宽广、虚怀若谷的印象。如此,才能降低彼此的防御感,促成推心置腹的交流。

8. 家庭和谐

和谐的家庭关系有助于建立良好的个人品牌；反之，若经营不善也会大大折损个人形象。

9. 表里如一

努力提升个人品牌之余，最重要的是要表现自己的真诚与表里如一。

10. 提升软实力

哈佛大学肯尼迪政府学院前院长约瑟夫·奈伊（Joseph Nye）博士在担任美国国防部长助理前，鉴于当时美国鹰派势力慢慢扩张，凡事诉诸硬力量，动辄主张以强硬的军事武力或经济制裁，去打击或压制持有异议的国家的状况，就写了本名为《软力量》（Soft Power）的书，竭力呼吁："美国与列国之间，若要长远地和平相处，一味强调军事和经济制裁的'硬力量'是会付出沉重代价的，今后的美国更要注意发展自己的软力量。"

软力量又称软实力、软权力，就是指依靠文化、教育、道德、人才、信息、资金、经贸、科技、创造力、领导力以及外交结盟等软性力量来影响别人。

奈伊博士认为，美国应找到与不同信仰和价值观的国家和地区之间可以接受的平衡点，寻求宽容的合作方式。可惜，他的提议未得到执政者的采纳。后来发生的"9·11"等恶性报复事件，归根究底，都是美国政府过于依赖和扩充硬力量所付出的沉痛代价。

"9·11"事件以后，布什一再以反恐为名，不断扩充白宫的行政权力，绕开国会，撇开法律，在关塔那摩的美国海军基地建立大型秘密监狱，以不人道的方式关押数百名伊斯兰教青年，既未起诉，更未审判，让这些伊斯兰教青年每天过

着暗无天日的生活。不仅如此,布什政府一意孤行,推行单边主义及"先发制人"的战略,孤注一掷,发动伊拉克战争,成为其战略上的重大失误,付出了惨痛代价。这场战争不但毫无正当性,更使美国丧失了很多盟友。并且,他们以武力推翻萨达姆的专制独裁,强迫推行美国式的民主,不但逻辑上是矛盾的,也使得伊拉克的动乱发展成难以平息的内乱。

布什在外交事件的处理上常采取秘密行动,一切以守密为先,遵守着"处理国家事务的当务之急就是保密"的原则,违法监听,侵犯隐私权。其独断专行和双重标准的作风,使美国国家实力与在国际上的软力量大幅下降。奥巴马当政后,力图提升美国国际形象和国际地位而不见效果,加上金融危机的频频来袭,国力大损,即便国务卿希拉里强调"巧实力",其实质只是更加凸显当政者对于日渐下滑的软实力的担忧而已。

反观印度民族领袖甘地,从未担任过任何正式职位,但他用其特有的热情、良知、纪律、哲理、愿景和战略,获得了道德权威,大大地提升了自身的影响力、感染力和领导力。不仅重塑国人的价值观,激发了他们的潜能,将印度从英国殖民者的侵略中解放出来,避免了大规模的流血冲突,也启发了全世界对于软力量的重视与实践。

....

使用"软硬兼施"的力量来解决冲突矛盾,并非只适用于国际政治舞台、消除国与国之间的争执矛盾。政府在推行政策或管理公共事务上,以下的实例说明了富有创意和幽默效果的软力量有时比强制力量更有效果。

瑞士有条笔直的公路,开车的司机常忽略了时速,于是政府在公路旁竖起了一块牌子:"请司机朋友注意,目前医师和殡仪馆的工作人员正在度假。"

美国西海岸一条公路的急转弯处,有幅标示语如此警示驾驶:"如果你的汽车会游泳,请照直开,不必刹车。"

第十二章

形象管理——由内而外塑造魅力，建立个人品牌

马来西亚柔佛市在交通安全周期间，先为驾驶员设计好开车超速的命运："时速保持30公里，可以欣赏沿途美丽的风景；超过50公里，请到法庭做客；超过80公里，请到医院留宿；超过100公里，愿君安息。"

软实力的概念同样也可以应用于个体。以冲突对立为例，在解决纷争时，无论身为调解人还是冲突的一方，代表个人品牌的信赖和魅力，即个人的软实力，有时比代表一个人权威和官衔的硬实力的影响力和说服力更大。

当今社会，人们还是习惯于以董事长、处长、校长等头衔赋予的硬实力来排解纠纷。领导们必须明白，硬实力只是让别人表面俯首称臣、不敢作对。如果背地里怨声载道，潜力也无从发挥，甚至当不满情绪积累到一定程度时，还会爆发严重冲突。因此，平日就应留意和培养自己的软实力，也就是个人品牌的魅力，不但使人心甘情愿地配合，更赢得心悦诚服的爱戴。

身为家庭成员也应留意自身的软实力。亲子或配偶之间，若能以幽默、开明和尊重的心态沟通，必能为创建和谐的家庭关系带来意想不到的效果。

于公于私，如能多去体会"软硬兼施"的重要性，并且能加以巧妙运用，在运用自己硬实力的同时，也多去留意和提升自己的软实力，便能促进高效沟通，避免无谓冲突，提升自身的领导力，不但能够创造理想和谐的人际关系，更能在内心世界活得更加自信、自在、自如，这才是人生的一大乐事与最高境界。

参 考 书 目

1. 《冲突管理》,徐显国著,北京大学出版社,2006 年。
2. 《亲密之旅》,黄维仁著,中国轻工业出版社,2010 年。
3. 《心理咨询师》,中国就业培训技术指导中心,民族出版社,2008 年。
4. 《心理疗法》,霍欣彤著,南海出版公司,2008 年。
5. 《稻草人的头、铁皮人的心、狮子的勇气》,Jack Petrash 著,卢泰之译,深圳报业集团出版社,2011 年。
6. 《幸福之路》,Bertrand Russel 著,吴默朗、金剑译,文化艺术出版社,2005 年。
7. 《亲密关系——通往灵魂的桥梁》,克里斯多福·孟著,余蕙玲、张德芬译,山西经济出版社,2011 年。
8. 《破解幸福密码》,毕淑敏著,江苏人民出版社,2010 年。
9. 《亲密关系》,〔美〕莎伦·布雷姆,罗兰·米勒,丹尼尔·珀尔曼,苏珊·坎贝尔著,郭辉、肖斌、刘煜译,人民邮电出版社,2008 年。
10. 《爱的艺术》,〔美〕艾·弗洛姆著,李健鸣译,上海译文出版社,2008 年。
11. 《火线领导》,Ronald Heifetz, Marty Linsky 著,燕清联合译,天下杂志,2003 年。
12. 《路西法效应》,菲利普·津巴多著,孙佩妏、陈雅馨译,三联书局,2010 年。
13. *From Conflict to Creativity*, Landau, Barbara Landau, Daryl Landau, Jossey-Bass, 2001.
14. *Your Inner Child of the Past*, Hugh Missildine, Christian Arts Press, 1996.

后　　记

2004年6月我在哈佛大学公共行政管理研究所拿到专攻领导力提升的学位后,由加州的家迁居北京,全心全力投入了心仪与规划了多年的读书、教书与写书的教育生涯。一转眼,在这个我深爱的行业里也12年了。满心愉悦的我常戏称"跳上讲台,我是世上最快乐的教授。走下讲台,我是天下最幸福的丈夫"!

人生的这个大转折可以追溯到11年前家里一场突如其来、使我的人生天翻地覆的变故。一直在学业和事业上称心如意的我,一时难以接受这沉重的打击,变得一蹶不振。当我在对自己与人生彻底绝望的边缘苦苦徘徊挣扎时,宗教信仰、至亲好友给了我渴望的关爱、鼓励和支持,使我重新站立,并以崭新的视野、宽广的胸襟面对和享受人生的后半段旅程,从此开启了一个新的生活模式:由原来的苦苦追求永无止境的成功,转变为现在的对祥和、宁静、幸福生活的追求与享受。所谓的因祸得福、浴火重生就是如此了吧!我由衷地感谢这些出现在生命关键时刻的人——我的妻子丽杰;岳父母王永琪夫妇;挚友陈连春、陈美琪夫妇,林啸榕、苏锦定夫妇,Don Geisinger。我的生命因他们而丰富多彩!

我也特别感谢生我养我、如今在天上的母亲张金莺女士。在那经济拮据的年代,她在制酒工厂担任电话接线员,赚取微薄的收入,与父亲含辛茹苦地养育了我们兄弟四人。我从她身上学到了勤俭与宽恕,更在她的言传身教中坚定了我这一生奉行不渝的基督教信仰。偶尔还会回想起家母在我六七岁时握着我的小手,一笔一画耐心地教我写字。此情此景,恍如昨日,常令我热泪盈眶,

久久无法自已。

  我这一生当中最庆幸的，也是最心存感激的，莫过于人生旅途中娶到一位有才德的夫人。丽杰的智慧和宽容，帮助我从认识自己到全然地接纳、欣赏与提升自己。她的贤淑优雅、聪颖勤奋、专注投入，加上我俩共同的价值观与人生观，使得我对她万般地欣赏、信赖与珍爱。我俩原本都是在美国白手起家、事业有成的人，由相识到结为连理，如今两人在我们生命共同体里，培育着我们的爱子恩元，努力经营与享受珍贵的婚姻关系，共同追求平淡久远、平顺幸福、安宁祥和、相濡以沫的情谊与生活。有丽杰成为我今生的至爱与生命伙伴，诚属今生的万幸。

  这本书得以顺利完成，除了感谢丽杰的协助，也要归功于我在北京大学任教时的两位得意门生——攻读软件工程硕士的吴尉泷与法学院本科的李姝君。他们的文采、创意、耐心、热情与投入，不但为本书的内容增添了色彩，也让我从他们的聪颖、负责精神与热忱中，看到了中国的潜力与未来。我何其幸运得以身处这个变动的大时代，更庆幸自己过去十年来投身于百年树人的教育事业，在北京大学法律研究所与清华大学继续教育学院官员班、总裁班，得天下英才和社会精英而教之，诚属人生一大乐事也。

  人生无常，际遇不一，就如同天不会常蓝，时有阴云雨雪。人生固然劳苦愁烦，转眼成空，但也诚盼读者借着阅读本书、思索与实践，使自己的认知模式与负面情绪得到调适，心态更加积极乐观，人生旅途当中更多地享受自在自如的心境。

徐显国

2016 年 1 月 10 日